Physica-Lehrbuch

Physica-Lehrbuch

Basler, Herbert
Aufgabensammlung zur statistischen Methodenlehre und Wahrscheinlichkeitsrechnung
4. Aufl. 1991, 190 S.

Basler, Herbert
Grundbegriffe der Wahrscheinlichkeitsrechnung und Statistischen Methodenlehre
11. Aufl. 1994, X, 292 S.

Bloech, Jürgen u. a.
Einführung in die Produktion
4. Aufl. 2001, XX, 440 S.

Bossert, Rainer · Manz, Ulrich L.
Externe Unternehmensrechnung
Grundlagen der Einzelrechnungslegung, Konzernrechnungslegung und internationalen Rechnungslegung.
1997, XVIII, 407 S.

Dillmann, Roland
Statistik II
1990, XIII, 253 S.

Endres, Alfred
Ökonomische Grundlagen des Haftungsrechts
1991, XIX, 216 S.

Farmer, Karl · Wendner, Ronald
Wachstum und Außenhandel
Eine Einführung in die Gleichgewichtstheorie der Wachstums- und Außenhandelsdynamik
2. Aufl. 1999, XVIII, 423 S.

Ferschl, Franz
Deskriptive Statistik
3. Aufl. 1985, 308 S.

Fink, Andreas
Schneidereit, Gabriele · Voß, Stefan
Grundlagen der Wirtschaftsinformatik
2001, XIV, 279 S.

Gaube, Thomas u. a.
Arbeitsbuch Finanzwissenschaft
1996, X, 282 S.

Gemper, Bodo B.
Wirtschaftspolitik
1994, XVIII, 196 S.

Göcke, Matthias · Köhler, Thomas
Außenwirtschaft
Ein Lern- und Übungsbuch
2002, XIII, 359 S.

Graf, Gerhard
Grundlagen der Volkswirtschaftslehre
2. Aufl. 2002, XIV, 335 S.

Graf, Gerhard
Grundlagen der Finanzwirtschaft
1999, X, 319 S.

Hax, Herbert
Investitionstheorie
5. Aufl., korrigierter Nachdruck 1993, 208 S.

Heno, Rudolf
Jahresabschluss nach Handelsrecht, Steuerrecht und internationalen Standards (IAS/IFRS)
3. Aufl. 2003, XX, 524 S.

Hofmann, Ulrich
Netzwerk-Ökonomie
2001, X, 242 S.

Huch, Burkhard u. a.
Rechnungswesen-orientiertes Controlling
Ein Leitfaden für Studium und Praxis
4. Aufl. 2004, XIX, 510 S.

Kistner, Klaus-Peter
Produktions- und Kostentheorie
2. Aufl. 1993, XII, 293 S.

Kistner, Klaus-Peter
Optimierungsmethoden
Einführung in die Unternehmensforschung für Wirtschaftswissenschaftler
3. Aufl. 2003, XII, 293 S.

Kistner, Klaus-Peter
Steven, Marion
Produktionsplanung
3. Aufl. 2001, XIII, 372 S.

Kistner, Klaus-Peter
Steven, Marion
Betriebswirtschaftslehre im Grundstudium
Band 1: Produktion, Absatz, Finanzierung
4. Aufl. 2002, XIV, 510 S.
Band 2: Buchführung, Kostenrechnung, Bilanzen
1997, XVI, 451 S.

Kortmann, Walter
Mikroökonomik
Anwendungsbezogene Grundlagen
3. Aufl. 2002, XVIII, 674 S.

Kraft, Manfred · Landes, Thomas
Statistische Methoden
3. Aufl. 1996, X, 236 S.

Marti, Kurt · Gröger, Detlef
Einführung in die lineare und nichtlineare Optimierung
2000, VII, 206 S.

Marti, Kurt · Gröger, Detlef
Grundkurs Mathematik für Ingenieure, Natur- und Wirtschaftswissenschaftler
2. Aufl. 2004, X, 267 S.

Michaelis, Peter
Ökonomische Instrumente in der Umweltpolitik
Eine anwendungsorientierte Einführung
1996, XII, 190 S.

Nissen, Hans-Peter
Einführung in die makroökonomische Theorie
1999, XVI, 341 S.

Nissen, Hans-Peter
Das Europäische System Volkswirtschaftlicher Gesamtrechnungen
4. Aufl. 2002, XVIII, 360 S.

Risse, Joachim
Buchführung und Bilanz für Einsteiger
2001, VIII, 288 S.

Schäfer, Henry
Unternehmensfinanzen
Grundzüge in Theorie und Management
2. Aufl. 2002, XVIII, 522 S.

Schäfer, Henry
Unternehmensinvestitionen
Grundzüge in Theorie und Management
1999, XVI, 434 S.

Sesselmeier, Werner
Blauermel, Gregor
Arbeitsmarkttheorien
2. Aufl. 1998, XIV, 308 S.

Steven, Marion
Hierarchische Produktionsplanung
2. Aufl. 1994, X, 262 S.

Steven, Marion
Kistner, Klaus-Peter
Übungsbuch zur Betriebswirtschaftslehre im Grundstudium
2000, XVIII, 423 S.

Swoboda, Peter
Betriebliche Finanzierung
3. Aufl. 1994, 305 S.

Weise, Peter u. a.
Neue Mikroökonomie
4. Aufl. 2002, X, 639 S.

Zweifel, Peter
Heller, Robert H.
Internationaler Handel
Theorie und Empirie
3. Aufl. 1997, XXII, 418 S.

Kurt Marti
Detlef Gröger

Grundkurs Mathematik für Ingenieure, Natur- und Wirtschaftswissenschaftler

Zweite Auflage

Springer-Verlag
Berlin Heidelberg GmbH

Professor Dr. Kurt Marti
Dr. Detlef Gröger
Universität der Bundeswehr München
Fakultät für Luft- und Raumfahrttechnik
Institut für Mathematik und Rechneranwendung
Werner-Heisenberg-Weg 39
85579 Neubiberg

ISBN 978-3-7908-0100-2   ISBN 978-3-7908-2678-4 (eBook)
DOI 10.1007/978-3-7908-2678-4

Die erste Auflage erschien im Rosemarie Peikert Verlag und Versandbuchhandlung,
Lutherstadt Wittenberg, 1999

Bibliografische Information Der Deutschen Bibliothek

Die Deutsche Bibliothek verzeichnet diese Publikation in der Deutschen Nationalbibliografie;
detaillierte bibliografische Daten sind im Internet über *http://dnb.ddb.de* abrufbar.

Dieses Werk ist urheberrechtlich geschützt. Die dadurch begründeten Rechte, insbesondere
die der Übersetzung, des Nachdrucks, des Vortrags, der Entnahme von Abbildungen und
Tabellen, der Funksendung, der Mikroverfilmung oder der Vervielfältigung auf anderen
Wegen und der Speicherung in Datenverarbeitungsanlagen, bleiben, auch bei nur auszugsweiser
Verwertung, vorbehalten. Eine Vervielfältigung dieses Werkes oder von Teilen dieses Werkes
ist auch im Einzelfall nur in den Grenzen der gesetzlichen Bestimmungen des Urheberrechtsgesetzes der Bundesrepublik Deutschland vom 9. September 1965 in der jeweils geltenden
Fassung zulässig. Sie ist grundsätzlich vergütungspflichtig. Zuwiderhandlungen unterliegen
den Strafbestimmungen des Urheberrechtsgesetzes.

http://www.springer.de

© Springer-Verlag Berlin Heidelberg 2004
Ursprünglich erschienen bei Physica-Verlag Heidelberg 2004

Die Wiedergabe von Gebrauchsnamen, Handelsnamen, Warenbezeichnungen usw. in diesem
Werk berechtigt auch ohne besondere Kennzeichnung nicht zu der Annahme, dass solche
Namen im Sinne der Warenzeichen- und Markenschutz-Gesetzgebung als frei zu betrachten
wären und daher von jedermann benutzt werden dürften.

Umschlaggestaltung: Erich Kirchner, Heidelberg
SPIN 10942161   88/3130 – 5 4 3 2 1 0 – Gedruckt auf säurefreiem Papier

Vorwort

Seit vielen Jahren schon klagen Professoren an Universitäten und technischen Hochschulen über die ungenügenden mathematischen Kenntnisse der Studienanfänger. Und das in einer Zeit, da die modernen Technologien mehr denn je auf der Mathematik aufbauen. Informationsverarbeitung, Modellierung, Systemanalyse, Simulations- und Optimierungsmethoden durchdringen alle Bereiche der Naturwissenschaften, Wirtschaftswissenschaften und Technik, selbst Sprachwissenschaftler, Psychologen oder Soziologen benötigen heutzutage ein ausreichendes mathematisches Rüstzeug, um in ihrem Beruf bestehen zu können.

Wie lässt sich diese Situation verbessern? Eine der vielen möglichen Antworten auf diese Frage lieferte die Universität der Bundeswehr München. Dort wird für Studienanfänger in den Ingenieurwissenschaften regelmäßig die Vorlesung „Grundkurs Mathematik" abgehalten. Die Erfahrungen waren so positiv, dass wir beschlossen, den Inhalt dieses Lehrgangs auch den Studenten anderer Hochschulen und den Schülern der gymnasialen Oberstufe in Form des vorliegenden Buches zugänglich zu machen. Dieses Werk soll helfen, den Graben zwischen Schule und Hochschule zu überbrücken, die Grundlagenkenntnisse zu vermitteln, ohne die ein solides Spezialwissen nicht wachsen kann. Das Buch konzentriert sich auf den Stoff der Infinitesimalrechnung einer reellen Variablen, wie er auch in der Schule vermittelt wird. Die Methode der Darstellung aber, die Darbietung des Stoffes in seiner Gesamtheit und inneren Logik entspricht den erhöhten Anforderungen, die die Hochschule an den Studierenden stellt. Durch eine behutsame Einführung und Veranschaulichung der Begriffe und Methoden wird eine lebendige Vorstellung des Stoffes und eine saubere Beherrschung der Techniken vermittelt, die man braucht, um die verschiedenartigsten Aufgaben zu lösen.

Wirkliches Lernen aber bedeutet, selbst aktiv zu werden, Lösungsansätze zu finden und diese sauber und kreativ umzusetzen. Deshalb folgen auf jedes Kapitel des Buches Übungsaufgaben in zwei Teilen. Im ersten Teil wird dem Leser zu jeder Aufgabe eine ausführliche Lösung präsentiert, während der zweite Teil

Aufgaben desselben Typs, jedoch ohne eine solche Lösung, bringt. Spätestens hier ist der Leser aufgefordert, sein Können zu erproben. Damit eine Kontrolle stattfinden kann, sind am Ende des Buches die (numerischen) Ergebnisse der Aufgaben des zweiten Teils aufgelistet. Es kann nicht nachdrücklich genug hervorgehoben werden, wie wichtig das selbständige Bearbeiten von Aufgaben für ein erfolgreiches Studium ist.

Der „Grundkurs" wendet sich vorrangig an Schüler und Studenten. Aber auch Mathematiklehrer und Hochschulprofessoren, die mit der Ausbildung des Nachwuchses betraut sind, hoffen wir, mit diesem Buch anzusprechen.

Danken möchten wir zunächst dem Studenten, Herrn Jörg Tischler, der unter der Leitung von Dipl.Math. Andreas Aurnhammer den LaTeX-Satz der Teile I - III erstellt hat. Die weiteren Teile des Buches haben Frau Elisabeth Lößl und Dipl.Math. Marc Ulrich Stiller gesetzt. Die Einhaltung der Layout-Vorgaben des Springer-Verlages wurde von Herrn Aurnhammer überwacht, und beim Korrekturlesen wurden wir von Dipl.Math. Ina Stein unterstützt. Ihnen allen sei herzlich gedankt für die große Hilfe bei der Erstellung der Druckvorlagen. Danken möchten wir schließlich dem Springer-Verlag für die Aufnahme dieses Lehrbuches in sein Verlagsprogramm.

München,   *Kurt Marti*
Mai 2003   *Detlef Gröger*

Inhaltsverzeichnis

Teil I Zahlen – Zahlenmengen

1 Natürliche Zahlen 3
   1.1 Grundeigenschaften natürlicher Zahlen 3
   1.2 Das Prinzip der vollständigen Induktion 4
   1.3 Übungen 6

2 Reelle Zahlen 7
   2.1 Eigenschaften der reellen Zahlen 8
   2.2 Übungen 12

3 Mengen und Zahlenmengen 15
   3.1 Beziehungen zwischen und Operationen mit Mengen 16
   3.2 Beschränkte Zahlenmengen – Supremum, Infimum 18
   3.3 Übungen 20

4 Kombinatorik 23
   4.1 Permutationen 23
   4.2 Kombinationen 25
   4.3 Binomialkoeffizienten 26
   4.4 Übungen 28

Teil II Zahlenfolgen – Konvergenz – Vollständigkeit

5 Definition von Zahlenfolgen 31
   5.1 Bedeutung von Zahlenfolgen 31
   5.2 Graphische Darstellung von Folgen (a_n) 33
   5.3 Eigenschaften von Zahlenfolgen 34
   5.4 Teilfolgen 36
   5.5 Übungen 37

6 Konvergente Folgen ... 39
6.1 Eigenschaften konvergenter Folgen ... 41
6.2 Übungen ... 43

7 Rechnen mit konvergenten Folgen ... 45
7.1 Übungen ... 48

8 Divergente Folgen ... 51
8.1 Übungen ... 52

9 Cauchyfolgen und Vollständigkeitsaxiom ... 55
9.1 Übungen ... 58

10 Häufungspunkte von Folgen ... 61
10.1 Übungen ... 65

11 Zur Vollständigkeit der reellen Zahlen ... 69
11.1 Übungen ... 71

Teil III Funktionen

12 Der Funktionsbegriff ... 77
12.1 Darstellung von Funktionen ... 78
12.2 Eigenschaften von Funktionen ... 79
12.3 Operationen mit Funktionen ... 80
12.4 Übungen ... 80

13 Elementare Funktionen ... 85
13.1 Polynome ... 85
13.2 Rationale Funktionen ... 86
13.3 Trigonometrische Funktionen ... 86
13.4 Algebraische Funktionen ... 90
13.5 Übungen ... 91

14 Grenzwerte von Funktionen ... 93
14.1 Grenzwerte im „Unendlichen" ... 93
14.2 Grenzwerte im „Endlichen" ... 96
14.3 Exponentialfunktionen ... 99
14.4 Übungen ... 102

15 Stetige Funktionen ... 107
15.1 Übungen ... 109

16 Stetige Funktionen auf Intervallen 111
16.1 Existenz von Maximum und Minimum 111
16.2 Der Zwischenwertsatz 113
16.3 Approximation durch Polynome 115
16.4 Übungen 116

17 Zusammengesetzte Funktionen 119
17.1 Übungen 121

18 Umkehrfunktionen 123
18.1 Berechnung der Umkehrfunktion f^{-1} 124
18.2 Graph der Umkehrfunktion f^{-1} 125
18.3 Arcusfunktionen 126
18.4 Logarithmusfunktionen 127
18.5 Übungen 128

Teil IV Differentialrechnung

19 Die Ableitung 133
19.1 Übungen 136

20 Erste Ableitungsregeln 139
20.1 Übungen 141

21 Ableitung von zusammengesetzten Funktionen und Umkehrfunktionen 143
21.1 Übungen 146

22 Ableitung der elementaren Funktionen 149
22.1 Ableitung von Polynomen und rationalen Funktionen 149
22.2 Ableitung der trigonometrischen Funktionen 149
22.3 Ableitung der Arcusfunktionen 150
22.4 Ableitung der Exponentialfunktionen 151
22.5 Ableitung der Logarithmusfunktionen 153
22.6 Ableitung der Potenzfunktionen 153
22.7 Übungen 153

23 Differenzierbare Funktionen auf Intervallen 157
23.1 Übungen 159

24 Taylorpolynome und Satz von Taylor 163
24.1 Höhere Ableitungen 163
24.2 Taylorpolynome – Satz von Taylor 164
24.3 Übungen 168

25 Die Regel von Bernoulli - L'Hospital 171
   25.1 Übungen 173

26 Absolute und relative Extremstellen von Funktionen 175
   26.1 Übungen 179

27 Konvexe und konkave Funktionen 183
   27.1 Übungen 188

Teil V Integralrechnung

28 Bestimmtes Integral - unbestimmtes Integral 191
   28.1 Unbestimmtes Integral 193
   28.2 Bestimmtes Integral 195
   28.3 Übungen 203

29 Partielle Integration - Integration durch Substitution 207
   29.1 Partielle Integration 207
   29.2 Integration durch Substitution 208
   29.3 Übungen 211

30 Integration rationaler Funktionen 217
   30.1 Partialbruchzerlegung 217
   30.2 Integration der Partialbrüche 219
   30.3 Übungen 222

Teil VI Theorie der Reihen

31 Konvergente Reihen 225
   31.1 Absolute und bedingte Konvergenz 229
   31.2 Übungen 230

32 Konvergenzkriterien für Reihen 233
   32.1 Übungen 237

33 Taylorreihen 241
   33.1 Übungen 244

A Ergebnisse zu den nicht gelösten Übungsaufgaben 249

Literaturverzeichnis 263

Index 265

Teil I

Zahlen – Zahlenmengen

1
Natürliche Zahlen

Beim Prozess des Zählens, der ja für das Messen von grundlegender Bedeutung ist, treten die sogenannten *natürlichen Zahlen*

$$0, 1, 2, \ldots, 15, \ldots, 1001, \ldots,$$

auf. Wir werden zunächst Grundeigenschaften natürlicher Zahlen zusammenstellen:

1.1 Grundeigenschaften natürlicher Zahlen

I Algebraische Eigenschaften
(A) *Jedem Paar m, n natürlicher Zahlen ist durch den Zählprozess eine natürliche Zahl $m + n$, die Summe, und eine natürliche Zahl $m \cdot n$ (kurz mn), das Produkt, zugeordnet. Dabei gelten die Regeln:*

Kommutativgesetz: $\quad m + n = n + m, \quad mn = nm$

Assoziativgesetz: $\quad (m + n) + p = m + (n + p), \quad (mn)p = m(np)$

Distributivgesetz: $\quad m(n + p) = mn + mp$

Diese Regeln sind jedem vertraut, jedoch gibt es mathematische Objekte (z.B. Vektoren und Matrizen), die man in einem gewissen Sinn addieren und multiplizieren kann, für die aber die obigen Regeln nicht mehr voll gelten.

II Ordnungseigenschaften
Wieder aus dem Zählprozess ergibt sich:

(O1) *Für je zwei natürliche Zahlen m, n gilt genau eine der Beziehungen*

$$m < n, m = n, m > n.$$

Eine weitere Ordnungseigenschaft zeigt sich bei der Betrachtung von Mengen natürlicher Zahlen.

4   1 Natürliche Zahlen

Definition 1.1 (Menge). *Eine Menge M mathematischer Objekte irgendwelcher Art ist stets dann definiert, wenn man von jedem Objekt dieser Art angeben kann, ob es zu M gehört oder nicht.*

Eine Menge M natürlicher Zahlen ist also dann definiert, wenn von jeder natürlichen Zahl die Mitgliedschaft zu M eindeutig geklärt ist.

Beispiel 1.1. (a) Menge $\mathbb{N}$ aller natürlichen Zahlen
(b) Menge aller *Primzahlen*, d.h. derjenigen natürlichen Zahlen größer als 1, die nur durch 1 und sich selbst teilbar sind:

$$2, 3, 5, 7, 11, 13, \ldots$$

(c) Menge der natürlichen Zahlen, die durch 4 teilbar sind:

$$0, 4, 8, 12, 16, 20, \ldots$$

(d) Menge der Geburtsjahre aller in einem bestimmten Saal anwesenden Personen
(e) Menge der Primzahlen n mit $7 < n < 11$

Das letzte Beispiel fällt unter

Definition 1.2 (Leere Menge). *Eine Menge M heißt leer, $M = \emptyset$, wenn sie überhaupt keine Mitglieder hat.*

Nun zu der angekündigten Ordnungseigenschaft:

(O2) *Jede nichtleere Menge natürlicher Zahlen enthält eine kleinste (natürliche) Zahl.*

Beispiel 1.2. Die Menge der Primzahlen enthält 2 als kleinste Zahl.

Auf (O2) stützt sich:

1.2 Das Prinzip der vollständigen Induktion

Es handelt von Aussagen A_n über natürliche Zahlen n, wie z.B.

- n ist eine Primzahl
- Die Summe $1 + 2 + 3 + \cdots + n$ der aufeinanderfolgenden Zahlen von 1 bis n ist gleich $\dfrac{n(n+1)}{2}$
- Die Anzahl der Anordnungsmöglichkeiten (Permutationen) von n verschiedenen Dingen ist gleich $n! = 1 \cdot 2 \cdot 3 \cdot \ldots \cdot n$
- $n^2 - n = 0$.

Wie man sieht, ist eine solche Aussage A_n je nach Wert von n wahr oder falsch. Das genannte Prinzip ermöglicht, unter gewissen Voraussetzungen zu beweisen, dass A_n für jede natürliche Zahl n (ab einer gewissen Schranke) richtig ist.

Theorem 1.1 (Prinzip der vollständigen Induktion). *Es sei A_n eine Aussage über natürliche Zahlen n. Es gelte:*

(a) A_k ist wahr für eine bestimmte natürliche Zahl k (Induktionsanfang).
(b) Ist $n > k$ und A_{n-1} wahr (Induktionsvoraussetzung), dann ist auch A_n wahr (Induktionsschluss): $A_{n-1} \Rightarrow A_n$ für jedes $n > k$.

Unter diesen Voraussetzungen ist A_n wahr für jede natürliche Zahl $n \geq k$.

Schematisch:

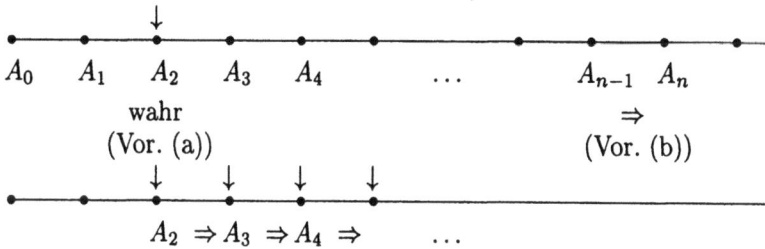

Voraussetzung (b) kann auch so formuliert werden:

(b) Ist $n \geq k$ und A_n wahr, dann ist auch A_{n+1} wahr: $A_n \Rightarrow A_{n+1}$ für jedes $n \geq k$.

Auf den Beweis von Theorem 1.1 wollen wir hier nicht näher eingehen. Er benutzt (O2) und wird indirekt geführt im folgenden Sinn.
Die *Methode des indirekten Beweises* besteht darin, das Gegenteil der Behauptung als wahr anzunehmen und zu zeigen, dass man sich dadurch in einen Widerspruch verwickelt. Bei dieser Methode benutzt man ganz wesentlich die Tatsache, dass in der Mathematik eine Aussage entweder richtig oder falsch ist; eine dritte Möglichkeit gibt es nicht *(Prinzip vom ausgeschlossenen Dritten).*

Beispiel 1.3 (zum Prinzip der vollständigen Induktion). Beweis der Aussage

$$A_n : 1 + 2 + 3 + \cdots + n = \frac{n(n+1)}{2} \text{ für alle } n = 1, 2, 3, \ldots$$

(a) Induktionsanfang: A_1 ist wahr, denn es gilt $1 = \dfrac{1(1+1)}{2}$
(b) Induktionsvoraussetzung: A_{n-1} sei wahr, d.h.

$$1 + 2 + \cdots + (n-1) = \frac{(n-1)(n-1+1)}{2}$$

6   1 Natürliche Zahlen

(c) Induktionsschluss: (Idee: Zurückführen von A_n auf A_{n-1})

$$1 + 2 + \ldots + n = (1 + 2 + \cdots + (n-1)) + n = \frac{(n-1)n}{2} + n$$
$$= \frac{1}{2}\left(n^2 - n + 2n\right) = \frac{1}{2}\left(n^2 + n\right) = \frac{n(n+1)}{2}$$

Damit gilt auch A_n.

Aus Theorem 1.1 folgt insgesamt, dass $1 + 2 + 3 \ldots + n = \frac{n(n+1)}{2}$ für alle $n \geq 1$.

1.3 Übungen

Übung 1.1. Man beweise durch vollständige Induktion: Für alle natürlichen Zahlen $n \geq 1$ gilt die Aussage

$$A_n: \quad 1 \cdot 2 + 2 \cdot 3 + 3 \cdot 4 + \cdots + n(n+1) = \frac{n(n+1)(n+2)}{3}.$$

Lösung 1.1. (a) Induktionsanfang: A_1 ist wahr, denn es gilt

$$1 \cdot 2 = \frac{1 \cdot 2 \cdot 3}{3}.$$

(b) Induktionsvoraussetzung: A_{n-1} sei wahr, d.h. es gelte

$$1 \cdot 2 + 2 \cdot 3 + \cdots + (n-1)n = \frac{(n-1)n(n+1)}{3}.$$

(c) Induktionsschluss:

$$1 \cdot 2 + 2 \cdot 3 + \cdots + n(n+1)$$
$$= (1 \cdot 2 + 2 \cdot 3 + \cdots + (n-1)n) + n(n+1)$$
$$= \frac{(n-1)n(n+1)}{3} + n(n+1) = \frac{(n-1)n(n+1) + 3n(n+1)}{3}$$
$$= \frac{(n-1+3)n(n+1)}{3} = \frac{n(n+1)(n+2)}{3}$$

Damit gilt auch A_n.

Übung 1.2. Zeigen Sie: Für alle natürlichen Zahlen $n \geq 1$ gilt die Aussage

$$A_n: \quad \frac{1}{1 \cdot 2} + \frac{1}{2 \cdot 3} + \frac{1}{3 \cdot 4} + \cdots + \frac{1}{n(n+1)} = \frac{n}{n+1}.$$

Übung 1.3. Beweisen Sie: Für alle natürlichen Zahlen $n \geq 1$ gilt

$$1^3 + 2^3 + 3^3 + \cdots + n^3 = \left(\frac{n(n+1)}{2}\right)^2.$$

2
Reelle Zahlen

Ausgehend von den *natürlichen Zahlen* 0,1,2,3,...
über die *ganzen Zahlen* 0, ±1, ±2... und
rationalen Zahlen m/n, m und $n \neq 0$ ganze Zahlen,
und unter Hinzunahme der *irrationalen Zahlen*
(z.B. $\sqrt{2}, \pi, e$)
} *reelle Zahlen*

kann man den Begriff der reellen Zahl schrittweise aufbauen.

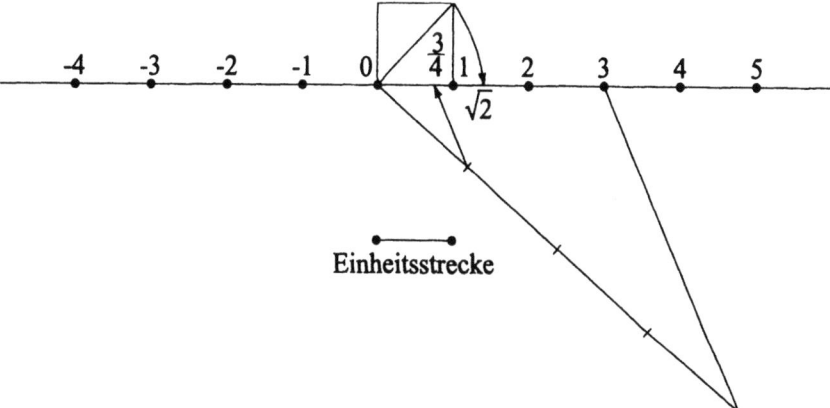

Wir werden diesen Aufbau des Zahlenbegriffs nicht durchführen, sondern die reellen Zahlen einfach als gegeben betrachten.

Definition 2.1 (Menge der reellen Zahlen). **R** *bezeichnet die Menge der reellen Zahlen.*

Um ein festes Fundament zu haben, stellen wir die Eigenschaften der reellen Zahlen, die wir später brauchen, ein für allemal zusammen:

2.1 Eigenschaften der reellen Zahlen

I Algebraische Eigenschaften

(A) *Je zwei beliebigen reellen Zahlen a, b ist in eindeutiger Weise eine reelle Zahl $a + b$, die Summe von a und b, und eine reelle Zahl $a \cdot b$, das Produkt von a und b, zugeordnet. Summen- und Produktoperation (genannt Addition und Multiplikation) gehorchen dem Kommutativ- und Assoziativgesetz und sind miteinander verknüpft durch das Distributivgesetz (vgl. Kap. 1, (A)).*
Die Gleichung $a + x = b$ hat für beliebige reelle Zahlen a, b eine eindeutig bestimmte Lösung $x =: b - a$.
Die Gleichung $ax = b$ hat für beliebiges $a \neq 0$ und beliebiges b eine eindeutig bestimmte Lösung $x =: \dfrac{b}{a}$.

Bezeichnungen: $a_1, a_2, \ldots, a_n$ seien reelle Zahlen.

$$\sum_{k=1}^{n} a_k := a_1 + a_2 + \cdots a_n, \quad \prod_{k=1}^{n} a_k := a_1 \cdot a_2 \cdot \ldots \cdot a_n$$

II Ordnungseigenschaften

(O1) *Für zwei beliebige reelle Zahlen a, b gilt genau eine der drei Beziehungen*
  $a = b$ *(a ist gleich b)*
  $a > b$ *(a ist größer als b)*
  $a < b$ *(a ist kleiner als b).*

(O2) *Aus $a > b$ und $b > c$ folgt $a > c$ (Transitivitätsgesetz).*

(O3) *Aus $a > b$ folgt $a + c > b + c$ für jede reelle Zahl c.*

(O4) *Aus $a > 0$ und $b > 0$ folgt $ab > 0$.*

(O5) *Zu jeder reellen Zahl $a > 0$ und jeder reellen Zahl $b > 0$ gibt es eine natürliche Zahl n derart, dass $na > b$.*

Definition 2.2 (Kleiner gleich). *Es seien a, b reelle Zahlen. $a \leq b$ (oder $b \geq a$) bedeutet: $a < b$ oder $a = b$.*

Aus den Ordnungseigenschaften (O1)-(O4) folgt nun

Theorem 2.1 (Regeln für das Rechnen mit Ungleichungen I).

(a) $a \leq b$ und $c \leq d$ $\Rightarrow$ $a + c \leq b + d$

(b) $a \leq b$ und $c > 0$ $\Rightarrow$ $ac \leq bc, \dfrac{a}{c} \leq \dfrac{b}{c}$

(c) $a \leq b$ und $c < 0$ $\Rightarrow$ $ac \geq bc, \dfrac{a}{c} \geq \dfrac{b}{c}$

(d) $a \leq b$ $\Rightarrow$ $-a \geq -b$

(e) $0 < a \leq b$ $\Rightarrow$ $0 < \dfrac{1}{b} \leq \dfrac{1}{a}$

(f) $a \leq b < 0 \Rightarrow \frac{1}{b} \leq \frac{1}{a} < 0$

Theorem 2.2 (Regeln für das Rechnen mit Ungleichungen II). *Ist $a > b > 0$ und $n \geq 1$ eine natürliche Zahl, so gilt $a^n > b^n > 0$.*

Beweis (mit vollständiger Induktion).

$$A_n \text{ sei die Aussage: } a^n > b^n > 0$$

(a) Induktionsanfang: A_1 ist wahr nach Voraussetzung

(b) Induktionsvoraussetzung: A_{n-1} sei wahr, d.h. $a^{n-1} > b^{n-1} > 0$

(c) Induktionsschluss: Mit Theorem 2.1(b) und (O2) ergibt sich

$$\left. \begin{array}{l} a^{n-1} > b^{n-1} \overset{a > 0}{\Rightarrow} aa^{n-1} > ab^{n-1} \\ a > b > 0 \overset{b^{n-1} > 0}{\Rightarrow} ab^{n-1} > bb^{n-1} > 0 \end{array} \right\} \Rightarrow a^n > b^n > 0 \text{, also } A_n.$$

Aus Theorem 1.1 folgt damit: $a^n > b^n > 0$ für alle $n = 1, 2, 3, \ldots$.

Als Anwendung erhalten wir, dass die zu einer festen natürlichen Zahl $n \geq 1$ im Bereich der positiven reellen Zahlen x definierte Funktion $y = f(x) = x^n$ streng monoton wachsend ist (vgl. Kap. 12).

Theorem 2.3 (Ungleichung von Bernoulli (1689)). *Für $x \geq -1$ und jede natürliche Zahl $n \geq 1$ gilt: $(1+x)^n \geq 1 + nx$.*

Beweis (mit vollständiger Induktion).

$$A_n \text{ sei die Aussage: } (1+x)^n \geq 1 + nx$$

(a) A_1 ist wahr, denn $(1+x)^1 \geq 1 + 1 \cdot x$.

(b) A_{n-1} sei wahr, d.h. $(1+x)^{n-1} \geq 1 + (n-1)x$.

(c) Wegen $1 + x \geq 0$ folgt

$$(1+x)(1+x)^{n-1} \geq (1+x)(1 + (n-1)x)$$
$$\Rightarrow (1+x)^n \geq 1 + x + (1+x)(nx - x)$$
$$= 1 + x + nx - x + nx^2 - x^2$$
$$= 1 + nx + (n-1)x^2 \geq 1 + nx,$$

denn $(n-1)x^2 \geq 0$. Also gilt auch A_n.

Ebenso beweist man die schärfere Fassung der Ungleichung von Bernoulli: Für $x \geq -1, x \neq 0$, und jede natürliche Zahl $n \geq 2$ gilt: $(1+x)^n > 1 + nx$. Anwendung wird diese Ungleichung bei Konvergenzbeweisen finden (vgl. Kapitel 6).

III Vollständigkeitseigenschaft

Eine genaue Formulierung dieser Eigenschaft werden wir erst in Teil II vornehmen. Geometrisch bedeutet die Vollständigkeit der reellen Zahlen, dass die oben skizzierte Zuordnung von reellen Zahlen zu den Punkten einer Geraden keine Lücken lässt, also jeder Punkt der Geraden genau einer reellen Zahl entspricht.

Ein wichtiges Hilfsmittel schließlich wird für uns sein *der absolute Betrag einer reellen Zahl*.

Definition 2.3 (Absoluter Betrag). *Der absolute Betrag $|x|$ einer reellen Zahl x ist definiert durch* $|x| = \begin{cases} x & \text{wenn} \quad x \geq 0 \\ -x & \text{wenn} \quad x < 0 \end{cases}.$

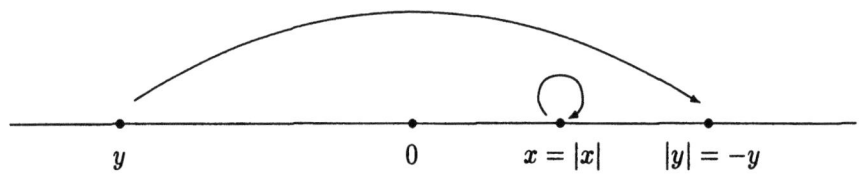

Beispiel 2.1.

$$x = 14 \qquad |x| = 14$$
$$x = 0 \qquad |x| = 0$$
$$x = -2.7 \qquad |x| = -(-2.7) = 2.7$$

Theorem 2.4 (Regeln für das Rechnen mit Beträgen).
Für reelle Zahlen x, y gilt:

(a) $|x| \geq 0$

(b) $-|x| \leq x \leq |x|$

(c) $|-x| = |x|$

(d) $|xy| = |x| \cdot |y|$; für $y \neq 0$: $\left|\dfrac{x}{y}\right| = \dfrac{|x|}{|y|}$

(e) $|x \pm y| \leq |x| + |y|$ *Dreiecksungleichung*

(f) $\bigl||x| - |y|\bigr| \leq |x \pm y|$

Beweis. (a) – (d) lassen sich leicht durch Fallunterscheidungen gemäß den Vorzeichen von x und y verifizieren. Wegen (c) genügt es, (e) und (f) mit dem oberen Zeichen zu beweisen.

2.1 Eigenschaften der reellen Zahlen   11

(e) $\left.\begin{array}{l}-|x| \leq x \leq |x| \\ -|y| \leq y \leq |y|\end{array}\right\}$ $\overset{\text{Theorem 2.1((a),(d))}}{\Rightarrow}$ $\begin{cases}\text{(i) } x+y \leq |x|+|y| \\ \text{(ii) } |x|+|y| \geq -(x+y)\end{cases}$

$\left.\begin{array}{l}\text{1.Fall: } x+y \geq 0 \Rightarrow |x+y| = x+y \overset{(i)}{\leq} |x|+|y| \\ \text{2.Fall: } x+y < 0 \Rightarrow |x+y| = -(x+y) \overset{(ii)}{\leq} |x|+|y|\end{array}\right\} \Rightarrow |x+y| \leq |x|+|y|$

(f) $\left.\begin{array}{l}|x| = |x+y-y| \overset{(e)}{\leq} |x+y|+|y| \\ |y| = |x+y-x| \overset{(e)}{\leq} |x+y|+|x|\end{array}\right\}$ $\begin{array}{l}\Rightarrow \pm(|x|-|y|) \leq |x+y| \\ \Rightarrow ||x|-|y|| \leq |x|+|y|.\end{array}$

Geometrische Deutung des Betrages:
$|x|$ = Abstand der Zahl x vom Nullpunkt 0
$|x-y|$ = Abstand der Zahlen x und y

Beispiel 2.2. (a) Bestimme alle reellen Zahlen x mit $3x+4 \geq 2(x+1)$.

$$3x+4 \geq 2x+2 \quad | +(-2x)$$
$$x+4 \geq 2 \quad | +(-4)$$
$$x \geq -2$$

(b) Für vorgegebene Zahlen a und $r > 0$ löse die Betragsungleichung $|x-a| < r$.
Vorgehen mit Fallunterscheidung:
(i) $x-a \geq 0$, d.h. $x \geq a$
Hier ist $|x-a| = x-a$, und es gilt:
$|x-a| < r \quad \Leftrightarrow \quad x-a < r \quad \Leftrightarrow \quad x < a+r$.
Die zugehörige Teillösung besteht also aus allen x mit $a \leq x < a+r$.
(ii) $x-a < 0$, d.h. $x < a$
Hier ist $|x-a| = -(x-a)$, und es gilt:
$|x-a| < r \quad \Leftrightarrow \quad -(x-a) < r \quad \Leftrightarrow \quad x-a > -r \quad \Leftrightarrow \quad x > a-r$.
Die zugehörige Teillösung besteht also aus allen x mit $a-r < x < a$.
Die Gesamtlösung ergibt sich durch Vereinigung der Teillösungen und besteht aus allen x mit $a-r < x < a+r$:

```
    •                      •                       •
  a    a+r             a-r   a                 a-r  a   a+r
```

Die Lösungsmenge von $|x-a| < r$ wird als *Umgebung von a mit dem Radius r* angesprochen.

2.2 Übungen

Übung 2.1. Man zeige, dass für reelle Zahlen a, b gilt:
$$a^2 < b^2 \Leftrightarrow |a| < |b| \,.$$
Bleibt diese Aussage richtig, wenn die Betragsstriche weggelassen werden?

Lösung 2.1. Wir verwenden Theorem 2.2 und die Identität
$$|a|^2 = \left\{ \begin{array}{l} a^2 \,, wenn\ a \geq 0 \\ (-a)^2 \,, wenn\ a < 0 \end{array} \right\} = a^2 \,:$$

„$\Leftarrow$": $|a| < |b| \Rightarrow |a|^2 < |b|^2 \Rightarrow a^2 < b^2$

„$\Leftarrow$": Sei $a^2 < b^2$ und angenommen $|a| \not< |b|$
$$\Rightarrow |b| \leq |a| \Rightarrow |b|^2 \leq |a|^2 \Rightarrow b^2 \leq a^2,\ \text{Widerspruch!}$$

Wegen $\quad 0^2 < (-1)^2$, aber $0 > -1$
$\qquad -1 < 0$, aber $(-1)^2 > 0^2$

bleibt weder die Implikation „$\Leftarrow$" noch die Implikation „$\Rightarrow$" richtig, wenn man die Betragsstriche fortlässt.

Übung 2.2. Man berechne alle reellen Zahlen x, für die gilt:

(a) $2x - 17 \leq 13 + 6x$
(b) $2(x+1) < x(x+1)$

Ferner skizziere man die jeweilige Lösungsmenge auf der Zahlengeraden.

Lösung 2.2. (a) $\quad 2x - 17 \leq 13 + 6x$
$\qquad\Leftrightarrow -4x - 17 \leq 13$
$\qquad\Leftrightarrow -4x \leq 30$
$\qquad\Leftrightarrow x \geq -7.5$

(b) Fallunterscheidung
  (i) $x + 1 > 0$
$\qquad\qquad x + 1 > 0 \quad \text{und} \quad 2(x+1) < x(x+1)$
$\quad\Leftrightarrow x + 1 > 0 \quad \text{und} \quad 2 < x$
$\quad\Leftrightarrow x > -1 \quad \text{und} \quad x > 2$
$\quad\Leftrightarrow x > 2$
  (ii) $x + 1 = 0$
$\qquad\qquad x + 1 = 0 \quad \text{und} \quad 2(x+1) < x(x+1)$
$\quad\Rightarrow x + 1 = 0 \quad \text{und} \quad 0 < 0 \qquad \text{Widerspruch!}$
  (iii) $x + 1 < 0$
$\qquad\qquad x + 1 < 0 \quad \text{und} \quad 2(x+1) < x(x+1)$
$\quad\Leftrightarrow x + 1 < 0 \quad \text{und} \quad 2 > x$
$\quad\Leftrightarrow x < -1 \quad \text{und} \quad x < 2$
$\quad\Leftrightarrow x < -1$

Die Gesamtlösung besteht aus allen x mit $x < -1$ oder $x > 2$.

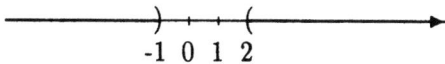

Übung 2.3. Bestimmen Sie alle reellen Zahlen x, für die gilt:

(a) $-1 < \dfrac{2}{x+3} < 0$

(b) $|x+5| < 3$

(c) $|x-5| > 3$,

und skizzieren Sie die jeweilige Lösungsmenge auf der Zahlengeraden.

3

Mengen und Zahlenmengen

Viele Formulierungen in der Mathematik lassen sich einfacher gestalten, wenn man den Begriff der Menge (vgl. Def. 1.1) verwendet. Wir präzisieren:

Definition 3.1 (Menge). *Eine* Menge *ist die Zusammenfassung von wohlbestimmten und wohlunterschiedenen Dingen $x, y, z, \ldots$ zu einem Ganzen M. M ist definiert, wenn von jedem Objekt x feststeht, ob es zu M gehört oder nicht.*
$x \in M$ bedeutet: Das Objekt x gehört zu M, ist ein Element *von M.*
$x \notin M$ bedeutet: Das Objekt x gehört nicht zu M, ist kein Element von M.

Beispiel 3.1.

$$\mathbb{N} := \text{Menge der natürlichen Zahlen}$$
$$\mathbb{Z} := \text{Menge der ganzen Zahlen}$$
$$\mathbb{Q} := \text{Menge der rationalen Zahlen}$$
$$\mathbb{R} := \text{Menge der reellen Zahlen}$$
$$10 \in \mathbb{N}, \quad -6 \notin \mathbb{N}, \quad \frac{2}{3} \notin \mathbb{Z}, \quad \sqrt{2} \notin \mathbb{Q}, \ldots$$

Die folgenden Schreibweisen für Mengen werden häufig verwendet:

(a) Es seien $a, b, c, \ldots$ irgendwelche gegebene Objekte. Mit $\{a, b, c, \ldots\}$ bezeichnet man die Menge, die aus den Elementen $a, b, c, \ldots$ besteht.

(b) Es sei A eine Aussage über irgendwelche Objekte x. Unter $\{x : A(x)\}$ oder $\{x | A(x)\}$ versteht man die Menge der Objekte x, für die die Aussage A wahr ist.

Beispiel 3.2.

$$\mathbb{N} = \{0, 1, 2, 3, \ldots\}, \quad \mathbb{Z} = \{0, \pm 1, \pm 2, \pm 3, \ldots\},$$
$$\mathbb{Q} = \left\{0, \pm 1, \pm 2, \pm \frac{1}{2}, \pm \frac{1}{3}, \pm 3, \pm 4, \ldots\right\} \text{ gemäß dem folgenden Schema:}$$

16   3 Mengen und Zahlenmengen

$$
\begin{array}{ccccccccc}
0 \to \dfrac{1}{1} & \dfrac{1}{2} \to \dfrac{1}{3} & \dfrac{1}{4} \to \dfrac{1}{5} & \dfrac{1}{6} & \dfrac{1}{7} & \cdots & \dfrac{1}{n} & \cdots \\
\dfrac{2}{1} & \boxed{\dfrac{2}{2}} & \dfrac{2}{3} & \boxed{\dfrac{2}{4}} & \dfrac{2}{5} & \dfrac{2}{6} & \dfrac{2}{7} & \cdots & \dfrac{2}{n} & \cdots \\
\dfrac{3}{1} & \dfrac{3}{2} & \dfrac{3}{3} & \dfrac{3}{4} & \dfrac{3}{5} & \dfrac{3}{6} & \dfrac{3}{7} & \cdots & \dfrac{3}{n} & \cdots \\
\dfrac{4}{1} & \dfrac{4}{2} & \dfrac{4}{3} & \dfrac{4}{4} & \dfrac{4}{5} & \dfrac{4}{6} & \dfrac{4}{7} & \cdots & \dfrac{4}{n} & \cdots \\
\vdots & \vdots & \vdots & \vdots & \vdots & \vdots & \vdots & & \vdots \\
\dfrac{m}{1} & \dfrac{m}{2} & \dfrac{m}{3} & \dfrac{m}{4} & \dfrac{m}{5} & \dfrac{m}{6} & \dfrac{m}{7} & \cdots & \dfrac{m}{n} & \cdots \\
\vdots & \vdots & \vdots & \vdots & \vdots & \vdots & \vdots & & \vdots
\end{array}
$$

Die Mengen **N**, **Z**, **Q** sind damit abzählbar.

Beispiel 3.3. Endliche Intervalle.
Es seien a, b zwei feste reelle Zahlen mit $a \leq b$.

$A_1 : \text{„}a \leq x \leq b\text{"} \Rightarrow [a,b] := \{x : A_1(x)\} = \{x : a \leq x \leq b\}$ } abgeschlossenes Intervall

$A_2 : \text{„}a \leq x < b\text{"} \Rightarrow [a,b) := \{x : A_2(x)\} = \{x : a \leq x < b\}$ } halboffene
$A_3 : \text{„}a < x \leq b\text{"} \Rightarrow (a,b] := \{x : A_3(x)\} = \{x : a < x \leq b\}$ } Intervalle

$A_4 : \text{„}a < x < b\text{"} \Rightarrow (a,b) := \{x : A_4(x)\} = \{x : a < x < b\}$ } offenes Intervall

```
●——●         ●———         ———●         ———
a  b         a   b         a   b         a   b
```

Unendliche Intervalle. Es ist a eine feste Zahl.

$$[a, \infty) := \{x : x \geq a\},\, (a, \infty) := \{x : x > a\}$$
$$(-\infty, a] := \{x : x \leq a\},\, (-\infty, a) := \{x : x < a\}$$
$$(-\infty, \infty) := \mathbb{R}$$

3.1 Beziehungen zwischen und Operationen mit Mengen

Definition 3.2 (Mengenbeziehungen). *A und B seien zwei beliebige Mengen.*

(a) A und B heißen gleich, $A = B$, *wenn A und B dieselben Elemente enthalten.*

(b) A heißt enthalten in B, $A \subset B$, *wenn jedes Element von A auch in B liegt.*

Nach Definition ist klar:

Theorem 3.1 (Gleichheit von Mengen). *Für zwei Mengen A, B gilt:*
$$A = B \Leftrightarrow A \subset B \text{ und } B \subset A.$$

Beispiel 3.4. (a) $\mathbb{N} = \{x : x \in \mathbb{Z}, x \geq -0.73\}$
(b) Sei $a \leq b$. $[a, b] = \{x : x = a + (b-a)t, 0 \leq t \leq 1\}$
(c) Sei $a \in \mathbb{R}$ und $r \geq 0$. $\{x : |x - a| \leq r\} = \{x : a - r \leq x \leq a + r\}$
(d) $\mathbb{N} \subset \mathbb{Z} \subset \mathbb{Q} \subset \mathbb{R}$, $(-3, 1.3] \subset [-4.1, 2]$

Definition 3.3 (Mengenoperationen).

(a) $A \cap B := \{x : x \in A \text{ und } x \in B\}$ *heißt* Durchschnitt *von A und B.*
(b) $A \cup B := \{x : x \in A \text{ oder } x \in B\}$ *heißt* Vereinigung *von A und B.*
(c) $A \backslash B$ *(oder $A - B$)* $:= \{x : x \in A, x \notin B\}$ *heißt* Differenz *von A und B.*
(d) A sei enthalten in der festen Grundmenge G
$\bar{A} := G \backslash A$ *heißt* Komplement *von A (bez. G).*

Beispiel 3.5. (a) $(-2, 1] \cap \left[\frac{1}{2}, 2\right) = \left[\frac{1}{2}, 1\right]$

(b) $(-2, 1] \cup \left[\frac{1}{2}, 2\right) = (-2, 2)$
(c) $A \backslash A = \emptyset$, $(-5, 10) \backslash [0, 1) = (-5, 0) \cup [1, 10)$
(d) Grundmenge $G = \mathbb{R}$; $A = (-\infty, a) \Rightarrow \bar{A} = [a, \infty)$

Geometrische Interpretation der Mengenoperationen:

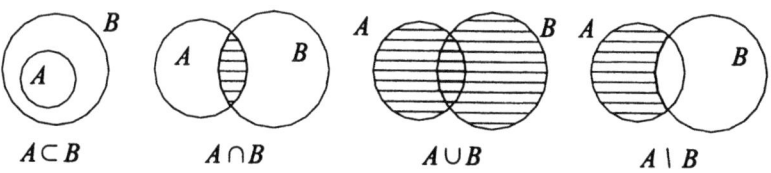

$A \subset B \qquad A \cap B \qquad A \cup B \qquad A \setminus B$

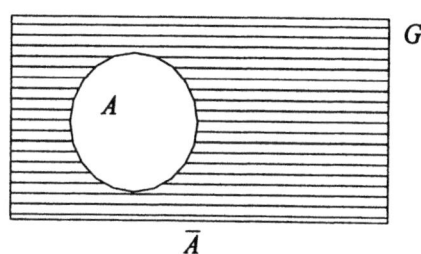

18   3 Mengen und Zahlenmengen

Auf entsprechende Weise veranschaulicht man sich die Regeln:
(a) $A \cap B = B \cap A, A \cup B = B \cup A$ Kommutativgesetze
(b) $A \cap (B \cap C) = (A \cap B) \cap C, A \cup (B \cup C) = (A \cup B) \cup C$ Assoziativgesetze
(c) $A \cap (B \cup C) = (A \cap B) \cup (A \cap C), A \cup (B \cap C) = (A \cup B) \cap (A \cup C)$ Distributivgesetze

3.2 Beschränkte Zahlenmengen – Supremum, Infimum

Im Folgenden betrachten wir nur Mengen von reellen Zahlen, kurz Zahlenmengen genannt.

Definition 3.4 (Obere Schranke). *Eine Zahlenmenge M heißt nach oben beschränkt, wenn eine Zahl K existiert, so dass $x \leq K$ für alle $x \in M$. Jede Zahl K mit dieser Eigenschaft heißt* obere Schranke *von M.*

Beispiel 3.6. (a) Nach oben beschränkte Mengen:

M	obere Schranken von M
$\{-5, 0, -1.5, -3\}$	$0, 2.7, 98, \ldots;$ alle $K \geq 0$
$[-8, -2]$	$-2, -0.1, 14, \ldots;$ alle $K \geq -2$
$\left(-\infty, \dfrac{2}{3}\right)$	$1, 56, 1000, \ldots;$ alle $K \geq \dfrac{2}{3}$

(b) Nicht nach oben beschränkte Mengen:

$$\mathbb{N}, \mathbb{Z}, \mathbb{Q}, \mathbb{R}, [a, \infty), (a, \infty), \{x : x = 4n, n \in \mathbb{Z}\}$$

Definition 3.5 (Supremum). *Es sei M nach oben beschränkt. Eine Zahl S heißt* Supremum *(kleinste obere Schranke oder obere Grenze) von M, wenn gilt:*

(a) S ist eine obere Schranke von M
(b) Ist K eine obere Schranke von M, dann ist $S \leq K$.

Theorem 3.2 (Existenz und Eindeutigkeit des Supremums). *Jede nach oben beschränkte, nicht leere Zahlenmenge M hat genau ein Supremum S.*

Beweis. Die Existenz ist gleichbedeutend mit der Vollständigkeit von $\mathbb{R}$ und wird in Kapitel 11 diskutiert.
Eindeutigkeit. Es seien S, S' zwei Suprema von M.

$$\left. \begin{array}{l} (a'), (b) \text{ in Definition 3.5} \Rightarrow S \leq S' \\ (a), (b') \text{ in Definition 3.5} \Rightarrow S' \leq S \end{array} \right\} \Rightarrow S = S'.$$

Bezeichnung: $S = \sup M$.
Ist M nicht nach oben beschränkt, so schreibt man $\sup M = \infty$.

3.2 Beschränkte Zahlenmengen – Supremum, Infimum

Beispiel 3.7.

M	$\sup M$
$\{-5, 0, -1.5, -3\}$	0
$[-8, -2]$	-2
$\left(-\infty, \dfrac{2}{3}\right)$	$\dfrac{2}{3}$
N, Z, Q, R	∞

Definition 3.6 (Untere Schranke). *Eine Zahlenmenge M heißt nach unten beschränkt, wenn eine Zahl k existiert, so dass $k \leq x$ für alle $x \in M$. Jede Zahl k mit dieser Eigenschaft heißt untere Schranke von M.*

Beispiel 3.8. (a) Nach unten beschränkte Mengen:

M	untere Schranken von M
$\{-5, 0, -1.5, -3\}$	$-5, -5.1, -33.3, \ldots;$ alle $k \leq -5$
$[-8, -2]$	$-8, -55, -1000, \ldots;$ alle $k \leq -8$
$(15, \infty)$	$15, 0.1, -77, \ldots;$ alle $k \leq 15$
N	$0, -1, -\sqrt{2}, \ldots;$ alle $k \leq 0$

(b) Nicht nach unten beschränkte Mengen:

$$\mathbf{Z}, \mathbf{Q}, \mathbf{R}, (-\infty, a], (-\infty, a), \{x : x = 4n, n \in \mathbf{Z}\}$$

Definition 3.7 (Infimum). *Es sei M nach unten beschränkt. Eine Zahl s heißt Infimum (größte untere Schranke oder untere Grenze) von M, wenn gilt:*

(a) s ist eine untere Schranke von M
(b) Ist k eine untere Schranke von M, dann ist $k \leq s$.

Wie Theorem 3.2 beweist man:

Theorem 3.3 (Existenz und Eindeutigkeit des Infimums). *Jede nach unten beschränkte, nicht leere Zahlenmenge M hat genau ein Infimum s.*

Bezeichnung: $s = \inf M$

Ist M nicht nach unten beschränkt, so schreibt man $\inf M = -\infty$.

Beispiel 3.9.

M	$\inf M$
$\{-5, 0, -1.5, -3\}$	-5
$[-8, -2]$	-8
$(15, \infty)$	15
N	0
Z, Q, R	$-\infty$

Definition 3.8 (Beschränkte Zahlenmenge I). *Eine Zahlenmenge M heißt beschränkt, wenn M nach unten und nach oben beschränkt ist.*

Theorem 3.4 (Beschränkte Zahlenmenge II). *M ist genau dann beschränkt, wenn eine Zahl $M \geq 0$ existiert, so dass $-M \leq x \leq M$ (d.h. $|x| \leq M$) für alle $x \in M$.*

Beweis. Ist M beschränkt, dann existieren zwei Zahlen k und K, so dass $k \leq x \leq K$ für alle $x \in M$. Wählt man ein $M \geq max\{|K|, |k|\}$, dann gilt $K \leq |K| \leq M$ und $-M \leq -|k| \leq k$, folglich $-M \leq x \leq M$ für alle $x \in M$. Die umgekehrte Beweisrichtung ist trivial.

Beispiel 3.10. (a) Beschränkte Mengen: $\{-5, 0, -1.5, -3\}, [-8, -2]$
(b) Nicht beschränkte Mengen: $\left(-\infty, \dfrac{2}{3}\right), (15, \infty), \mathbb{N}, \mathbb{Z}, \mathbb{Q}, \mathbb{R}$

3.3 Übungen

Übung 3.1. Man beschreibe die folgenden Mengen reeller Zahlen in möglichst einfacher Form:

(a) $\{x : |x - 1| = |x - 3|\}$

(b) $\{x : x^2 - x + 10 > 16\}$

(c) $\left\{x : \dfrac{1}{2} + \dfrac{1}{1-x} > 0\right\}$

Lösung 3.1. (a) Aus Übung 2.1 folgt das Kriterium
$$|a| = |b| \Leftrightarrow a^2 = b^2$$
zur Beseitigung von Betragsstrichen. Damit erhält man:
$$|x - 1| = |x - 3|$$
$$\Leftrightarrow (x - 1)^2 = (x - 3)^2$$
$$\Leftrightarrow x^2 - 2x + 1 = x^2 - 6x + 9$$
$$\Leftrightarrow 4x = 8$$
$$\Leftrightarrow x = 2.$$

Also gilt $\{x : |x - 1| = |x - 3|\} = \{2\}$.

(b)
$$x^2 - x + 10 > 16$$
$$\Leftrightarrow x^2 - x - 6 > 0$$
$$\Leftrightarrow (x - 3)(x + 2) > 0$$
$$\Leftrightarrow (x - 3 > 0 \text{ und } x + 2 > 0) \text{ oder } (x - 3 < 0 \text{ und } x + 2 < 0)$$
$$\Leftrightarrow (x > 3 \text{ und } x > -2) \text{ oder } (x < 3 \text{ und } x < -2)$$
$$\Leftrightarrow x > 3 \text{ oder } x < -2$$

Also gilt $\{x : x^2 - x + 10 > 16\} = (-\infty, -2) \cup (3, \infty) = \mathbb{R} \setminus [-2, 3]$

(c)
$$\frac{1}{2} + \frac{1}{1-x} > 0$$
$$\Leftrightarrow \frac{2}{1-x} > -1$$

Fallunterscheidung
(Man beachte, dass die Aussage $\frac{1}{2} + \frac{1}{1-x} > 0$ nur dann einen Sinn hat, wenn $1 - x \neq 0$. Der Fall $1 - x = 0$ tritt also nicht auf!)

(i) $1 - x > 0$
$$1 - x > 0 \text{ und } \frac{2}{1-x} > -1$$
$$\Leftrightarrow 1 - x > 0 \text{ und } 2 > -(1-x) = x - 1$$
$$\Leftrightarrow x < 1$$

(ii) $1 - x < 0$
$$1 - x < 0 \text{ und } \frac{2}{1-x} > -1$$
$$\Leftrightarrow 1 - x < 0 \text{ und } 2 < -(1-x) = x - 1$$
$$\Leftrightarrow x > 1 \text{ und } x > 3$$
$$\Leftrightarrow x > 3$$

Also gilt $\left\{x : \frac{1}{2} + \frac{1}{1-x} > 0\right\} = (-\infty, 1) \cup (3, \infty) = \mathbb{R} \setminus [1, 3]$.

Übung 3.2. Man bestimme Supremum und Infimum von

(a) $M_1 = \left\{\dfrac{n}{n+1} : n \in \mathbb{N}\right\}$

(b) $M_2 = \left\{\dfrac{n^2}{2^n} : n \in \mathbb{N}\right\}$

Lösung 3.2. (a) Da für alle $n \in \mathbb{N}$ gilt $0 \leq \dfrac{n}{n+1} = 1 - \dfrac{1}{n} < 1$, ist 0 eine untere und 1 eine obere Schranke von M_1. Wegen $0 \in M_1$ folgt sofort $\inf M_1 = 0$. Wir zeigen nun, dass $\sup M_1 = 1$.
Sei dazu K eine obere Schranke von M_1 und angenommen, dass $K < 1$. Dann ist $1 - K > 0$ und nach (O5) gibt es ein $n \in \mathbb{N}$ mit $n(1 - K) > 1$
$$\Rightarrow 1 - K > \frac{1}{n} \Rightarrow 1 - \frac{1}{n} > K$$

Dies ist ein Widerspruch, da K eine obere Schranke von M_1 ist. Also gilt $K \geq 1$, was zu zeigen war.

(b) Mittels vollständiger Induktion beweisen wir zunächst, dass gilt:
$$n^2 \leq 2^n \text{ für alle } n = 4, 5, 6, \ldots.$$

(i) Induktionsanfang: $4^2 \leq 2^4$ ist richtig.

(ii) Induktionsvoraussetzung: Es sei $n \geq 4$ und $n^2 \leq 2^n$.

(iii) Induktionsschluss:
$$\begin{aligned} n \geq 4 \quad &\Rightarrow (n-1)^2 \geq 3^2 > 2 \\ &\Rightarrow n^2 - 2n + 1 > 2 \\ &\Rightarrow \left.\begin{array}{r} n^2 + 2n + 1 < 2n^2 \\ n^2 \leq 2^n \end{array}\right\} \Rightarrow (n+1)^2 \leq 2 \cdot 2^n = 2^{n+1}. \end{aligned}$$

Damit gilt $0 \leq \dfrac{n^2}{2^n} \leq 1$ für alle $n \geq 4$. Betrachtet man noch die Werte

n	0	1	2	3
$\dfrac{n^2}{2^n}$	0	$\dfrac{1}{2}$	1	$\dfrac{9}{8}$

so erhält man $\inf M_2 = 0$ und $\sup M_2 = \dfrac{9}{8}$.

Übung 3.3. Beschreiben Sie die folgenden Mengen reeller Zahlen in möglichst einfacher Form:

(a) $\{x : x^4 - 2x^2 = 0\}$

(b) $\{x : |x-1| + |x-2| > 1\}$

(c) $\left\{x : \left|\dfrac{x-1}{x+1}\right| = 2\right\}$

Übung 3.4. Bestimmen Sie Supremum und Infimum von

(a) $M_1 = \left\{\dfrac{1}{n} : n = 1, 2, 3, \ldots\right\}$

(b) $M_2 = \left\{\left(-\dfrac{1}{2}\right)^m - \dfrac{3}{n} : m, n \in \mathbb{N}\setminus\{0\}\right\}$

4
Kombinatorik

Die Kombinatorik behandelt Anzahlbestimmungen, die vor allem in der Wahrscheinlichkeitsrechnung wichtig sind.

4.1 Permutationen

Es seien $D_1, D_2, \ldots, D_n$ n gegebene Dinge, die nicht notwendig als verschieden anzusehen sind.

Beispiel 4.1. (a) Buchstaben aus einem Setzkasten
(b) $D_1 = a, D_2 = b, D_3 = c$ oder $D_1 = a, D_2 = a, D_3 = b, D_4 = b$

Definition 4.1 (Permutation). *Jede Zusammenstellung, die dadurch entsteht, dass man die Objekte $D_1, D_2, D_3, \ldots, D_n$ in irgendeiner Anordnung nebeneinandersetzt, nennt man eine* Permutation *der gegebenen Objekte.*

Beispiel 4.2.

n	Objekte	Permutationen	Anzahl der Permutationen
1	$D_1 = a$	a	1
2	$D_1 = a, D_2 = b$	ab, ba	2
3	$D_1 = a, D_2 = b, D_3 = c$	$abc, acb, bac, bca, cab, cba$	6
4	$D_1 = a, D_2 = a, D_3 = c$	aac, aca, caa	3

Definition 4.2 (Fakultät). *Für die natürliche Zahl n sei*

$$n! := \begin{cases} 1, & \text{wenn } n = 0 \\ 1 \cdot 2 \cdot 3 \cdot \ldots \cdot n, & \text{wenn } n \geq 1 \end{cases} \text{ (sprich „n Fakultät").}$$

Beispiel 4.3.

$$0! = 1! = 1,\ 2! = 2,\ 3! = 6,\ 4! = 24,\ 5! = 120,\ \ldots,\ (n+1)! = (n+1)n!$$

4 Kombinatorik

Theorem 4.1 (Permutationsanzahl I). *Es gibt genau $n!$ Permutationen von n verschiedenen Dingen, $n \geq 1$.*

Beweis (mit vollständiger Induktion).
p_n bezeichne die Anzahl der Permutationen von n verschiedenen Dingen, und A_n sei die Aussage „$p_n = n!$".

(a) Induktionsanfang: A_1, A_2, A_3 sind wahr, siehe obiges Beispiel.

(b) Induktionsvoraussetzung: A_{n-1} sei wahr, d.h. $p_{n-1} = (n-1)!$

(c) Induktionsschluss: Es seien $D_1, D_2, \ldots, D_n$ n verschiedene Dinge. Wir denken uns die Menge aller Permutationen von $D_1, \ldots, D_n$ zerlegt in n Teilmengen $M_1, \ldots, M_n$, die dadurch charakterisiert sind, dass die Permutationen in M_i mit D_i beginnen, $i = 1, \ldots, n$. Jedes M_i enthält genau p_{n-1} Elemente, denn auf D_i folgen noch $n-1$ verschiedene Objekte, die auf p_{n-1} Arten permutiert werden können. Damit folgt

$$p_n = \sum_{i=1}^{n} p_{n-1} = n \cdot p_{n-1} = n(n-1)! = n!\,,$$

also A_n.

Theorem 4.2 (Permutationsanzahl II). *Sind unter n gegebenen Dingen k einander gleich ($1 \leq k \leq n$), die restlichen $n-k$ aber verschieden, so gibt es genau $\dfrac{n!}{k!}$ Permutationen dieser Dinge.*

Beweis. Nach Voraussetzung lassen sich die gegebenen Dinge so darstellen:

$$\underbrace{a, a, a, \ldots, a}_{k\text{-mal}}, b_1, b_2, \ldots, b_{n-k}$$

p sei die Anzahl der Permutationen dieser Objekte. Wir betrachten zunächst irgendeine dieser Permutationen π, z.B.

$$a\ b_3\ a\ a\ b_2\ b_1\ \ldots\ a\ b_{n-k}\ a\ a\ a\,.$$

Um Theorem 4.1 anwenden zu können, unterscheiden wir die a's in π künstlich, etwa mittels Nummerieren:

$$a_{(1)}\ b_3\ a_{(2)}\ a_{(3)}\ b_2\ b_1 \ldots a_{(k-3)}\ b_{n-k}\ a_{(k-2)}\ a_{(k-1)}\ a_{(k)}\,.$$

Permutiert man nun die $a_{(i)}$ ($i = 1, \ldots, k$) bei festgehaltenen b_j ($j = 1, \ldots, n-k$), so entstehen aus π $k!$ „neue" Permutationen. Aus allen p Permutationen π zusammen entstehen auf diese Weise $p \cdot k!$ verschiedene „neue" Permutationen. Die Gesamtheit dieser „neuen" Permutationen entspricht aber umkehrbar eindeutig den sämtlichen Permutationen von n verschiedenen Dingen. Also gilt $p \cdot k! = n!$, d.h. $p = \dfrac{n!}{k!}$.

Analog zu Theorem 4.2 beweist man

Theorem 4.3 (Permutationsanzahl III). *Gegeben seien n Dinge, die nicht alle voneinander verschieden sein müssen, sondern so in $1 \leq s \leq n$ Klassen mit $n_1, n_2, \ldots$ resp. n_s Objekten zerfallen, dass die Dinge jeder einzelnen Klasse einander gleich, Dinge verschiedener Klassen aber verschieden sind. Dann ist die Anzahl der Permutationen dieser Dinge gleich* $\dfrac{n!}{n_1! n_2! \ldots n_s!}$.

4.2 Kombinationen

Definition 4.3 (Kombination). *Jede Zusammenstellung, die man erhält, indem man aus n gegebenen Objekten k herausgreift ($1 \leq k \leq n$), nennt man eine Kombination k-ter Ordnung der gegebenen Objekte. Wird bei der Zusammenstellung die Reihenfolge der Dinge berücksichtigt, so spricht man von einer* Kombination mit Berücksichtigung der Anordnung, *sonst von einer* Kombination ohne Berücksichtigung der Anordnung.

Beispiel 4.4. $n = 3: \quad D_1 = a, \quad D_2 = b, \quad D_3 = c$
Kombinationen 2.Ordnung mit Berücksichtigung der Anordnung:

$$ab, ba, ac, ca, bc, cb$$

Kombinationen 2. Ordnung ohne Berücksichtigung der Anordnung:

$$\{a,b\}, \{a,c\}, \{b,c\}.$$

Wir betrachten hier nur Kombinationen von verschiedenen Objekten, genannt *Kombinationen ohne Wiederholung*.

Theorem 4.4 (Kombinationsanzahl I). *Für n voneinander verschiedene Dinge ist die Anzahl der Kombinationen k-ter Ordnung mit Berücksichtigung der Anordnung gleich*

$$\frac{n!}{(n-k)!} = n(n-1)(n-2)\ldots(n-k+1).$$

Beweis. Die n gegebenen Objekte seien durch $a_1, a_2, \ldots, a_n$ dargestellt. p bezeichne die Anzahl der Kombinationen k-ter Ordnung mit Berücksichtigung der Anordnung von $a_1, \ldots, a_n$. Es sei $\kappa = a_{i_1} a_{i_2} \ldots a_{i_k}$ eine solche Kombination. Fügt man die restlichen $n - k$ Objekte in irgendeiner Anordnung $a_{i_{k+1}} \ldots a_{i_n}$ hinzu, so erhält man eine Permutation $\pi = a_{i_1} a_{i_2} \ldots a_{i_k} a_{i_{k+1}} \ldots a_{i_n}$ von $a_1, \ldots, a_n$. Man konstruiert so aus κ $(n-k)!$ Permutationen π. Aus allen p Kombinationen κ zusammen entstehen auf diese Weise $p \cdot (n-k)!$ verschiedene Permutationen der $a_1, \ldots, a_n$, die offensichtlich auch alle Permutationen dieser Objekte ausmachen. Also gilt $p \cdot (n-k)! = n!$, d.h.

$$p = \frac{n!}{(n-k)!} = \frac{n(n-1)(n-2)\ldots(n-k+1)(n-k)\ldots 1}{(n-k)(n-k-1)\ldots 1}$$
$$= n(n-1)(n-2)\ldots(n-k+1) \, .$$

Definition 4.4 (Binomialkoeffizienten). *n und k seien natürliche Zahlen mit $0 \leq k \leq n$.*

$$\binom{n}{k} := \frac{n!}{(n-k)!k!} = \frac{n(n-1)(n-2)\ldots(n-k+1)}{1 \cdot 2 \cdot 3 \ldots k} \qquad (\text{sprich „}n\text{ über }k\text{"})$$

Theorem 4.5 (Kombinationsanzahl II). *Die Anzahl der Kombinationen k-ter Ordnung von n verschiedenen Dingen ohne Berücksichtigung der Anordnung ist gleich $\binom{n}{k}$.*

Beweis. q bezeichne die Anzahl dieser Kombinationen. Aus jeder Kombination k-ter Ordnung ohne Berücksichtigung der Anordnung lassen sich $k!$ Kombinationen k-ter Ordnung mit Berücksichtigung der Anordnung bilden, aus allen zusammen also $q \cdot k!$ verschiedene.
Da man auf diese Weise alle Kombinationen k-ter Ordnung mit Berücksichtigung der Anordnung erhält, folgt $q \cdot k! = \dfrac{n!}{(n-k)!}$ d.h. $q = \binom{n}{k}$.

4.3 Binomialkoeffizienten

Die in Definition 4.4 erklärten Zahlen werden *Binomialkoeffizienten* genannt, was von ihrem Auftreten im Binomiallehrsatz herrührt, den wir hier noch vorstellen wollen. Vorweg eine wichtige Eigenschaft der Binomialkoeffizienten.

Theorem 4.6 (Rechenregel für Binomialkoeffizienten). *Für natürliche Zahlen n,k mit $0 \leq k < n$ gilt*

$$\binom{n}{k} + \binom{n}{k+1} = \binom{n+1}{k+1} \, .$$

Beweis.
$$\binom{n}{k+1} = \frac{n(n-1)\ldots(n-k+1)(n-k)}{1 \cdot 2 \ldots k(k+1)} = \binom{n}{k} \cdot \frac{n-k}{k+1}$$
$$\Rightarrow \binom{n}{k} + \binom{n}{k+1} = \binom{n}{k} \cdot \left(1 + \frac{n-k}{k+1}\right) = \binom{n}{k} \cdot \frac{n+1}{k+1}$$
$$= \frac{n(n-1)\ldots(n-k+1)}{1 \cdot 2 \ldots k} \cdot \frac{n+1}{k+1} = \binom{n+1}{k+1}$$

4.3 Binomialkoeffizienten

Mit Theorem 4.6 lassen sich die Binomialkoeffizienten sehr einfach im *Pascalschen Zahlendreieck* berechnen:

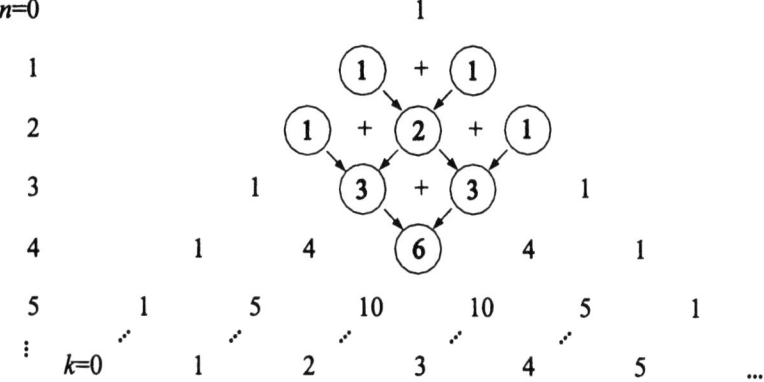

Theorem 4.7 (Binomiallehrsatz). *Für beliebige reelle Zahlen a, b und jede natürliche Zahl $n \geq 1$ gilt*

$$(a+b)^n = \sum_{k=0}^{n} \binom{n}{k} a^{n-k} b^k$$
$$= \binom{n}{0} a^n + \binom{n}{1} a^{n-1} b + \binom{n}{2} a^{n-1} b^2 + \cdots + \binom{n}{n-1} ab^{n-1} + \binom{n}{n} b^n.$$

Beweis (durch vollständige Induktion).

(a) Induktionsanfang: Für $n = 1$ lautet die Gleichung $a + b = \binom{1}{0} a + \binom{1}{1} b$ und ist richtig.

(b) Es gelte die Induktionsvoraussetzung
$$(a+b)^n = a^n + \binom{n}{1} a^{n-1} b + \cdots + \binom{n}{n-1} ab^{n-1} + \binom{n}{n} b^n.$$

(c) Induktionsschluss: Wir multiplizieren beide Seiten dieser Gleichung mit $(a + b)$. Nach Ausmultiplizieren der rechten Seite sieht diese so aus:

$$a^{n+1} + \binom{n}{1} a^n b + \binom{n}{2} a^{n-1} b^2 + \cdots + \binom{n}{n-1} a^2 b^{n-1} + \binom{n}{n} ab^n$$
$$+ \binom{n}{0} a^n b + \binom{n}{1} a^{n-1} b^2 + \cdots + \binom{n}{n-2} a^2 b^{n-1} + \binom{n}{n-1} ab^n + b^{n+1}.$$

Durch Anwendung von Theorem 4.6 können hier je zwei schräg untereinanderstehende Summanden zu einem einzigen vereinigt werden. Das ergibt

$$a^{n+1} + \binom{n+1}{1}a^n b + \binom{n+1}{2}a^{n-1}b^2 + \cdots$$
$$\cdots + \binom{n+1}{n-1}a^2 b^{n-1} + \binom{n+1}{n}ab^n + b^{n+1},$$

womit der Induktionsschluss vollzogen ist.

4.4 Übungen

Übung 4.1. Wieviele verschiedene Permutationen kann man bilden aus allen Buchstaben des Wortes

(a) Dach
(b) Galeere
(c) hervorbringen?

Übung 4.2. Wieviele Autonummernschilder mit zwei verschiedenen Buchstaben und drei verschiedenen Ziffern gibt es?

Übung 4.3. Eine Abordnung von vier Studenten soll zu einer Versammlung geschickt werden. Zehn Kandidaten sind vorhanden.

(a) Wieviele Möglichkeiten gibt es, die Abordnung zusammenzustellen?
(b) Wieviele Möglichkeiten gibt es, wenn zwei der Kandidaten nicht zusammen hinfahren wollen?

Übung 4.4. Entwickeln und vereinfachen Sie den Term $\left(x^2 - 2y\right)^5$.

Teil II

Zahlenfolgen – Konvergenz – Vollständigkeit

5

Definition von Zahlenfolgen

Definition 5.1 (Zahlenfolge). *Eine Zahlenfolge liegt dann vor, wenn jeder natürlichen Zahl n ($\geq k$; meistens $k = 0$ oder $k = 1$) in eindeutiger Weise eine Zahl a_n (oder b_n oder x_n ...) zugeordnet ist. a_n heißt n-tes Glied der Folge, und die Zahlenfolge $a_0, a_1, a_2, \ldots, a_n, \ldots$ wird mit dem Symbol (a_n) bezeichnet.*

5.1 Bedeutung von Zahlenfolgen

(a) Beschreibung von Prozessen, die sich (näherungsweise) nur zu den Zeitpunkten $t_n = a + n\Delta$ ändern

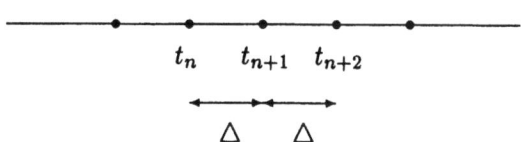

(b) Approximation von Funktionen durch Folgen, z.B. zur Verarbeitung in Rechenmaschinen

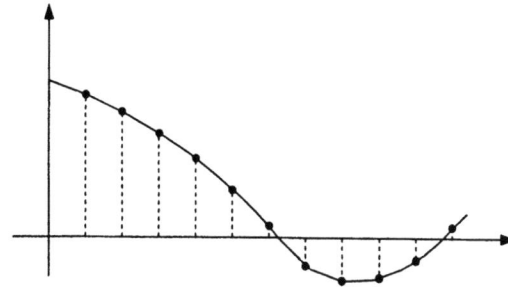

32   5 Definition von Zahlenfolgen

(c) Grundlegender Begriff beim Aufbau der Analysis

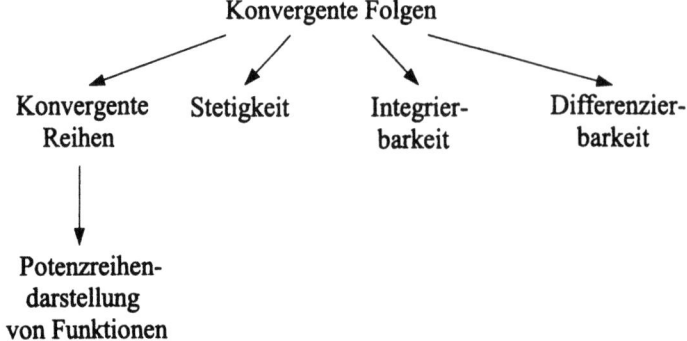

Beispiel 5.1.

(a) $a_n =$ auf n Stellen abgerundete Dezimalbruchentwicklung von $\dfrac{1}{3}$

$$a_0 = 0,\ a_1 = 0.3,\ a_2 = 0.33,\ a_3 = 0.333,\ a_4 = 0.3333,\ \ldots$$

(b) $a_n = \begin{cases} 1, \text{ falls } n \text{ Primzahl ist} \\ 0, \text{ sonst} \end{cases}$

$$a_0 = 0,\ a_1 = 0,\ a_2 = 1,\ a_3 = 1,\ a_4 = 0,\ a_5 = 1,\ a_6 = 0,\ \ldots$$

(c) $a_n =$ Augenzahl beim n-ten Wurf eines Würfels

Durch Rechenvorschriften definierte Folgen:

(d) $a_n = \dfrac{1}{(n-1)(n-2)(n-3)}$, $(k=4)$

$a_4 = \dfrac{1}{3 \cdot 2 \cdot 1},\ a_5 = \dfrac{1}{4 \cdot 3 \cdot 2},\ a_6 = \dfrac{1}{5 \cdot 4 \cdot 3},\ \ldots$

(e) $a_n = \left(1 + \dfrac{1}{n}\right)^n$

$a_1 = 2,\ a_2 = \dfrac{9}{4},\ a_3 = \left(\dfrac{4}{3}\right)^3,\ \ldots$

(f) $a_n = 1 + \dfrac{(-1)^n}{n}$

$a_1 = 0,\ a_2 = \dfrac{3}{2},\ a_3 = \dfrac{2}{3},\ a_4 = \dfrac{5}{4},\ a_5 = \dfrac{4}{5},\ a_6 = \dfrac{7}{6},\ \ldots$

Durch Rekursionsformeln definierte Folgen:
Das n-te Glied kann aus den vorangegangenen Gliedern berechnet werden, d.h. $a_n = F(a_0, a_1, \ldots, a_{n-1})$.

(g) $a_0 = 1$; $a_n = \dfrac{1}{2}\left(a_{n-1} + \dfrac{2}{a_{n-1}}\right)$, $n = 1, 2, 3, \ldots$

$a_0 = 1$, $a_1 = \dfrac{1}{2}\left(a_0 + \dfrac{2}{a_0}\right) = \dfrac{3}{2}, \ldots$

(kann zur Berechnung von $\sqrt{2}$ verwendet werden)

(h) $a_0 = 1$, $a_1 = 1$; $a_n = a_{n-1} + a_{n-2}$, $n = 2, 3, 4, \ldots$

$a_0 = 1$, $a_1 = 1$, $a_2 = 2$, $a_3 = 3$, $a_4 = 5$, $a_5 = 8$, ... *(Fibonacci-Folge)*

(i) Sei $q \in \mathbb{R}$. $a_0 = 1$; $a_n = 1 + q a_{n-1}$, $n = 1, 2, 3, \ldots$

$a_0 = 1$

$a_1 = 1 + q a_0 = 1 + q$

$a_2 = 1 + q a_1 = 1 + q(1+q) = 1 + q + q^2$

$a_3 = 1 + q a_2 = 1 + q + q^2 + q^3$

$\ldots$

$a_n = 1 + q + q^2 + \cdots + q^{n-1} + q^n$ *(endliche geometrische Reihe)*

Das letzte Beispiel gibt Anlass zu:

Theorem 5.1 (Endliche geometrische Reihe). *Sind $q \neq 1$ eine reelle und n eine natürliche Zahl, so gilt*

$$\sum_{k=0}^{n} q^k = 1 + q + q^2 \cdots + q^n = \frac{1-q^{n+1}}{1-q}$$

Beweis. Der Beweis mittels vollständiger Induktion sei als Übung empfohlen. Wir wählen hier eine andere Variante und setzen dazu $S = \sum_{k=0}^{n} q^k$. Dann gilt

$$S = 1 + q + q^2 + \cdots + q^n$$
$$qS = q + q^2 + \cdots + q^n + q^{n+1},$$

nach Subtraktion also

$$S - qS = 1 - q^{n+1}, \quad \text{d.h. } S = \frac{1-q^{n+1}}{1-q}.$$

Für $q = 1$ ist natürlich $\sum_{k=0}^{n} q = n + 1$.

5.2 Graphische Darstellung von Folgen (a_n)

(a) Aufzeichnen der Punkte $P(n, a_n)$ mit den Koordinaten n und a_n

34 5 Definition von Zahlenfolgen

Beispiel 5.2. $a_n = 1 + \dfrac{(-1)^n}{n}$

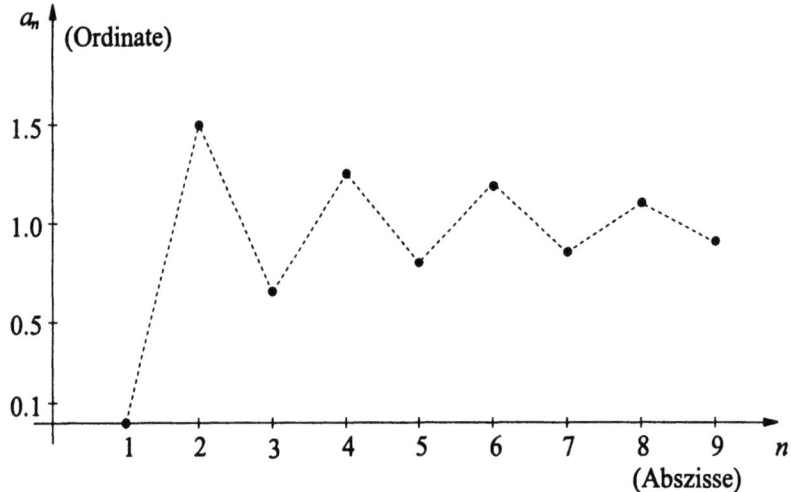

(b) Auftragen der Glieder a_n auf der Zahlengeraden
(entspricht der Projektion von $P(n, a_n)$ auf die y-Achse)

Beispiel 5.3. $a_n = 1 + \dfrac{(-1)^n}{n}$

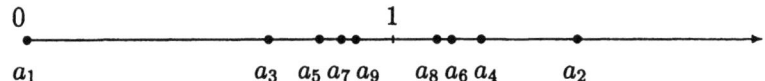

5.3 Eigenschaften von Zahlenfolgen

Definition 5.2 (Beschränktheit von Folgen).

Eine Zahlenfolge (a_n) *heißt* $\begin{Bmatrix} \text{nach unten beschränkt} \\ \text{nach oben beschränkt} \\ \text{beschränkt} \end{Bmatrix}$, *wenn die Menge*
$\{a_n : n \in \mathbb{N}\}$ *all ihrer Glieder* $\begin{Bmatrix} \text{nach unten beschränkt} \\ \text{nach oben beschränkt} \\ \text{beschränkt} \end{Bmatrix}$ *ist.*

5.3 Eigenschaften von Zahlenfolgen

Beispiel 5.4. Betrachte die Folgen $(a_n) = n$, $b_n = (10-n)^3$, sowie $c_n = (-1)^n$:

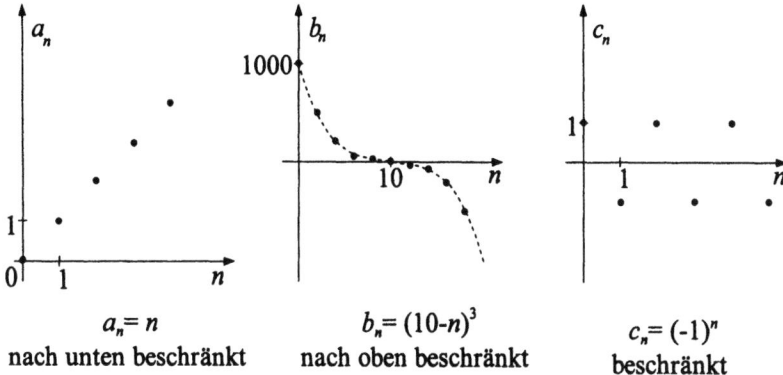

| $a_n = n$ | $b_n = (10-n)^3$ | $c_n = (-1)^n$ |
| nach unten beschränkt | nach oben beschränkt | beschränkt |

Definition 5.3 (Monotonie einer Folge). *Es sei (a_n) eine Folge. Falls*

$$\left\{\begin{array}{l} a_1 \leq a_2 \leq a_3 \leq \ldots \leq a_n \leq a_{n+1} \leq \ldots \\ a_1 < a_2 < a_3 < \ldots < a_n < a_{n+1} < \ldots \\ a_1 \geq a_2 \geq a_3 \geq \ldots \geq a_n \geq a_{n+1} \geq \ldots \\ a_1 > a_2 > a_3 > \ldots > a_n > a_{n+1} > \ldots \end{array}\right\},$$

so heißt (a_n) $\left\{\begin{array}{l}\text{monoton wachsend} \\ \text{streng monoton wachsend} \\ \text{monoton fallend} \\ \text{streng monoton fallend}\end{array}\right\}$

(a_n) *heißt (streng) monoton, wenn (a_n) (streng) monoton wachsend oder fallend ist.*

Nach Definition gilt: Aus strenger Monotonie folgt Monotonie.

Der graphischen Darstellung lässt sich das Monotonieverhalten sofort entnehmen. Bei einer streng monoton wachsenden Folge (a_n) etwa

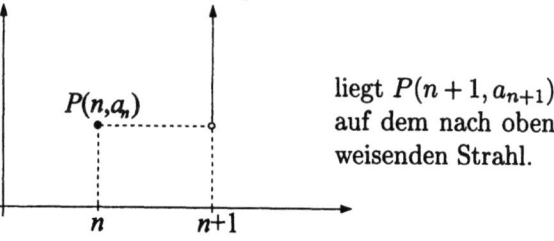

liegt $P(n+1, a_{n+1})$ auf dem nach oben weisenden Strahl.

Beispiel 5.5. (a) Von den oben dargestellten Folgen ist (a_n) streng monoton wachsend, (b_n) streng monoton fallend und (c_n) nicht monoton.

(b) Die Folge $\left(1 - \dfrac{1}{n}\right)$ ist streng monoton wachsend, denn:

$$n+1 > n \Rightarrow \frac{1}{n} > \frac{1}{n+1} \Rightarrow -\frac{1}{n} < -\frac{1}{n+1} \Rightarrow 1-\frac{1}{n} < 1-\frac{1}{n+1}$$
$$\Rightarrow a_n < a_{n+1}$$

Theorem 5.2 (Folge (q^n)).
Es sei $q \in \mathbb{R}$. Die Folge (q^n), also $1, q, q^2, q^3, \ldots$, ist

36   5 Definition von Zahlenfolgen

(a) streng monoton wachsend für $q > 1$
(b) streng monoton fallend für $0 < q < 1$
(c) nicht monoton für $q < 0$.

Beweis. (a) Es sei $q > 1$. Wir beweisen mit vollständiger Induktion:
$$q^{n+1} > q^n, \quad n = 0, 1, 2, \ldots.$$

Für $n = 0$ gilt dies nach Voraussetzung. Den Induktionsschluss
$$q^{n+1} > q^n \;\Rightarrow\; q^{n+2} > q^{n+1}$$

erhält man durch Multiplikation mit $q > 0$.
(b) zeigt man ebenso.
(c) folgt aus der Tatsache, dass die Folgenglieder abwechselnd positiv und negativ sind.

5.4 Teilfolgen

Entfernt man aus der Folge (a_n), $a_n = \dfrac{1}{n}$, alle Glieder mit geradem n

$$a_1 = 1,\; \cancel{a_2 = \tfrac{1}{2}},\; a_3 = \tfrac{1}{3},\; \cancel{a_4 = \tfrac{1}{4}},\; a_5 = \tfrac{1}{5},\; \cancel{a_6 = \tfrac{1}{6}},\; a_7 = \tfrac{1}{7},\; \ldots$$

und nummeriert die restlichen Glieder neu gemäß $b_k := a_{2k+1}$, $k \geq 0$,

$$b_0 = 1,\; b_1 = \frac{1}{3},\; b_2 = \frac{1}{5},\; b_3 = \frac{1}{7},\; \ldots$$

so ergibt sich wieder eine Folge (b_k), deren sämtliche Glieder unter denjenigen der ursprünglichen Folge (a_n) vorkommen. Allgemein hat man dafür den folgenden Begriff.

Definition 5.4 (Teilfolge). *Ist (a_n) eine Folge reeller Zahlen und (n_k) eine streng monoton wachsende Folge natürlicher Zahlen, so heißt die Folge (b_k), definiert durch $b_k = a_{n_k}$ eine Teilfolge von (a_n).*

Beispiel 5.6. (a) In dem obigen Beispiel ist $n_k = 2k + 1$.
(b) Es sei $q \in \mathbb{R}$ und die Folge (a_n), $a_n = q^n$, gegeben. Dann ist (b_k), $b_k = (q^5)^k$, eine Teilfolge von (a_n), denn mit $n_k := 5k$ gilt $n_k < n_{k+1}$ und $b_k = q^{5k} = a_{n_k}$.

5.5 Übungen

Übung 5.1. Man bestimme das allgemeine Glied jeder Folge und untersuche diese im Hinblick auf Beschränktheit und Monotonie!

(a) $\dfrac{1}{3^3}, \dfrac{3}{3^5}, \dfrac{5}{3^7}, \dfrac{7}{3^9}, \dfrac{9}{3^{11}}, \ldots$

(b) $\dfrac{1}{2}, -\dfrac{1}{6}, \dfrac{1}{12}, -\dfrac{1}{20}, \dfrac{1}{30}, \ldots$

Lösung 5.1. (a) Das allgemeine Glied lautet $a_n = \dfrac{2n-1}{3^{2n+1}}$.

Um zu zeigen, dass (a_n) streng monoton fallend ist, formen wir die Behauptung äquivalent um, bis wir zu einer offensichtlich richtigen Aussage gelangen:

$$a_n > a_{n+1} \Leftrightarrow \frac{2n-1}{3^{2n+1}} > \frac{2(n+1)-1}{3^{2(n+1)+1}} = \frac{2n+1}{3^{2n+3}}$$
$$\Leftrightarrow 3^2(2n-1) > 2n+1 \Leftrightarrow 16n > 10$$

Die letzte Aussage ist richtig wegen $n \geq 1$.
Damit gilt $0 < a_n \leq a_1$ für alle n, also ist (a_n) beschränkt.

(b) Das allgemeine Glied lautet $a_n = (-1)^{n-1}\dfrac{1}{n(n+1)} = (-1)^{n-1}\dfrac{1}{n^2+n}$.

Da a_n abwechselnd positiv und negativ ist, kann (a_n) nicht monoton sein.
Es ist $|a_n| = \dfrac{1}{n^2+n}$ und die Folge $\left(\dfrac{1}{n(n+1)}\right)$ streng monoton fallend:

$$\frac{1}{n(n+1)} > \frac{1}{(n+1)(n+2)} \Leftrightarrow n+2 > n \, ;$$

damit ist (a_n) beschränkt (vgl. Theorem 3.4).

Übung 5.2. Eine Zahlenfolge (a_n), $n \geq 0$, heißt

- *arithmetisch*, wenn $d = a_{n+1} - a_n$
- *geometrisch*, wenn $a_n \neq 0$ und $q = \dfrac{a_{n+1}}{a_n}$

für alle n konstant ist.
Man bestimme das allgemeine Glied in Abhängigkeit vom ersten Glied sowie die Summe der ersten $n+1$ Glieder einer

(a) arithmetischen Zahlenfolge.
(b) geometrischen Zahlenfolge.

Lösung 5.2.

(a) $a_1 = a_0+d$, $a_2 = a_1+d = a_0+2d$, $a_3 = a_2+d = a_0+3d$, ..., $a_n = a_0+nd$

Mit der in Kapitel 1 bewiesenen Aussage $\sum_{k=1}^{n} k = \dfrac{n(n+1)}{2}$ erhält man

$$\sum_{k=0}^{n} a_n = \sum_{k=0}^{n} a_0 + kd = (n+1)a_0 + \left(\sum_{k=0}^{n} k\right) d$$
$$= \frac{n+1}{2}(2a_0 + nd) = \frac{n+1}{2}(a_0 + a_n).$$

(b) $a_1 = a_0 q$, $a_2 = a_1 q = a_0 q^2$, $a_3 = a_2 q = a_0 q^3$, ..., $a_n = a_0 q^n$

Mit Theorem 5.1 erhält man

$$\sum_{k=0}^{n} a_n = \sum_{k=0}^{n} a_0 q^n = a_0 \sum_{k=0}^{n} q^n = \begin{cases} a_0 \dfrac{1-q^{n+1}}{1-q}, & q \neq 1 \\ a_0(n+1), & q = 1 \end{cases}$$

Übung 5.3. Behandeln Sie die Folgen

(a) $\dfrac{1}{2}, \dfrac{2}{3}, \dfrac{3}{4}, \dfrac{4}{5}, \dfrac{5}{6}, \ldots$

(b) $\dfrac{1}{2}, \dfrac{1}{12}, \dfrac{1}{30}, \dfrac{1}{56}, \dfrac{1}{90}, \ldots$

(c) $\dfrac{1}{1!}, -\dfrac{1}{3!}, \dfrac{1}{5!}, -\dfrac{1}{7!}, \dfrac{1}{9!}, \ldots$

unter derselben Aufgabenstellung wie in Übung 5.1

Übung 5.4. Bestimmen Sie die Summen

(a) $1 + 3 + 5 + \cdots + (2n-1)$

(b) $2 + 5 + 8 + \cdots + (3n-1)$

(c) $1 + 2 + 4 + \cdots + 2^n$

(d) $1 + \dfrac{1}{2} + \dfrac{1}{4} + \cdots + \dfrac{1}{2^n}$

6

Konvergente Folgen

Als Einführung betrachten wir drei spezielle Folgen, gegeben durch

$$a_n = 1 - \frac{1}{n} \qquad b_n = (-1)^n \qquad c_n = n^2$$

```
0        0.5      1        -1       0        1        0 1    4        9              16
•         • •••            •                 •        ••    •        •               •
a₁       a₂a₃a₄a₅          b_{2k+1}          b_{2k}   c₀c₁ c₂        c₃              c₄
```

(a_n) ist beschränkt, streng monoton wachsend

(b_n) ist beschränkt, nicht monoton

(c_n) ist nach unten beschränkt, nicht nach oben beschränkt, streng monoton wachsend

Betrachte $a = 1$:
Wegen $|a_n - a| = \dfrac{1}{n}$ wird der Abstand von a_n und a mit wachsendem n beliebig klein.
Sprechweise:
(a_n) *konvergiert gegen* a

Gibt es Zahlen b und c, die für (b_n) bzw. (c_n) dieselbe Eigenschaft haben wie a für (a_n)?

Es sei x irgendeine Zahl.

$|b_n - x| = \begin{cases} |1 - x|, & n \text{ gerade} \\ |1 + x|, & n \text{ ungerade} \end{cases}$

Sei $\varepsilon := \max\{|1-x|, |1+x|\}$
$\Rightarrow |b_n - x| = \varepsilon > 0$ für alle geraden n oder alle ungeraden n.

$|c_n - x| = n^2 - x$ für alle $n \geq \sqrt{|x|}$
$\Rightarrow |c_n - x|$ wird mit wachsendem n beliebig groß.

Daher gibt es keine Zahlen b und c, so dass der Abstand von b_n und b bzw. von c_n und c mit wachsendem n beliebig klein wird.
Sprechweise: (b_n) und (c_n) sind *divergent*.

Die Tatsache, dass c_n mit wachsendem n beliebig groß wird, drückt man durch die Sprechweise aus: (c_n) ist *bestimmt divergent* gegen $+\infty$.

6 Konvergente Folgen

Der Konvergenzbegriff wird nun wie folgt festgelegt.

Definition 6.1 (Grenzwert, Konvergenz). *Die Folge (a_n) hat den Grenzwert (Limes) a, man sagt auch: konvergiert gegen a, wenn es zu jeder (noch so kleinen) vorgegebenen Zahl $\varepsilon > 0$ eine Zahl $N = N(\varepsilon)$ gibt, so dass $|a_n - a| < \varepsilon$ für alle $n > N$.*

$$\text{Schreibweisen:} \quad \lim_{n \to \infty} a_n = a \quad \text{(oft auch } \lim a_n = a\text{)}$$

$$\text{oder} \quad a_n \to a, \, n \to \infty \quad \text{(oft auch } a_n \to a\text{)}.$$

Eine Folge heißt konvergent, *wenn sie einen Grenzwert hat.*

Zur **Deutung der Konvergenz in der graphischen Darstellung** beachte man (vgl. das Beispiel am Schluss von Kapitel 2):

$$|a_n - a| < \varepsilon \Leftrightarrow a - \varepsilon < a_n < a + \varepsilon$$
$$\Leftrightarrow a_n \text{ liegt im offenen Intervall } (a - \varepsilon, a + \varepsilon)$$

(a) Deutung im Koordinatensystem

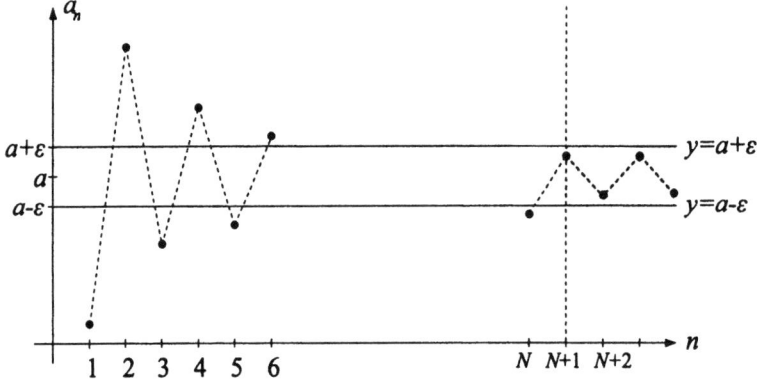

Für jedes $\varepsilon > 0$ liegen alle Punkte $P(n, a_n)$ mit $n > N = N(\varepsilon)$ zwischen den Geraden $y = a + \varepsilon$ und $y = a - \varepsilon$.

(b) Deutung auf der Zahlengeraden

Für jedes $\varepsilon > 0$ enthält das offene Intervall $(a - \varepsilon, a + \varepsilon)$ alle Glieder a_n mit $n > N = N(\varepsilon)$, also alle bis auf endlich viele.

Beispiel 6.1. (a) $a_n = x$ für alle $n \Rightarrow \lim a_n = x$,
denn für jedes $\varepsilon > 0$ ist $|a_n - x| = 0 < \varepsilon$ für alle n.

(b) $a_n = 1 + \dfrac{(-1)^n}{n}$, $n = 1, 2, 3 \Rightarrow \lim\limits_{n \to \infty} a_n = 1$.

Es sei nämlich $\varepsilon > 0$ (beliebig klein) gegeben. Zu bestimmen ist eine Zahl N, so dass

$$|a_n - 1| = \left|1 + \frac{(-1)^n}{n} - 1\right| = \left|\frac{(-1)^n}{n}\right| = \frac{1}{n} < \varepsilon$$

für alle $n > N$. Wegen

$$\frac{1}{n} < \varepsilon \Leftrightarrow n > \frac{1}{\varepsilon}$$

ist diese Bedingung erfüllt für $N := \dfrac{1}{\varepsilon}$. (Für $\varepsilon = 10^{-r}$ beispielsweise kann $N = 10^r$ gewählt werden.)

Definition 6.2 (Nullfolge).
Eine Folge (a_n) heißt Nullfolge, wenn $\lim\limits_{n \to \infty} a_n = 0$.

Theorem 6.1 ((q^n) als Nullfolge). *Für jede feste Zahl q mit $|q| < 1$ ist (q^n) eine Nullfolge.*

Beweis. Es sei $\varepsilon > 0$. Zu bestimmen ist eine Zahl N, so dass

$$|q^n - 0| = |q^n| = |q|^n < \varepsilon$$

für alle $n > N$. Für $q = 0$ kann $N = 0$ gewählt werden. Für $0 < |q| < 1$ gilt $\dfrac{1}{|q|} > 1$, also $\dfrac{1}{|q|} = 1 + h$ mit einer Zahl $h > 0$. Mit der Bernoulli-Ungleichung folgt

$$\frac{1}{|q|^n} = \left(\frac{1}{|q|}\right)^n = (1+h)^n \geq 1 + nh > nh,$$

d.h. $|q|^n < \dfrac{1}{nh}$. Wegen

$$\frac{1}{nh} < \varepsilon \Leftrightarrow n > \frac{1}{h\varepsilon}$$

kann daher $N = \dfrac{1}{h\varepsilon}$ gewählt werden.

6.1 Eigenschaften konvergenter Folgen

Theorem 6.2 (Eindeutigkeit des Limes). *Eine Folge hat höchstens einen Grenzwert.*

Beweis. Es sei (a_n) eine Folge mit $a_n \to a$ und $a_n \to b$, $n \to \infty$.
Annahme: $a \neq b$. Dann ist $a - b \neq 0$ und $\varepsilon := \dfrac{1}{2}|a - b| > 0$. Nach Voraussetzung existieren Zahlen N_1 und N_2, so dass

$|a_n - a| < \varepsilon$ für alle $n > N_1$ und $|a_n - b| < \varepsilon$ für alle $n > N_2$.

Wählt man nun ein $n_0 > \max\{N_1, N_2\}$, so erhält man den Widerspruch

$$|a - b| = |a - a_{n_0} + a_{n_0} - b| \leq |a - a_{n_0}| + |a_{n_0} - b| < \varepsilon + \varepsilon = |a - b|.$$

Also muss $a = b$ sein.

Theorem 6.3 (Beschränktheit konvergenter Folgen). *Jede konvergente Folge ist beschränkt.*

Beweis. Es sei (a_n) eine Folge mit dem Grenzwert a. Zu $\varepsilon = 1$ existiert dann ein $N \in \mathbb{N}$ mit $|a_n - a| < 1$ für alle $n > N$

$$\Rightarrow |a_n| = |a_n - a + a| \leq |a_n - a| + |a| < 1 + |a| \quad \text{für alle} \quad n > N.$$

Wählt man also $K = \max\{|a_1|, |a_2|, \ldots, |a_N|, |a| + 1\}$, so gilt $|a_n| \leq K$ für alle n.

Beispiel 6.2. (a) Die Folge $((-1)^n)$ ist beschränkt, hat aber keinen Grenzwert. Die Umkehrung von Theorem 6.3 gilt daher nicht.
(b) Die Folge (n^2) ist unbeschränkt, nach Theorem 6.3 also nicht konvergent.

Theorem 6.4 (Konvergenz von Teilfolgen). *Es sei (a_n) eine konvergente Folge mit Grenzwert a. Dann konvergiert jede Teilfolge von (a_n) auch gegen a.*

Beweis. Es sei (b_k) eine Teilfolge von (a_n), also $b_k = a_{n_k}$ mit einer streng monoton wachsenden Folge (n_k) von natürlichen Zahlen. Ferner sei $\varepsilon > 0$. Wegen $a_n \to a$ existiert ein N mit $|a_n - a| < \varepsilon$ für $n > N$. Da nach Voraussetzung $n_0 < n_1 < n_2 < \ldots$ gibt es ein N' mit $n_k > N$ für $k > N'$

$$\Rightarrow |b_k - a| = |a_{n_k} - a| < \varepsilon \quad \text{für alle} \quad k > N'$$
$$\Rightarrow b_k \to a, \, k \to \infty.$$

Beispiel 6.3. $(a_n), a_n = (-1)^n$, hat die konvergenten Teilfolgen (a_{2k}) und (a_{2k+1}), ist selbst aber nicht konvergent.

Theorem 6.5 (Rechenregeln für Grenzwerte I). *Für zwei konvergente Folgen (a_n) und (b_n) mit den Grenzwerten a und b gelte $a_n \leq b_n$ für unendlich viele n. Dann folgt $a \leq b$.*

Beweis. Annahme: $a > b$. Dann ist $\varepsilon := \frac{1}{2}(a - b) > 0$, und es existiert eine Zahl N, so dass

$$|a_n - a| < \varepsilon \text{ und } |b_n - b| < \varepsilon \quad \text{für alle} \quad n > N$$

(vgl. den Beweis von Theorem 6.2). Damit erhält man

$$b_n < b + \varepsilon = a - \varepsilon < a_n \quad \text{für alle} \quad n > N,$$

im Widerspruch zur Voraussetzung. Also ist $a \leq b$.

Aufgrund der Deutung der Konvergenz auf der Zahlengeraden ist klar:

Theorem 6.6 (Unabhängigkeit von Anfangsgliedern).
Die Abänderung endlich vieler Glieder einer Folge ändert deren Konvergenzverhalten nicht.

6.2 Übungen

Übung 6.1. Gegeben sei die Folge $\left(\dfrac{2n-1}{3n+4}\right)$, $n \geq 1$.

(a) Man notiere die Dezimalbruchentwicklungen (jeweils auf 5 Nachkommastellen gerundet) des 1., 5., 10., 100., 1000., 10000. und 100000. Gliedes der Folge. Damit versuche man, den Limes der Folge zu erraten.
(b) Man beweise mit Definition 6.1, dass die in (a) geratene Zahl tatsächlich der Grenzwert ist.

Lösung 6.1.

(a)

n	1	5	10	100	1000	10000	100000
$\dfrac{2n-1}{3n+4}$	0.14286	0.47368	0.55882	0.65461	0.66545	0.66654	0.66665

Vermutung: $\lim\limits_{n\to\infty} \dfrac{2n-1}{3n+4} = \dfrac{2}{3}$

(b) Es sei $\varepsilon > 0$. Gesucht ist eine Zahl N, so dass für alle $n > N$ gilt

$$\left|\frac{2n-1}{3n+4} - \frac{2}{3}\right| < \varepsilon$$

$$\Leftrightarrow \left|\frac{3(2n-1) - 2(3n+4)}{3(3n+4)}\right| = \left|\frac{-11}{3(3n+4)}\right| = \frac{11}{3(3n+4)} < \varepsilon$$

$$\Leftrightarrow \frac{3(3n+4)}{11} > \frac{1}{\varepsilon} \Leftrightarrow 3n+4 > \frac{11}{3\varepsilon}$$

$$\Leftrightarrow n > \frac{1}{3}\left(\frac{11}{3\varepsilon} - 4\right)$$

Wir können also $N = \dfrac{1}{3}\left(\dfrac{11}{3\varepsilon} - 4\right)$ wählen. Damit ist $\lim\limits_{n\to\infty} \dfrac{2n-1}{3n+4} = \dfrac{2}{3}$.

Übung 6.2. Man beweise: Die Zahlen $a_n = \sqrt[n]{n} - 1$, $n = 1, 2, \ldots$ bilden eine Nullfolge.

Lösung 6.2. Für jedes $n \geq 2$ gilt $a_n > 0$ und $(1+a_n)^n = n$. Eine Anwendung des Binomischen Lehrsatzes ergibt dann

$$\binom{n}{2}a_n^2 < n, \quad \text{d.h.} \quad \frac{n(n-1)}{2}a_n^2 < n \quad \text{oder} \quad |a_n| < \sqrt{\frac{2}{n-1}}.$$

Nun sei $\varepsilon > 0$. Nach dem Vorstehenden gilt $|a_n - 0| < \varepsilon$ sicher dann, wenn

$$\sqrt{\frac{2}{n-1}} < \varepsilon, \quad \text{d.h.} \quad \frac{2}{n-1} < \varepsilon^2 \quad \text{oder} \quad n > \frac{2}{\varepsilon^2} + 1.$$

Wir können also $N = \dfrac{2}{\varepsilon^2} + 1$ wählen. Damit ist $\lim\limits_{n\to\infty} a_n = 0$.

Übung 6.3. Zeigen Sie mit Definition 6.1:

(a) $\lim\limits_{n\to\infty} \dfrac{2-n}{4n+3} = -\dfrac{1}{4}$

(b) $\lim\limits_{n\to\infty} \dfrac{\sin n}{n} = 0$

(c) $\lim\limits_{n\to\infty} \left(\sqrt{4n^2 + 5n + 3} - 2n\right) = \dfrac{5}{4}$ $\quad\left(\text{Hinweis: } \sqrt{m} - n = \dfrac{m - n^2}{\sqrt{m} + n}\right)$

Übung 6.4. Es sei (a_n) eine Nullfolge und $k \in \mathbb{N}$ so gewählt, dass $a_n > -1$ für alle $n \geq k$. Beweisen Sie, dass die Folge $\left(\sqrt{1 + a_n}\right)$, $n \geq k$, gegen 1 konvergiert.

7

Rechnen mit konvergenten Folgen

Der Zweck der folgenden Regeln besteht darin, Grenzwerte komplizierterer Folgen auf Grenzwerte einfacher Folgen zurückzuführen.

Definition 7.1 (Operationen mit Folgen). *Es seien* $(a_n), (b_n)$ *zwei Folgen. Die Folge*

- $(a_n + b_n)$ *heißt die* Summe
- $(a_n - b_n)$ *heißt die* Differenz
- $(a_n b_n)$ *heißt das* Produkt
- $\left(\dfrac{a_n}{b_n}\right)$, *falls* $b_n \neq 0$ *für alle* $n \geq k$, *heißt der* Quotient

der Folgen (a_n) *und* (b_n).

Beispiel 7.1.
$$a_n = (-1)^n \quad : \quad 1, -1, 1, -1, \ldots$$
$$b_n = (-1)^{n+1} \quad : \quad -1, 1, -1, 1, \ldots$$
$$\Rightarrow a_n + b_n = 0, \quad a_n - b_n = 2(-1)^n$$
$$a_n b_n = -1, \quad \frac{a_n}{b_n} = -1 \quad \text{für alle } n$$

Theorem 7.1 (Produkt mit einer Nullfolge). *Das Produkt einer Nullfolge und einer beschränkten Folge ist eine Nullfolge.*

Beweis. Es sei (a_n) eine Nullfolge und (b_n) beschränkt, d.h. $|b_n| \leq K$ für ein $K > 0$ und alle n. Es sei $\varepsilon > 0$. Wegen $a_n \to 0$ existieren ein N mit $|a_n| = |a_n - 0| < \dfrac{\varepsilon}{K}$ für $n > N$.
$\Rightarrow |a_n b_n - 0| = |a_n b_n| = |a_n||b_n| \leq |a_n| \cdot K < \dfrac{\varepsilon}{K} \cdot K = \varepsilon$ für $n > N$.
D.h. $a_n b_n \to 0$.

Wir beantworten nun die Frage, ob aus der Konvergenz zweier Folgen auf die der Summen-, Differenz-, Produkt- und Quotientenfolge geschlossen werden darf.

7 Rechnen mit konvergenten Folgen

Theorem 7.2 (Rechenregeln für Grenzwerte II). *Sind (a_n) und (b_n) konvergente Folgen, dann gilt:*

(a) Auch $(a_n + b_n)$, $(a_n - b_n)$, $(a_n b_n)$ konvergieren, und zwar gegen

$$\lim_{n\to\infty}(a_n + b_n) = \lim_{n\to\infty} a_n + \lim_{n\to\infty} b_n$$
$$\lim_{n\to\infty}(a_n - b_n) = \lim_{n\to\infty} a_n - \lim_{n\to\infty} b_n$$
$$\lim_{n\to\infty}(a_n b_n) = \lim_{n\to\infty} a_n \cdot \lim_{n\to\infty} b_n$$

(b) Im Fall $\lim\limits_{n\to\infty} b_n \neq 0$ gibt es ein k mit $b_n \neq 0$ für alle $n \geq k$, und $\left(\dfrac{a_n}{b_n}\right)$ konvergiert gegen

$$\lim_{n\to\infty}\frac{a_n}{b_n} = \frac{\lim\limits_{n\to\infty} a_n}{\lim\limits_{n\to\infty} b_n}.$$

Beweis. Wir beweisen exemplarisch die letzte Regel in (a) :
Es sei $\lim a_n = a$ und $\lim b_n = b$. Nach Theorem 6.3 existiert eine Zahl $K > 0$ mit $|a_n| \leq K$ für alle n, $|b| \leq K$. Nun sei $\varepsilon > 0$ gegeben. Dann gibt es Zahlen N_1 und N_2, so dass

$$|a_n - a| < \frac{\varepsilon}{2K} \quad \text{für} \quad n > N_1, \qquad |b_n - b| < \frac{\varepsilon}{2K} \quad \text{für} \quad n > N_2.$$

Setzt man $N := \max\{N_1, N_2\}$, so gilt für alle $n > N$

$$|a_n b_n - ab| = |a_n b_n - a_n b + a_n b - ab| \leq |a_n b_n - a_n b| + |a_n b - ab|$$
$$= |a_n||b_n - b| + |b||a_n - a| \leq K|b_n - b| + K|a_n - a|$$
$$< K \cdot \frac{\varepsilon}{2K} + K \cdot \frac{\varepsilon}{2K} = \varepsilon.$$

D.h. $\lim a_n b_n = ab$.

Als Folgerung aus Theorem 7.2 erhält man, dass Summe, Differenz und Produkt zweier Nullfolgen wieder Nullfolgen sind.

Beispiel 7.2. (a) Für festes $k \in \mathbb{N}$ ist $\lim\limits_{n\to\infty} \dfrac{1}{n^k} = 0$. Für $k = 1$ prüft man dies aufgrund von Definition 6.1 sofort nach. Dann erhält man mit Hilfe von Theorem 7.2 allgemein:

$$\lim_{n\to\infty}\frac{1}{n^k} = \lim_{n\to\infty}\frac{1}{n}\cdot\frac{1}{n}\cdot\ldots\cdot\frac{1}{n} = \lim_{n\to\infty}\frac{1}{n}\cdot\lim_{n\to\infty}\frac{1}{n}\cdot\ldots\cdot\lim_{n\to\infty}\frac{1}{n}$$
$$= 0 \cdot 0 \cdot \ldots \cdot 0 = 0$$

(b) $a_n = \dfrac{4n^2 + n - 10}{2n^2 + 15n + 8}$; $\lim\limits_{n\to\infty} a_n = ?$

Generelles Vorgehen bei Folgen, deren n-tes Glied eine rationale Funktion in n ist: Erweitern mit $\dfrac{1}{n^k}$, wobei k der größte Exponent ist. Hier also:

$$a_n = \frac{\frac{1}{n^2}(4n^2+n-10)}{\frac{1}{n^2}(2n^2+15n+8)} = \frac{4+\frac{1}{n}-\frac{10}{n^2}}{2+\frac{15}{n}+\frac{8}{n^2}} =: \frac{u_n+v_n-w_n}{x_n+y_n+z_n}$$

$u_n = 4$ (für alle n) $\Rightarrow u_n \to 4$ $\qquad x_n = 2 \Rightarrow x_n \to 2$

$v_n = \frac{1}{n} \Rightarrow v_n \to 0$ $\qquad y_n = 15 \cdot \frac{1}{n} \Rightarrow y_n \to 15 \cdot 0 = 0$

$w_n = 10 \cdot \frac{1}{n^2} \Rightarrow w_n \to 10 \cdot 0 = 0$ $\qquad z_n = 8 \cdot \frac{1}{n^2} \Rightarrow z_n \to 8 \cdot 0 = 0$

$$\Rightarrow \lim a_n = \frac{\lim(u_n+v_n-w_n)}{\lim(x_n+y_n+z_n)} = \frac{\lim u_n + \lim v_n - \lim w_n}{\lim x_n + \lim y_n + \lim z_n}$$
$$= \frac{4+0-0}{2+0+0} = 2$$

Theorem 7.3 (Folge $\left(\frac{n^k}{2^n}\right)$). *Für festes $k \in \mathbb{N}$ ist $\lim\limits_{n \to \infty} \frac{n^k}{2^n} = 0$.*

Beweis. Es sei $\varepsilon > 0$. Gesucht ist eine Zahl N, so dass

$$\left|\frac{n^k}{2^n} - 0\right| = \frac{n^k}{2^n} < \varepsilon \quad \text{für} \quad n > N.$$

Dazu geben wir mit Hilfe des Binomischen Lehrsatzes eine untere Schranke für 2^n an, in welcher der Faktor n „im wesentlichen"$(k+1)$-mal vorkommt.

$$(a+b)^n = \sum_{j=0}^{n}\binom{n}{j}a^{n-j}b^j = a^n + \binom{n}{1}a^{n-1}b + \binom{n}{2}a^{n-2}b^2 + \cdots + b^n$$

Setzt man hier $a = b = 1$, so gilt für $n > k$

$$2^n = \binom{n}{0} + \binom{n}{1} + \binom{n}{2} + \cdots + \binom{n}{k+1} + \cdots + \binom{n}{n},$$

insbesondere also $2^n > \binom{n}{k+1} = \dfrac{n(n-1)(n-2)\ldots(n-k)}{(k+1)!}$

$$\Rightarrow \frac{n^k}{2^n} < \frac{n^k}{\binom{n}{k+1}} = \frac{(k+1)!\, n^k}{n(n-1)(n-2)\ldots(n-k)}$$
$$= \frac{(k+1)!}{n} \cdot \frac{n}{n-1} \cdot \frac{n}{n-2} \cdots \frac{n}{n-k}.$$

Nun ist für jede Zahl $c > 0$ die Folge (a_n) mit

$$a_n = \frac{n}{n-c} = \frac{1}{1-\frac{c}{n}}, \quad n > c$$

streng monoton fallend:

$$n < n+1 \Rightarrow \frac{c}{n} > \frac{c}{n+1} \Rightarrow 1 - \frac{c}{n} < 1 - \frac{c}{n+1}$$

$$\Rightarrow \frac{1}{1-\frac{c}{n}} > \frac{1}{1-\frac{c}{n+1}} \Rightarrow a_n > a_{n+1}.$$

Damit folgt weiter:

$$\frac{n^k}{2^n} \leq \frac{(k+1)!}{n} \frac{k+1}{k+1-1} \frac{k+1}{k+1-2} \cdots \frac{k+1}{k+1-k}$$
$$= \frac{(k+1)!}{n} \frac{(k+1)^k}{k!} = \frac{(k+1)^{k+1}}{n}.$$

Wegen $\frac{(k+1)^{k+1}}{n} < \varepsilon \Leftrightarrow n > \frac{(k+1)^{k+1}}{\varepsilon}$ erhält man insgesamt, dass für $n > N := \max\left\{k, \frac{(k+1)^{k+1}}{\varepsilon}\right\}$ gilt $\frac{n^k}{2^n} < \varepsilon$.

7.1 Übungen

Übung 7.1. Mit Hilfe der Regeln für Grenzwerte berechne man:

(a) $\lim\limits_{n\to\infty} \frac{3n^2 - 4n}{5n^2 - 2n + 1}$

(b) $\lim\limits_{n\to\infty} \left(\frac{n(n+1)}{n+2} - \frac{n^3}{n^2+1}\right)$

(c) $\lim\limits_{n\to\infty} (\sqrt{n+1} - \sqrt{n})$

(d) $\lim\limits_{n\to\infty} \frac{n^2 + 2n}{3n - 2}$

(e) $\lim\limits_{n\to\infty} \left(\frac{n-3}{2n+5}\right)^7$

(f) $\lim\limits_{n\to\infty} \frac{3n^5 - 4n^2}{2n^7 + 5n^3 - 1}$

(g) $\lim\limits_{n\to\infty} \frac{1 + 3 \cdot 10^n}{2 + 4 \cdot 10^n}$

Lösung 7.1. (a) $\lim \frac{3n^2 - 4n}{5n^2 - 2n + 1} = \lim \frac{3 - \frac{4}{n}}{5 - \frac{2}{n} + \frac{1}{n^2}} = \frac{3 - 0}{5 - 0 + 0} = \frac{3}{5}$

(b) $\lim\left(\dfrac{n(n+1)}{n+2}-\dfrac{n^3}{n^2+1}\right)=\lim\dfrac{(n^2+1)n(n+1)-(n+2)n^3}{(n+2)(n^2+1)}$

$=\lim\dfrac{-n^3+n^2+n}{(n+2)(n^2+1)}=\lim\dfrac{-1+\dfrac{1}{n}+\dfrac{1}{n^2}}{\left(1+\dfrac{2}{n}\right)\left(1+\dfrac{1}{n^2}\right)}$

$=\dfrac{-1+0+0}{(1+0)(1+0)}=-1$

(c) $\lim\left(\sqrt{n+1}-\sqrt{n}\right)=\lim\dfrac{\sqrt{n+1}^2-\sqrt{n}^2}{\sqrt{n+1}+\sqrt{n}}=\lim\dfrac{1}{\sqrt{n+1}+\sqrt{n}}=0$

(d) $\lim\dfrac{n^2+2n}{3n-2}=\lim\dfrac{1+\dfrac{2}{n}}{\dfrac{3}{n}-\dfrac{2}{n^2}}$

Der Limes des Nenners rechts ist $= 0$, der des Zählers ist $\neq 0$. Nach Theorem 7.2 kann die Folge $\dfrac{n^2+2n}{3n-2}$ also nicht konvergieren.

(e) $\lim\left(\dfrac{n-3}{2n+5}\right)^7=\left(\lim\dfrac{1-\dfrac{3}{n}}{2+\dfrac{5}{n}}\right)^7=\left(\dfrac{1}{2}\right)^7=\dfrac{1}{128}$

(f) $\lim\dfrac{3n^5-4n^2}{2n^7+5n^3-1}=\lim\dfrac{\dfrac{3}{n^2}-\dfrac{4}{n^5}}{2+\dfrac{5}{n^4}-\dfrac{1}{n^7}}=\dfrac{0}{2}=0$

(g) $\lim\dfrac{1+3\cdot 10^n}{2+4\cdot 10^n}=\lim\dfrac{10^{-n}+3}{2\cdot 10^{-n}+4}=\dfrac{3}{4}$

Übung 7.2. Man untersuche das Konvergenzverhalten der Folgen:

(a) $\left(n\left(\sqrt{n^4+1}-n^2\right)\right)$

(b) $\left(\left(\dfrac{n+1}{n}\right)^{n^2}\right)$

(c) $\left(\sqrt[n]{a}\right)$, wobei $a>0$ konstant ist.

Lösung 7.2.

(a) $\left(n\left(\sqrt{n^4+1}-n^2\right)\right)=n\dfrac{(n^4+1)-n^4}{\sqrt{n^4+1}+n^2}=\dfrac{n}{\sqrt{n^4+1}+n^2}=\dfrac{\dfrac{1}{n}}{\sqrt{1+\dfrac{1}{n^4}}+1}$

Mit Übung 6.4 erhält man nun $\lim n\left(\sqrt{n^4+1}-n^2\right) = \dfrac{0}{1+1} = 0$.

(b) Aufgrund der Ungleichung von Bernoulli gilt

$$\left(\frac{n+1}{n}\right)^{n^2} = \left(1+\frac{1}{n}\right)^{n^2} \geq 1 + n^2 \cdot \frac{1}{n} = 1+n\,,$$

und daher ist $\left(\left(\dfrac{n+1}{n}\right)^{n^2}\right)$ nicht konvergent.

(c) Fallunterscheidung:
(i) $a \geq 1$. Hier ist offensichtlich $\sqrt[n]{a} \geq 1$ und daher $a_n := \sqrt[n]{a} - 1 \geq 0$ für alle n. Wieder nach Theorem 2.3 gilt

$$a = (1+a_n)^n \geq 1 + na_n \quad,\text{ also } \quad 0 \leq a_n \leq \frac{a-1}{n} \quad \text{für alle } n.$$

Wegen $\dfrac{a-1}{n} \to 0$ folgt $a_n \to 0$ und daher $\sqrt[n]{a} \to 1$.

(ii) $0 < a < 1$. Hier ist $\dfrac{1}{a} > 1$ und nach Fall a) $\lim \sqrt[n]{\dfrac{1}{a}} = 1$. Wegen $\sqrt[n]{a} = \dfrac{1}{\sqrt[n]{\dfrac{1}{a}}}$ folgt $\lim \sqrt[n]{a} = \dfrac{1}{1} = 1$.

In jedem Fall ist also $\lim \sqrt[n]{a} = 1$.

Übung 7.3. Berechnen Sie mit Hilfe der Grenzwertsätze:

(a) $\lim\limits_{n\to\infty} \dfrac{1-2n+3n^2}{4n^2+n}$

(b) $\lim\limits_{n\to\infty} \dfrac{10^n - 2\cdot 10^{2n}}{3\cdot 10^{n-1} + 2\cdot 10^{2n-1} + 10^{2n}}$

(c) $\lim\limits_{n\to\infty} \left(\sqrt{n^2+2n}-n\right)$

(d) $\lim\limits_{n\to\infty} \sqrt[n]{3^n+4^n}$

Übung 7.4. Untersuchen Sie das Konvergenzverhalten der Folgen:

(a) $\left(\sqrt{n+\sqrt{n}} - \sqrt{n-\sqrt{n}}\right)$

(b) $\left(\dfrac{1}{n^2} + \dfrac{2}{n^2} + \dfrac{3}{n^2} + \ldots \dfrac{n}{n^2}\right)$

8
Divergente Folgen

Definition 8.1 (Divergente Folge). *Jede Folge* (a_n), *die nicht im Sinn von Definition 6.1 konvergiert, heißt* divergent.

Beispiel 8.1. Nach Theorem 6.4 sind die durch

$$3, -3, 3, -3, 3, -3, 3, -3, 3, -3, 3, -3, \ldots$$
$$5, 1, 6, 5, 1, 6, 5, 1, 6, 5, 1, 6, \ldots$$

gegebenen Folgen divergent, denn es existieren Teilfolgen mit verschiedenen Grenzwerten.

Nach Theorem 6.3 sind unbeschränkte Folgen divergent. Unter diesen werden die Folgenden ausgezeichnet.

Definition 8.2 (Bestimmt divergente Folge). *Die Folge* (a_n) *heißt* bestimmt divergent *gegen* $+\infty$ *(bzw.* $-\infty$*), wenn es zu jeder (betragsmäßig noch so großen) Zahl* K *eine Zahl* $N = N(K)$ *gibt, so dass* $a_n > K$ *(bzw.* $a_n < K$*) für alle* $n > N$.
Schreibweise: $\lim_{n\to\infty} a_n = +\infty$ *bzw.* $\lim_{n\to\infty} a_n = -\infty$.
Offensichtlich gilt:

Theorem 8.1 (Kriterium für bestimmte Divergenz).

(a) *Jede monoton wachsende, nach oben unbeschränkte Folge ist bestimmt divergent gegen* $+\infty$.
(b) *Jede monoton fallende, nach unten unbeschränkte Folge ist bestimmt divergent gegen* $-\infty$.

Beispiel 8.2. (a) Jede der Folgen

$$0, 1, 2, 3, 4, 5, 6, 7, \ldots, a_n = n, \ldots$$
$$0, 1, 8, 27, 64, 125, 216, 343, \ldots, a_n = n^3, \ldots$$
$$1, 1, 2, 6, 24, 120, 720, 5040, \ldots, a_n = n!, \ldots$$
$$0, 1, 1.41\ldots, 1.73\ldots, 2, 2.23\ldots, 2.44\ldots, 2.64\ldots, \ldots, a_n = \sqrt{n}, \ldots$$

ist streng monoton wachsend und nach oben unbeschränkt, also bestimmt divergent gegen $+\infty$.

(b) Die Folge
$$1, -2, -1, -4, -3, -6, -5, -8, \ldots, a_n = (-1)^n - n, \ldots$$
ist auf bestimmte Divergenz zu untersuchen. Es sei K beliebig gegeben. Wegen
$$a_n = (-1)^n - n < K \Leftrightarrow n > \pm 1 - K$$
gilt $a_n < K$ für alle $n > N := 1 - K$. Damit ist $\lim_{n \to \infty} a_n = -\infty$.

8.1 Übungen

Übung 8.1. Man zeige, dass die Folgen

(a) $\left(\dfrac{n^2 + 2n}{3n - 2} \right)$

(b) $\left(\left(\dfrac{n+1}{n} \right)^{n^2} \right)$

aus den Übungen 7.1 (d) und 7.2 (b) bestimmt divergieren gegen $+\infty$.

Lösung 8.1. Wir haben die Abschätzungen
$$\frac{n^2 + 2n}{3n - 2} > \frac{n^2}{3n} = \frac{1}{3}n \quad \text{und} \quad \left(\frac{n+1}{n} \right)^{n^2} \geq 1 + n \,.$$
Nun sei $K \in \mathbb{R}$ beliebig. Wegen
$$\frac{1}{3}n > K \Leftrightarrow n > 3K \quad \text{bzw.} \quad 1 + n > K \Leftrightarrow n > K - 1$$
erhält man für $N := 3K$ bzw. $N := K - 1$, dass
$$\frac{n^2 + 2n}{3n - 2} > K \quad \text{bzw.} \quad \left(\frac{n+1}{n} \right)^{n^2} > K \quad \text{für alle} \quad n > N \,.$$
Damit gilt $\lim_{n \to \infty} \dfrac{n^2 + 2n}{3n - 2} = +\infty$ und $\lim_{n \to \infty} \left(\dfrac{n+1}{n} \right)^{n^2} = +\infty$.

Übung 8.2. Man beweise die Aussagen:

(a) Ist die Folge (a_n) bestimmt divergent gegen $+\infty$ und die Folge (b_n) konvergent, so gilt $\lim_{n \to \infty} (a_n + b_n) = +\infty$.

(b) Aus $\lim\limits_{n\to\infty} a_n = -\infty$ folgt $\lim\limits_{n\to\infty} (-a_n) = +\infty$.

Lösung 8.2. (a) Sei $K \in \mathbb{R}$. Nach Voraussetzung gibt es Zahlen N_1, N_2, so dass

$$a_n > K - b + 1 \quad \text{für alle} \quad n > N_1,$$
$$|b_n - b| < 1 \quad \text{für alle} \quad n > N_2.$$

Es folgt $a_n + b_n > (K-b+1)+(b-1) = K$ für alle $n > N := \max\{N_1, N_2\}$. Also gilt $\lim(a_n + b_n) = +\infty$.

(b) Sei $K \in \mathbb{R}$. Wegen $\lim a_n = -\infty$ gibt es eine Zahl N, so dass

$$a_n < -K \quad \text{für alle} \quad n > N$$
$$\Rightarrow -a_n > K \quad \text{für alle} \quad n > N.$$

Damit gilt $\lim(-a_n) = +\infty$.

Übung 8.3. Untersuchen Sie die Folgen

(a) $(2n - n^2)$

(b) (2^{3n-4})

(c) $\dfrac{3n^4 + 4n + 5}{n^2 + n + 1}$

auf bestimmte Divergenz.
Hinweis zu (b): Ungleichung von Bernoulli.
Hinweis zu (c): Polynomdivision mit Rest und Übung 8.2 (a).

Übung 8.4. Beweisen Sie die Aussagen:

(a) Aus $\lim\limits_{n\to\infty} a_n = +\infty$ folgt $\lim\limits_{n\to\infty} (-a_n) = -\infty$.

(b) Ist (a_n) bestimmt divergent gegen $-\infty$ und (b_n) konvergent, so gilt $\lim\limits_{n\to\infty} (a_n + b_n) = -\infty$.

9

Cauchyfolgen und Vollständigkeitsaxiom

Wie wir an den Beispielen für konvergente Folgen gesehen haben, musste man zum Beweis der Konvergenz dieser Folgen vorher ihren Grenzwert irgendwie erraten. Wünschenswert ist daher ein Konvergenzkriterium, das ohne Kenntnis des Grenzwertes auskommt.

Um ein solches Kriterium zu formulieren, braucht man den folgenden Begriff.

Definition 9.1 (Cauchyfolge). *Eine Folge (a_n) heißt* Cauchyfolge, *wenn es zu jedem (noch so kleinen) $\varepsilon > 0$ eine Zahl $N = N(\varepsilon)$ gibt, so dass*

$$|a_n - a_m| < \varepsilon \quad \text{für alle} \quad n > N \quad \text{und} \quad m > N.$$

Beispiel 9.1. $a_n = 1 + \dfrac{(-1)^n}{n}$

Sei $\varepsilon > 0$.

$$|a_n - a_m| = \left|1 + \frac{(-1)^n}{n} - \left(1 + \frac{(-1)^m}{m}\right)\right| = \left|\frac{(-1)^n}{n} - \frac{(-1)^m}{m}\right|$$

$$\leq \left|\frac{(-1)^n}{n}\right| + \left|\frac{(-1)^m}{m}\right| = \frac{1}{n} + \frac{1}{m} < \varepsilon$$

gilt sicher, wenn $n, m > N := \dfrac{2}{\varepsilon}$. Damit ist (a_n) eine Cauchyfolge.

Die in dem Beispiel gewählte Folge ist konvergent, und dies ist keineswegs ein Zufall, wie wir gleich sehen werden.

Theorem 9.1 (Konvergente Folge als Cauchyfolge). *Jede konvergente Folge ist eine Cauchyfolge.*

Beweis. Es sei (a_n) eine konvergente Folge und $\varepsilon > 0$. Mit $a := \lim a_n$ gibt es nach Definition 6.1 ein N, so dass

$$|a_n - a| < \frac{\varepsilon}{2} \quad \text{für} \quad n > N$$

$$\Rightarrow |a_n - a_m| = |a_n - a + a - a_m| \leq |a_n - a| + |a - a_m|$$

$$< \frac{\varepsilon}{2} + \frac{\varepsilon}{2} = \varepsilon \quad \text{für} \quad n, m > N.$$

Damit ist (a_n) eine Cauchyfolge.

Während Theorem 9.1 einfach zu beweisen war, stellt die umgekehrte Richtung eine tiefliegende Eigenschaft der reellen Zahlen dar, die wir hier neben den algebraischen Eigenschaften (A) und den Ordnungseigenschaften (O) von Kapitel 2 als eine ihrer Grundeigenschaften voraussetzen wollen. Es ist dies die in Kapitel 2 nur anschaulich erklärte

Vollständigkeitseigenschaft der reellen Zahlen,
die sich jetzt exakt so formulieren lässt:
(V) *Jede Cauchyfolge ist konvergent.*

Aus Theorem 9.1 und (V) folgt nun:

Theorem 9.2 (Cauchy-Konvergenzkriterium). *Eine Folge ist genau dann konvergent, wenn sie eine Cauchyfolge ist.*

Man beachte, dass dieses Kriterium den Grenzwert nicht explizit verwendet. Mit seiner Hilfe erhalten wir das wichtige

Theorem 9.3 (Konvergenzkriterium). *Jede monotone und beschränkte Folge ist konvergent.*

Beweis. Es sei (a_n) eine beschränkte und etwa monoton wachsende Folge.
Annahme: (a_n) ist nicht konvergent.
Nach Theorem 9.2 ist dann (a_n) auch keine Cauchyfolge. Es gibt also ein $\varepsilon_0 > 0$ mit der Eigenschaft, dass für jede Zahl N natürliche Zahlen $n = n(N)$, $m = m(N)$ existieren mit $n > m > N$ und $a_n - a_m = |a_n - a_m| \geq \varepsilon_0$. Daher gilt:

- Für $N = 0$ gibt es $n_1, n_0 \in \mathbb{N}$ mit $n_1 > n_0 > 0$ und $a_{n_1} - a_{n_0} \geq \varepsilon_0$
- Für $N = n_1$ gibt es $n_2, m_2 \in \mathbb{N}$ mit $n_2 > m_2 > n_1$ und $a_{n_2} - a_{m_2} \geq \varepsilon_0$

$$n_1 < m_2 \Rightarrow a_{n_1} \leq a_{m_2} \Rightarrow a_{n_2} - a_{n_1} \geq a_{n_2} - a_{m_2} \geq \varepsilon_0$$

- Für $N = n_2$ gibt es $n_3, m_3 \in \mathbb{N}$ mit $n_3 > m_3 > n_2$ und $a_{n_3} - a_{m_3} \geq \varepsilon_0$

$$n_2 < m_3 \Rightarrow a_{n_3} - a_{n_2} \geq a_{n_3} - a_{m_3} \geq \varepsilon_0$$

- Für $N = n_3$ gibt es $n_4, m_4 \in \mathbb{N}$ mit $n_4 > m_4 > n_3$ und $a_{n_4} - a_{m_4} \geq \varepsilon_0$

$$\Rightarrow a_{n_4} - a_{n_3} \geq \varepsilon_0$$
$$\ldots$$

Auf diese Weise erhält man die Teilfolge (a_{n_k}) von (a_n) mit der Eigenschaft

$$a_{n_{k+1}} \geq a_{n_k} + \varepsilon_0 \quad \text{für alle } k$$
$$\Rightarrow a_{n_k} \geq a_{n_0} + k\varepsilon_0 \quad \text{für alle } k$$
$$\Rightarrow (a_n) \text{ ist nicht beschränkt}$$

Dies ist ein Widerspruch zur Voraussetzung. Also ist (a_n) doch konvergent.

Als Anwendung von Theorem 9.3 zeigen wir:

Theorem 9.4 (Folge $\left(\sum_{k=0}^{\infty} \frac{1}{k!}\right)$).
Die Folge (a_n), $a_n = 1 + \frac{1}{1!} + \frac{1}{2!} + \frac{1}{3!} + \cdots + \frac{1}{n!}$, konvergiert.

Beweis. (a) (a_n) ist streng monoton wachsend, denn

$$a_n = \sum_{k=0}^{n} \frac{1}{k!} < \sum_{k=0}^{n} \frac{1}{k!} + \frac{1}{(n+1)!} = \sum_{k=0}^{n+1} \frac{1}{k!} = a_{n+1}$$

(b) (a_n) ist beschränkt.
Wegen (a) ist $a_n \geq a_0$ für alle n, also (a_n) nach unten beschränkt. Es bleibt zu zeigen, dass (a_n) nach oben beschränkt ist.

$$a_n = 1 + \frac{1}{1!} + \frac{1}{2!} + \frac{1}{3!} + \cdots + \frac{1}{n!}$$
$$= 1 + 1 + \frac{1}{1 \cdot 2} + \frac{1}{1 \cdot 2 \cdot 3} + \cdots + \frac{1}{1 \cdot 2 \cdot 3 \cdot \ldots \cdot n}$$
$$= 1 + 1 + \frac{1}{2}\left(1 + \frac{1}{3} + \frac{1}{3 \cdot 4} + \cdots + \frac{1}{3 \cdot 4 \cdot \ldots \cdot n}\right)$$

Nun ist

$$\frac{1}{3 \cdot 4} < \frac{1}{3 \cdot 3} = \left(\frac{1}{3}\right)^2, \quad \frac{1}{3 \cdot 4 \cdot 5} < \frac{1}{3 \cdot 3 \cdot 3} = \left(\frac{1}{3}\right)^3, \quad \cdots$$

$$\cdots, \quad \frac{1}{3 \cdot 4 \cdot \ldots \cdot n} < \left(\frac{1}{3}\right)^{n-2}$$

$$\Rightarrow \quad a_n \leq 1 + 1 + \frac{1}{2}\left(1 + \frac{1}{3} + \left(\frac{1}{3}\right)^2 + \cdots + \left(\frac{1}{3}\right)^{n-2}\right)$$

Mit Theorem 5.1 erhält man

$$1 + \frac{1}{3} + \left(\frac{1}{3}\right)^2 + \cdots + \left(\frac{1}{3}\right)^{n-2} = \frac{1 - \left(\frac{1}{3}\right)^{n-1}}{1 - \frac{1}{3}} < \frac{1}{1 - \frac{1}{3}} = \frac{3}{2}$$

$$\Rightarrow \quad a_n < 1 + 1 + \frac{1}{2} \cdot \frac{3}{2} = 2.75.$$

Aus (a) und (b) folgt mit Theorem 9.3, dass $\lim_{n \to \infty} a_n$ existiert.

Definition 9.2 (Euler-Zahl). *Die Zahl* e *ist definiert durch*

$$e := \lim_{n \to \infty}\left(1 + \frac{1}{1!} + \frac{1}{2!} + \cdots + \frac{1}{n!}\right) = 2.718281\ldots$$

Man kann zeigen, dass gilt: $e = \lim_{n \to \infty}\left(1 + \frac{1}{n}\right)^n$.

9.1 Übungen

Übung 9.1. Man zeige:

(a) Die Folge $\left(\left(1+\frac{1}{n}\right)^n\right)$ ist streng monoton wachsend.

(b) $\lim\limits_{n\to\infty}\left(1+\frac{1}{n}\right)^n$ existiert und ist nicht größer als e (vgl. Definition 9.2).

Lösung 9.1. (a) Es sei $n \geq 2$. Wir formen äquivalent um:

$$\left(1+\frac{1}{n-1}\right)^{n-1} < \left(1+\frac{1}{n}\right)^n$$

$$\Leftrightarrow \frac{n^{n-1}}{(n-1)^{n-1}} < \frac{(n+1)^n}{n^n}$$

$$\Leftrightarrow \frac{n-1}{n}\frac{n^n}{(n-1)^n} < \frac{(n+1)^n}{n^n}$$

$$\Leftrightarrow \frac{n-1}{n} < \frac{(n^2-1)^n}{n^{2n}}$$

$$\Leftrightarrow \left(1-\frac{1}{n^2}\right)^n > 1-\frac{1}{n}$$

Die letzte Ungleichung ist richtig aufgrund der verschärften Bernoullischen Ungleichung.

(b) Nach dem Binomischen Lehrsatz gilt

$$\left(1+\frac{1}{n}\right)^n = \sum_{k=0}^n \binom{n}{k}\frac{1}{n^k},$$

und es ist

$$\binom{n}{k}\frac{1}{n^k} = \frac{n(n-1)\ldots(n-k+1)}{k!\,n^k} = \frac{\left(1-\frac{1}{n}\right)\cdots\left(1-\frac{k-1}{n}\right)}{k!} \leq \frac{1}{k!}$$

$$\Rightarrow \left(1+\frac{1}{n}\right)^n \leq \sum_{k=0}^n \frac{1}{k!} \leq e \quad \text{für alle } n$$

$\stackrel{\text{(a), Th. 9.3}}{\Rightarrow}$ $\left(\left(1+\frac{1}{n}\right)^n\right)$ ist konvergent und $\lim\limits_{n\to\infty}\left(1+\frac{1}{n}\right)^n \leq e$.

Übung 9.2. Man beweise, dass gilt $\lim\limits_{n\to\infty}\left(1+\frac{1}{n}\right)^n = e$.

Lösung 9.2. Nach Übung 9.1 bleibt zu zeigen:

$$e' := \lim_{n \to \infty} \left(1 + \frac{1}{n}\right)^n \geq e.$$

Dazu sei zunächst N eine feste natürliche Zahl. Dann ist (vgl. die Lösung von Übung 9.1 (b))

$$\left(1 + \frac{1}{n}\right)^n \geq a_n := \sum_{k=0}^{N} \binom{n}{k} \frac{1}{n^k} = \sum_{k=0}^{N} \frac{\left(1 - \frac{1}{n}\right) \cdots \left(1 - \frac{k-1}{n}\right)}{k!}$$

für alle $n \geq N$. Nach Theorem 6.5 folgt

$$\lim_{n \to \infty} \left(1 + \frac{1}{n}\right)^n \geq \lim_{n \to \infty} a_n = \sum_{k=0}^{N} \frac{1}{k!} \lim_{n \to \infty} \left(1 - \frac{1}{n}\right) \cdots \left(1 - \frac{k-1}{n}\right)$$

$$= \sum_{k=0}^{N} \frac{1}{k!} =: b_N.$$

Also gilt $b_N \leq e'$ für jede natürliche Zahl N

$$\Rightarrow \quad e = \lim_{N \to \infty} b_N \leq e'.$$

Übung 9.3. Gegeben sei die durch die Rekursionsvorschrift

$$a_0 = 0, \ a_1 = 1; \ a_n = \frac{a_{n-1} + a_{n-2}}{2}, \ n \geq 2$$

definierte Folge (a_n).

(a) Zeigen Sie mit Hilfe des Cauchy-Konvergenzkriteriums, dass (a_n) konvergent ist.
(b) Erraten Sie den Grenzwert der Folge (a_n), indem Sie deren Glieder hinreichend weit numerisch bestimmen.
(c) Beweisen Sie, dass die in (b) erratene Zahl a tatsächlich der Grenzwert von (a_n) ist. Zeigen Sie dazu durch vollständige Induktion, dass die Aussage A_n:

$$a_k = a \left(1 + \frac{(-1)^{k+1}}{2^k}\right) \quad \text{für} \quad k = 0, 1, \ldots, n$$

für jede natürliche Zahl n wahr ist.

Übung 9.4. Untersuchen Sie das Konvergenzverhalten der Folge (a_n) mit

$$a_n = \frac{1}{n+1} + \frac{1}{n+2} + \cdots + \frac{1}{2n}, \quad n = 1, 2, 3, \ldots$$

10

Häufungspunkte von Folgen

Der Begriff des Häufungspunktes ist eine Art der Verallgemeinerung des Grenzwertbegriffes. Zu seiner Einführung betrachten wir noch einmal die zu Beginn von Kapitel 6 untersuchten Folgen $(a_n), (b_n), (c_n)$ und ihre Beziehung zu den Zahlen $a; b, b'; c$:

$$a_n = 1 - \frac{1}{n} \qquad b_n = (-1)^n \qquad c_n = n^2$$

Es sei $0 < \varepsilon < \frac{1}{2}$, und $U_\varepsilon(x) = (x - \varepsilon, x + \varepsilon)$ bezeichne die Umgebung der Zahl x mit dem Radius ε.

$U_\varepsilon(a) = (1 - \varepsilon, 1 + \varepsilon)$
enthält die Glieder
$a_{n_0}, a_{n_0+1}, a_{n_0+2}, a_{n_0+3}, \ldots,$
wobei $n_0 > \frac{1}{\varepsilon}$ eine feste natürliche Zahl ist.

$U_\varepsilon(b) = (-1 - \varepsilon, -1 + \varepsilon)$
enthält die Glieder
$b_1, b_3, b_5, \ldots;$

$U_\varepsilon(b') = (1 - \varepsilon, 1 + \varepsilon)$
enthält die Glieder
$b_2, b_4, b_6, \ldots$

$U_\varepsilon(c) = (c - \varepsilon, c + \varepsilon)$
enthält höchstens eines der Glieder c_n.

$U_\varepsilon(a)$ bzw. $U_\varepsilon(b)$, $U_\varepsilon(b')$ enthalten je unendlich viele Glieder der Folge (a_n) bzw. (b_n).
Sprechweise:
Die Glieder der Folge (a_n) bzw. (b_n) häufen sich an der Stelle 1 bzw. -1 und 1.

Die Glieder der Folge (c_n) häufen sich an keiner Stelle der Zahlengeraden.

10 Häufungspunkte von Folgen

Definition 10.1 (Häufungspunkt). *Eine Zahl a heißt Häufungspunkt der Folge (a_n), wenn in jeder Umgebung $U_\varepsilon(a) = (a - \varepsilon, a + \varepsilon)$, $\varepsilon > 0$, von a unendlich viele Glieder der Folge liegen.*

Theorem 10.1 (Grenzwert als Häufungspunkt). *Für eine konvergente Folge ist ihr Grenzwert der einzige Häufungspunkt.*

Beweis. Es sei $a_n \to a$ und $\varepsilon > 0$. Nach Definition 6.1 gibt es eine Zahl N, so dass $a_n \in U_\varepsilon(a)$ für alle $n > N$. Insbesondere ist a Häufungspunkt von (a_n). Es sei nun b ein beliebiger von a verschiedener Punkt der Zahlengeraden. Dann ist $\varepsilon_0 := \dfrac{|a-b|}{2} > 0$ und der Durchschnitt von $U_\varepsilon(a)$ und $U_\varepsilon(b)$ ist die leere Menge:

$$\underbrace{(\overset{a}{\cdot})}_{a-\epsilon_0 \qquad\quad a+\epsilon_0}\underbrace{(\overset{b}{\cdot})}_{b-\epsilon_0 \qquad\quad b+\epsilon_0}$$

Da $U_{\varepsilon_0}(a)$ alle bis auf endlich viele Glieder a_n enthält, können in $U_{\varepsilon_0}(b)$ nicht unendlich viele liegen. Damit ist b kein Häufungspunkt von (a_n).

Man beachte: Es gibt auch Folgen mit mehreren Häufungspunkten und ohne Häufungspunkte.

Beispiel 10.1.

- $\lim\limits_{n\to\infty} 1 - \dfrac{1}{n} = 1 \;\Rightarrow\; 1$ ist einziger Häufungspunkt von $\left(1 - \dfrac{1}{n}\right)$
- $-1, 1$ sind Häufungspunkte von $((-1)^n)$
- (n^2) hat keine Häufungspunkte.

Wir setzen nun das Vollständigkeitsaxiom (V) für die reellen Zahlen in eine handlichere Gestalt. Dazu führen wir den Begriff der Intervallschachtelung ein.

Definition 10.2 (Intervallschachtelung). *Unter einer Intervallschachtelung (I_n) versteht man eine Folge von Intervallen $I_n = [a_n, b_n]$ (mit $a_n \leq b_n$), für die gilt:*

(a) $I_{n+1} \subset I_n$, d.h. $a_n \leq a_{n+1} \leq b_{n+1} \leq b_n$, für alle n

(b) $d_n := b_n - a_n \to 0, n \to \infty$.

Bei einer Intervallschachtelung ist also jedes Intervall im vorangehenden enthalten und die Folge der Intervallängen eine Nullfolge.

Beispiel 10.2. $I_n = \left[-\dfrac{1}{n}, \dfrac{1}{n}\right], n = 1, 2, 3, \ldots$

(a) $\quad -\dfrac{1}{n} < -\dfrac{1}{n+1} < \dfrac{1}{n+1} < \dfrac{1}{n}$

(b) $d_n = \dfrac{1}{n} - \left(-\dfrac{1}{n}\right) = \dfrac{2}{n} \to 0$

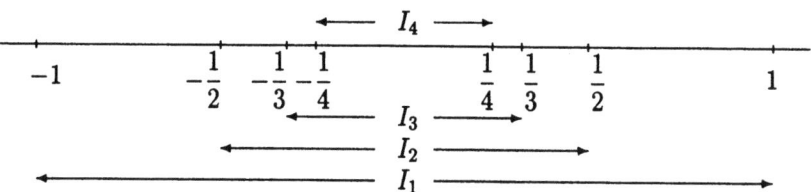

Die Vollständigkeit von **R** drückt sich nun so aus:

Theorem 10.2 (Vollständigkeit von R I). *Zu jeder Intervallschachtelung (I_n) gibt es genau eine Zahl a, die allen Intervallen I_n angehört, d.h.*
$$\bigcap_{n=0}^{\infty} I_n = \{x : x \in I_n \text{ für alle } n\} = \{a\}.$$

Beweis (mittels Theorem 9.3). Sei $I_n = [a_n, b_n]$, $n = 0, 1, 2, \ldots$

(a) Es wird gezeigt, dass $\bigcap_{n=0}^{\infty} I_n$ höchstens ein Element enthält.

Dazu seien α, β Zahlen mit $\alpha \in I_n$ und $\beta \in I_n$ für alle n

$\Rightarrow \quad a_n \leq \alpha \leq b_n$ und $a_n \leq \beta \leq b_n$ für alle n

$\Rightarrow \quad -b_n \leq -\alpha \leq -a_n$ und $-b_n \leq -\beta \leq -a_n$

$\Rightarrow \quad \alpha - \beta \leq b_n - a_n$ und $-(\alpha - \beta) = \beta - \alpha \leq b_n - a_n$

$\Rightarrow \quad |\alpha - \beta| \leq b_n - a_n = d_n$ für alle n

Mit Theorem 6.5 folgt $0 \leq |\alpha - \beta| \leq \lim d_n = 0$, also $\alpha = \beta$. Damit enthält $\bigcap_{n=0}^{\infty} I_n$ höchstens ein Element.

(b) Es wird gezeigt, dass $\bigcap_{n=0}^{\infty} I_n \neq \emptyset$.

Für alle n gilt $I_{n+1} \subset I_n$ und $I_n \subset I_0$

$\Rightarrow \quad a_n \leq a_{n+1} \leq b_{n+1} \leq b_n$ und $a_0 \leq a_n \leq b_n \leq b_0$

$\Rightarrow \quad (a_n)$ ist monoton wachsend, (b_n) ist monoton fallend und (a_n), (b_n) sind beschränkt.

$\overset{\text{Th. 9.3}}{\Rightarrow}$ (a_n) und (b_n) sind konvergent; es seien $\lim a_n = a$ und $\lim b_n = b$.

$|a - b| = |a - a_n + a_n - b_n + b_n - b|$

$\qquad \leq |a - a_n| + |a_n - b_n| + |b_n - b| = |a_n - a| + d_n + |b_n - b|$

$\overset{\text{Th. 6.5}}{\Rightarrow}$ $0 \leq |a - b| \leq \lim\limits_{n \to \infty} |a_n - a| + \lim\limits_{n \to \infty} d_n + \lim\limits_{n \to \infty} |b_n - b|$

$\qquad = 0 + 0 + 0 = 0$, also $a = b$.

Wegen der Monotonie von (a_n) und (b_n) gilt:

64   10 Häufungspunkte von Folgen

$$a_n \leq a \quad \text{und} \quad b \leq b_n \quad \text{für alle } n$$
$$\Rightarrow \quad a(=b) \in I_n \quad \text{für alle } n, \text{ d.h. } a \in \bigcap_{n=0}^{\infty} I_n.$$

Jetzt können wir leicht beweisen:

Theorem 10.3 (Beschränkte Folgen besitzen Häufungspunkte). *Jede beschränkte Folge hat (mindestens) einen Häufungspunkt.*

Beweis. Es sei (a_n) beschränkt, d.h. es existiere eine feste Zahl $c > 0$, so dass

$$|a_n| \leq c \quad \text{für alle } n.$$

In dem Intervall $I_0 := [-c, c]$ der Länge $d(I_0) = 2c$ liegen also alle a_n.

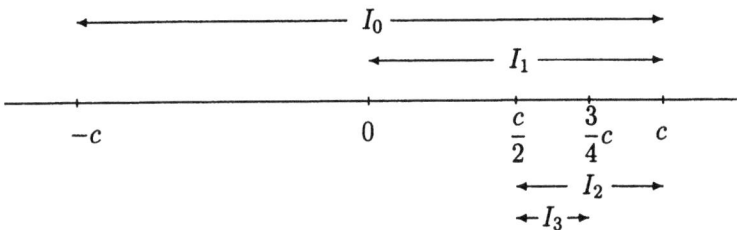

Schrittweises Vorgehen:

i) Halbiere I_0. In $[-c, 0]$ oder $[0, c]$ müssen unendlich viele Glieder der Folge (a_n) liegen. Es sei dies etwa für $I_1 := [0, c]$ der Fall:

$$a_{n_1}, a_{n_2}, a_{n_3}, \ldots, a_{n_k}, \ldots \in I_1 \,, \quad \text{wobei } d(I_1) = c$$

ii) Halbiere I_1. In $\left[0, \frac{c}{2}\right]$ oder $\left[\frac{c}{2}, c\right]$ müssen unendlich viele Glieder der Teilfolge (a_{n_k}) von (a_n) liegen, etwa in $I_2 := \left[\frac{c}{2}, c\right]$:

$$a_{n_{k_1}}, a_{n_{k_2}}, a_{n_{k_3}}, \ldots, a_{n_{k_j}}, \ldots \in I_2 \,, \quad \text{wobei } d(I_2) = \frac{c}{2}$$

iii) Halbiere I_2. In $\left[\frac{c}{2}, \frac{3}{4}c\right]$ oder $\left[\frac{3}{4}c, c\right]$ müssen unendlich viele Glieder der Teilfolge $(a_{n_{k_j}})$ von (a_n) liegen, etwa in $I_3 := \left[\frac{c}{2}, \frac{3}{4}c\right]$

...

u.s.w.

Auf diese Weise erhält man eine Folge $I_0, I_1, I_2, \ldots, I_n, \ldots$ von Intervallen mit den Eigenschaften:

(a) $I_{n+1} \subset I_n$

(b) $d(I_n) = 2c \cdot 2^{-n} = \dfrac{c}{2^{n-1}}$

(c) I_n enthält unendlich viele Glieder der Folge (a_n)

Wegen (a) und (b) ist (I_n) eine Intervallschachtelung. Nach Theorem 10.2 gibt es daher ein $a \in \mathbb{R}$ mit $\bigcap_{n=0}^{\infty} I_n = \{a\}$. Wir zeigen, dass a Häufungspunkt von (a_n) ist. Dazu sei $\varepsilon > 0$ beliebig gegeben. Wegen $d(I_n) \to 0$ gibt es ein n_0 mit $d(I_{n_0}) < \varepsilon$. Da $a \in I_{n_0}$, folgt $I_{n_0} \subset (a - \varepsilon, a + \varepsilon)$. Nach (c) enthält nun I_{n_0}, also auch $(a - \varepsilon, a + \varepsilon)$, unendlich viele Glieder von (a_n).

Theorem 10.4 (Häufungspunkt als Limes einer Teilfolge). *Es sei a ein Häufungspunkt der Folge (a_n). Dann gibt es eine Teilfolge (a_{n_k}) von (a_n), so dass $a_{n_k} \to a$, $k \to \infty$.*

Beweis. Da a Häufungspunkt von (a_n) ist, enthält jedes der Intervalle
$I_k := \left(a - \dfrac{1}{k}, a + \dfrac{1}{k}\right)$, $k = 1, 2, 3, \ldots$ unendlich viele Glieder von (a_n).
Wähle nun $a_{n_1} \in I_1$, $a_{n_2} \in I_2$ mit $n_2 > n_1$, $a_{n_3} \in I_3$ mit $n_3 > n_2$, ... usw.
Auf diese Weise erhält man Glieder $a_{n_k}, k = 1, 2, 3, \ldots$ der Folge (a_n) mit

$$n_k < n_{k+1} \text{ und } |a_{n_k} - a| < \dfrac{1}{k} \text{ für alle } k$$

$\Rightarrow$ (a_{n_k}) ist eine Teilfolge von (a_n) mit $\lim_{k \to \infty} a_{n_k} = a$.

10.1 Übungen

Übung 10.1.
Man bestimme sämtliche Häufungspunkte der Folge $\left((-1)^{n+1} \dfrac{n+1}{n+2}\right)$. Zu jedem Häufungspunkt ist eine gegen diesen konvergente Teilfolge anzugeben.

Lösung 10.1. Sei $a_n := (-1)^{n+1} \dfrac{n+1}{n+2}$, $n = 0, 1, 2, \ldots$. Man kann sofort zwei konvergente Teilfolgen von (a_n) angeben:

$$a_{2k} = -\dfrac{2k+1}{2k+2} \to -1,\ k \to \infty$$

$$a_{2k+1} = \dfrac{2k+2}{2k+3} \to 1,\ k \to \infty.$$

Insbesondere sind damit $-1, 1$ Häufungspunkte von der Folge (a_n), vgl. Definition 10.1. Weitere Häufungspunkte hat (a_n) nicht. Es sei nämlich $a \neq \pm 1$. Dann gibt es ein $\varepsilon > 0$, so dass je zwei der Umgebungen $(a - \varepsilon, a + \varepsilon)$, $(1 - \varepsilon, 1 + \varepsilon)$, $(-1 - \varepsilon, -1 + \varepsilon)$ als Durchschnitt die leere Menge haben.

$(1-\varepsilon, 1+\varepsilon)$ enthält aber alle bis auf endlich viele Glieder der Teilfolge (a_{2k+1}), und $(-1-\varepsilon, -1+\varepsilon)$ enthält alle bis auf endlich viele Glieder der Teilfolge (a_{2k}). Damit kann $(a-\varepsilon, a+\varepsilon)$ nur endlich viele Glieder der Folge (a_n) enthalten, folglich ist a kein Häufungspunkt von (a_n).

Übung 10.2. Man zeige, dass die Folge von Intervallen

$$I_n = \left(\left(1+\frac{1}{n}\right)^n, \left(1+\frac{1}{n}\right)^{n+1}\right), n = 1, 2, 3, \ldots$$

eine Intervallschachtelung bildet.

Lösung 10.2. Gemäß Definition 10.2 ist zu zeigen:

(a) $I_{n+1} \subset I_n$ für alle n

Nach Übung 9.1 (a) genügt es zu zeigen, dass die Folge $\left(\left(1+\frac{1}{n}\right)^{n+1}\right)$ streng monoton fällt. Es sei $n \geq 2$.

$$\left(1+\frac{1}{n-1}\right)^n > \left(1+\frac{1}{n}\right)^{n+1}$$

$$\Leftrightarrow \quad \frac{n^n}{(n-1)^n} > \frac{(n+1)^{n+1}}{n^{n+1}} = \frac{(n+1)^n}{n^n} \cdot \frac{n+1}{n}$$

$$\Leftrightarrow \quad \frac{n^{2n}}{(n^2-1)^n} > \frac{n+1}{n}$$

$$\Leftrightarrow \quad \left(1+\frac{1}{n^2}\right)^n > 1+\frac{1}{n},$$

was wieder aufgrund der verschärften Bernoullischen Ungleichung richtig ist.

(b) $d_n = \left(1+\frac{1}{n}\right)^{n+1} - \left(1+\frac{1}{n}\right)^n \to 0, n \to \infty$

Tatsächlich gilt: $d_n = \left(1+\frac{1}{n}\right)^n \left(1+\frac{1}{n}-1\right) = \left(1+\frac{1}{n}\right)^n \frac{1}{n} \to e \cdot 0 = 0$.

Übung 10.3. Bestimmen Sie sämtliche Häufungspunkte der Folge (a_n) mit

$$a_n = (-1)^{\alpha_n} \frac{2n}{n+1} + (-1)^{\beta_n} \frac{n+1}{2n}, n = 1, 2, 3, \ldots$$

wobei $\alpha_n = \binom{n-1}{2}$ und $\beta_n = \binom{n}{2}$ und geben Sie zu jedem Häufungspunkt eine gegen diesen konvergente Teilfolge von (a_n) an.

Übung 10.4. Weisen Sie nach, dass die Folge von Intervallen $I_n = [a_n, b_n]$ mit

$$a_n = 1 - \frac{1}{2} + \frac{1}{3} - \frac{1}{4} \cdots + \frac{1}{2n-1} - \frac{1}{2n}$$
$$b_n = 1 - \frac{1}{2} + \frac{1}{3} \cdots - \frac{1}{2n-2} + \frac{1}{2n-1}$$

$n = 1, 2, 3, \ldots$ eine Intervallschachtelung bildet.

11

Zur Vollständigkeit der reellen Zahlen

Die reellen Zahlen sind durch die Grundeigenschaften I, II, III von Kapitel 2 im folgenden Sinne charakterisiert.

Theorem 11.1 (Charakterisierung der reellen Zahlen). *In einer Menge M seien eine Addition +, eine Multiplikation · und eine Ordnungsrelation < erklärt. Gelten für diesen Rechenbereich die Eigenschaften (A), (O1)-(O5) und (V), dann ist er im wesentlichen (d.h. bis auf eventuelle Bezeichnungsunterschiede) mit den reellen Zahlen identisch.*

Auf den Beweis wollen wir hier nicht eingehen. Es sei nur angemerkt, dass bereits aus (A) und (O1)-(O4) folgt, dass $\mathbb{N}$ im wesentlichen in M enthalten ist und damit die Aussage (O5) einen Sinn hat. Eine *Cauchyfolge in M* ist ebenso wie in Definition 9.1 erklärt, wobei aber alle a_n, ε und $N = N(\varepsilon)$ in M liegen.

Der Rechenbereich $\mathbb{Q}$ der rationalen Zahlen hat die Eigenschaften (A) und (O1)-(O5), jedoch nicht (V). Bei einem konstruktiven Aufbau des Zahlbegriffs erhält man $\mathbb{R}$ aus $\mathbb{Q}$ durch einen „Vervollständigungsprozess", indem man zu jeder Cauchyfolge in $\mathbb{Q}$, die in $\mathbb{Q}$ keinen Grenzwert besitzt, künstlich einen solchen als eine bestimmte reelle Zahl erklärt.

Beispiel 11.1. Die durch die Rekursionsformel

$$a_0 = 1;\ a_n = \frac{1}{2}\left(a_{n-1} + \frac{2}{a_{n-1}}\right),\ n = 1, 2, 3 \ldots$$

definierte Folge (a_n) ist eine Cauchyfolge in $\mathbb{Q}$. Konvergiert sie in $\mathbb{Q}$? $a \in \mathbb{R}$ sei bestimmt durch $\lim_{n \to \infty} a_n = a$. Die Idee zur Bestimmung von a ist, auf beiden Seiten der Rekursionsformel zum Grenzwert für $n \to \infty$ überzugehen. Um Theorem 7.2 anwenden zu können, hat man sich zu vergewissern, dass $a \neq 0$ ist. Dies folgt mit Hilfe von Theorem 6.5 aus der Ungleichung

$$1 \leq a_n \leq 2 \quad \text{für} \quad n = 0, 1, 2, \ldots$$

die man leicht durch vollständige Induktion beweist. Nunmehr darf man schließen:

$$a = \lim a_n = \lim \frac{1}{2}\left(a_{n-1} + \frac{2}{a_{n-1}}\right)$$
$$= \frac{1}{2}\left(\lim a_{n-1} + \frac{2}{\lim a_{n-1}}\right) = \frac{1}{2}\left(a + \frac{2}{a}\right)$$
$$\Rightarrow \quad 2a = a + \frac{2}{a} \quad \Rightarrow \quad a = \frac{2}{a} \quad \Rightarrow \quad a^2 = 2 \stackrel{a \geq 0}{\Rightarrow} a = \sqrt{2}$$

Die Cauchyfolge (a_n) hat damit keinen Grenzwert in $\mathbf{Q}$.

Die Vollständigkeit von $\mathbf{R}$ lässt sich auch durch andere Axiome als (V) beschreiben. Eine Möglichkeit ist die mit Hilfe von Intervallschachtelungen, vgl. Theorem 10.2. Eine weitere beruht auf dem folgenden Begriff.

Definition 11.1 (Dedekindscher Schnitt). *Ein Paar A, B von nicht leeren Teilmengen von $\mathbf{R}$ heißt ein Dedekindscher Schnitt, wenn gilt:*

(a) $A \cup B = \mathbf{R}$

(b) $A < B$ (d.h. $a < b$ für alle $a \in A, b \in B$).

Wir stellen jetzt die wichtigsten Charakterisierungen der Vollständigkeit zusammen.

Theorem 11.2 (Vollständigkeit von $\mathbf{R}$ II). *In den reellen Zahlen gelten die Aussagen:*

(a) Jede Cauchyfolge konvergiert.

(b) Zu jeder Intervallschachtelung (I_n) gibt es eine Zahl a mit $\bigcap_{n=0}^{\infty} I_n = \{a\}$.

(c) Zu jedem Dedekindschen Schnitt A, B gibt es eine Zahl s mit $A \leq s \leq B$ (d.h. $a \leq s \leq b$ für alle $a \in A, b \in B$).

(d) Jede nach oben beschränkte, nicht leere Zahlenmenge hat ein Supremum.

(e) Jede nach unten beschränkte, nicht leere Zahlenmenge hat ein Infimum.

Beweis. (Skizze)

(c) Es sei A, B ein Dedekindscher Schnitt.

Wähle $a_0 \in A$, $b_0 \in B$ beliebig $\Rightarrow a_0 < b_0 \Rightarrow a_0 < \dfrac{a_0 + b_0}{2} < b_0$

$\left.\begin{array}{l} \text{1.Fall: } \dfrac{a_0 + b_0}{2} \in A. \\ \qquad \text{Wähle } a_1 := \dfrac{a_0 + b_0}{2},\ b_1 := b_0 \\ \text{2.Fall: } \dfrac{a_0 + b_0}{2} \in B. \\ \qquad \text{Wähle } a_1 := a_0,\ b_1 := \dfrac{a_0 + b_0}{2} \end{array}\right\} \begin{array}{l} \Rightarrow\ a_1 \in A,\ b_1 \in B \\ \Rightarrow\ a_1 < \dfrac{a_1 + b_1}{2} < b_1 \end{array}$

1.Fall: $\dfrac{a_1+b_1}{2} \in A$.

   Wähle $a_2 := \dfrac{a_1+b_1}{2}, \; b_2 := b_1$

2.Fall: $\dfrac{a_1+b_1}{2} \in B$.

   Wähle $a_2 := a_1, \; b_2 := \dfrac{a_1+b_1}{2}$

$\Rightarrow a_2 \in A, \; b_2 \in B$
$\Rightarrow a_2 < \dfrac{a_2+b_2}{2} < b_2$

... u.s.w.

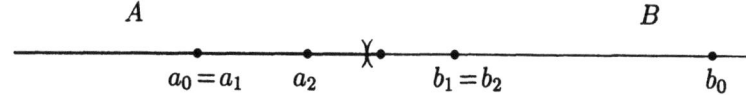

Setzt man $I_0 = [a_0, b_0]$, $I_1 = [a_1, b_1]$, $I_2 = [a_2, b_2]$, ..., so ist (I_n) eine Intervallschachtelung. Für die nach (b) existierende Zahl s mit $\bigcap_{n=0}^{\infty} I_n = \{s\}$ gilt dann $A \leq s \leq B$.

(d) Es sei $\emptyset \neq M \subset \mathbf{R}$ nach oben beschränkt. Dann ist
$B := \{K : K \text{ ist obere Schranke von } M\} \neq \emptyset$,
und mit $A := \bar{B}$ wird A, B ein Dedekindscher Schnitt:
$A \neq \emptyset$, denn für $x \in M$ ist $x - 1 \in A$
$A < B$, denn für $a \in A, b \in B$ gibt es ein $x \in M$ mit $a < x, x \leq b$.

Für die nach (c) existierende Zahl s mit $A \leq s \leq B$ gilt dann $s = \sup M$.

(e) Es sei $\emptyset \neq M \subset \mathbf{R}$ nach unten beschränkt. Dann ist $-M := \{-x : x \in M\}$ nach oben beschränkt. Für das nach (d) existierende Supremum s von $-M$ gilt dann $-s = \inf M$.

Wir merken an, dass in der Voraussetzung von Theorem 11.1 die Eigenschaft (V) durch jede der Eigenschaften (b) - (e) in Theorem 11.2 ersetzt werden kann, ohne die Folgerung ungültig zu machen. In diesem Sinne charakterisiert jede der Aussagen (a) - (e) die Vollständigkeit von $\mathbf{R}$.

11.1 Übungen

Übung 11.1. Man zeige, dass die Folge (a_n), definiert durch

$$a_0 = 1; \; a_n = \frac{1}{2}\left(a_{n-1} + \frac{2}{a_{n-1}}\right), \; n \geq 1$$

eine Cauchyfolge ist.

Lösung 11.1. Wir beweisen nacheinander die folgenden Aussagen.

(a) Für alle n gilt $1 \leq n < 2$.
Dies ist richtig für $n = 0$. Ist $n \geq 1$ und gilt $1 \leq a_{n-1} < 2$, so folgt:

$$a_n = \frac{1}{2}a_{n-1} + \frac{1}{a_{n-1}} \begin{cases} < \frac{1}{2} \cdot 2 + 1 = 2 \\ > \frac{1}{2} \cdot 1 + \frac{1}{2} = 1 \end{cases}$$

(b) Für alle $n \geq 1$ gilt $2 \leq a_n^2 \leq 2 + \frac{1}{2^{n+1}}$.
Aus der allgemein gültigen Ungleichung $(x+y)^2 \geq 4xy$ ($\Leftrightarrow (x-y)^2 \geq 0$) erhält man

$$a_n^2 = \frac{1}{4}\left(a_{n-1} + \frac{2}{a_{n-1}}\right)^2 \geq 2 \,.$$

Der Nachweis des zweiten Teiles der Ungleichung erfolgt durch vollständige Induktion. $a_1 = \frac{3}{2}$, also $a_1^2 = \frac{9}{4} \leq 2 + \frac{1}{4}$. Wegen $a_n^2 \geq 2$ hat man

$$a_{n+1}^2 - 2 = \frac{1}{4}\left(a_n + \frac{2}{a_n}\right)^2 - 2 = \frac{1}{4}a_n^2 + \frac{1}{a_n^2} - 1$$
$$= \frac{1}{2}(a_n^2 - 2) - \frac{1}{4a_n^2}(a_n^4 - 4) \leq \frac{1}{2}(a_n^2 - 2)$$

Gilt also $a_n^2 - 2 \leq \frac{1}{2^{n+1}}$, so folgt $a_{n+1}^2 - 2 \leq \frac{1}{2}\frac{1}{2^{n+1}} = \frac{1}{2^{n+2}}$

(c) (a_n) ist eine Cauchyfolge.
Wegen (b) gilt $\lim_{n\to\infty} a_n^2 = 2$, insbesondere ist (a_n^2) eine Cauchyfolge. Zu gegebenem $\varepsilon > 0$ existiert daher ein N mit $|a_n^2 - a_m^2| < \varepsilon$ für alle $n, m > N$. Für diese n, m gilt dann aufgrund von (a):

$$|a_n - a_m| < 2|a_n - a_m| \leq (a_n + a_m)|a_n - a_m|$$
$$= |(a_n + a_m)(a_n - a_m)| = |a_n^2 - a_m^2| < \varepsilon.$$

Also ist auch (a_n) eine Cauchyfolge.

Übung 11.2. Man beweise, dass $\sqrt{2}$ irrational ist.

Lösung 11.2. Annahme: $\sqrt{2} = \frac{m}{n}$ mit ganzen Zahlen $m, n \neq 0$. Dabei dürfen m und n als teilerfremd vorausgesetzt werden (gegebenenfalls kürzen). Es folgt

$$2 = \frac{m^2}{n^2} \quad \Rightarrow \quad m^2 = 2n^2$$
$$\Rightarrow \quad 2|m^2 \quad \Rightarrow \quad 2|m \quad \Rightarrow \quad 4|m^2 = 2n^2 \quad \Rightarrow \quad 2|n^2 \quad \Rightarrow \quad 2|n$$

Also haben m und n den gemeinsamen Faktor 2; Widerspruch!

Übung 11.3. Zeigen Sie, dass die Folge (a_n) mit

$$a_n = \sum_{k=1}^{n} \frac{(-1)^{k+1}}{k}, \; n = 1, \, 2, \, 3, \, \ldots$$

eine Cauchyfolge ist.
Hinweis: Übung 10.4.

Teil III

Funktionen

12

Der Funktionsbegriff

In Teil II wurde der Begriff der Zahlenfolge eingeführt:
Eine Zahlenfolge liegt dann vor, wenn jeder natürlichen Zahl n eindeutig eine gewisse reelle Zahl a_n zugeordnet ist.
Man kann nun die Zuordnung $n \mapsto a_n$ wie folgt verallgemeinern:

Definition 12.1 (Funktion). *Es sei D irgendeine Menge reeller Zahlen. Unter einer auf D definierten Funktion f (oder g, h, ϕ, ψ, ...) versteht man eine Vorschrift, die jeder Zahl $x \in D$ in eindeutiger Weise eine reelle Zahl $y = f(x)$ zuordnet. $D_f = D$ heißt Definitionsbereich von f. $f(x)$ heißt Bild von x (bzgl. f) oder Wert der Funktion f an der Stelle x. Die Menge $W_f = W = \{y = f(x) : x \in D\}$ heißt Wertebereich von f.*
Schreibweise: $x \mapsto f(x)$ $(x \in D)$

Bestandteile einer Funktion:

(a) Definitionsbereich
(b) Zuordnungsvorschrift

Definition 12.2 (Gleichheit von Funktionen). *Zwei Funktionen f, g mit den Definitionsbereichen D_f, D_g heißen* gleich, *wenn $D = D_f = D_g$ und $f(x) = g(x)$ für alle $x \in D$.*

Beispiel 12.1. (a) Folgen sind Funktionen mit dem Definitionsbereich $\mathbb{N}$.

(b) $\left. \begin{array}{l} f(x) = x - 1, x \in D_f = [0,2] \\ g(x) = x - 1, x \in D_g = [3,4] \\ W_f = [-1,1], W_g = [2,3] \end{array} \right\}$ sind zwei verschiedene Funktionen!

(c) $\phi(x) = \begin{cases} 0, \text{wenn } x \text{ rational} \\ 1, \text{wenn } x \text{ irrational}, \end{cases} x \in D = \mathbb{R}$

(d) $h(x) = \sqrt{x}, x \geq 0$ (also $D = [0, \infty)$)

(e) $f(x) = \dfrac{1}{\sqrt{(x-1)(x-2)(x-3)}}$

Ist der Definitionsbereich nicht explizit gegeben, so nimmt man die größte Zahlenmenge, für die die Zuordnungsvorschrift einen Sinn hat. Hier also:
$D = \{x : (x-1)(x-2)(x-3) > 0\} = (1,2) \cup (3, \infty)$

12.1 Darstellung von Funktionen

(a) durch Tabellen:

$x \in D_f$	$f(x)$
x_0	$y_0 = f(x_0)$
x_1	$y_1 = f(x_1)$
$\vdots$	$\vdots$

Beispiel 12.2. Logarithmentafel

x	$\log_{10} x$
1	0
2	0.301029...
3	0.477121...
$\vdots$	$\vdots$

(b) in der Zeichenebene: Man zeichnet den *Graphen* der Funktion f, d.h. die Menge aller Punkte $P(x,y)$ mit $x \in D_f, y = f(x)$.

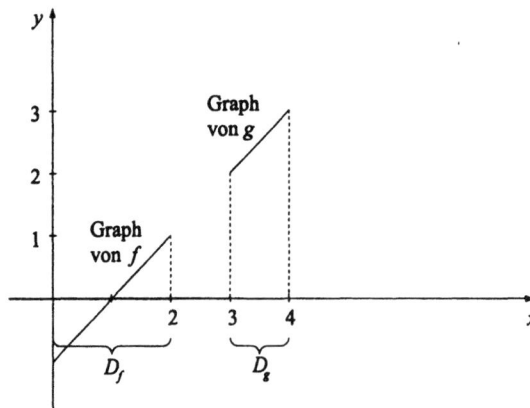

Beispiel 12.3.
$f(x) = x - 1, \quad 0 \leq x \leq 2$
$g(x) = x - 1, \quad 3 \leq x \leq 4$

12.2 Eigenschaften von Funktionen

Definition 12.3 (Eigenschaften von Funktionen). *Es sei f eine Funktion mit dem Definitionsbereich D.*

(a) f heißt eineindeutig (injektiv), wenn gilt:

$$x_1, x_2 \in D, x_1 \neq x_2 \quad \Rightarrow \quad f(x_1) \neq f(x_2)$$

(b) f heißt gerade bzw. ungerade, wenn mit x auch $-x$ in D liegt und

$$f(-x) = f(x) \quad bzw. \quad f(-x) = -f(x) \quad für\ alle\ x \in D.$$

(c) f heißt periodisch mit der Periode P, wenn mit x auch $x \pm P$ in D liegt und

$$f(x + P) = f(x) \quad für\ alle\ x \in D.$$

(d) f heißt

$$\left.\begin{array}{r} monoton\ wachsend \\ streng\ monoton\ wachsend \\ monoton\ fallend \\ streng\ monoton\ fallend \end{array}\right\} \quad \begin{array}{c} wenn\ gilt: \\ x_1, x_2 \in D, x_1 < x_2 \end{array} \Rightarrow \left\{\begin{array}{l} f(x_1) \leq f(x_2) \\ f(x_1) < f(x_2) \\ f(x_1) \geq f(x_2) \\ f(x_1) > f(x_2). \end{array}\right.$$

Beispiel 12.4. (a) f und g seien durch ihre Graphen gegeben:

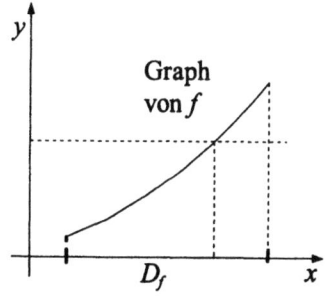
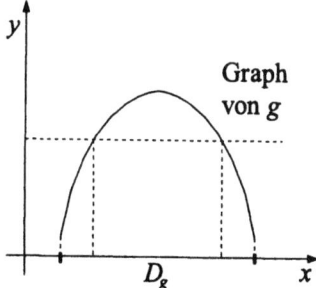

Dann ist f eineindeutig, g jedoch nicht.

(b) $x \mapsto x^2$, $x \in \mathbb{R}$, ist gerade. $x \mapsto x^3$, $x \in \mathbb{R}$, ist ungerade.

(c) $x \mapsto 1$, $x \in \mathbb{R}$, ist periodisch mit jeder Periode P.

(d) Es sei $n \in \mathbb{N}$ fest, $n \geq 1$. Nach Theorem 2.2 ist die Funktion $x \mapsto x^n$, $x \in [0, \infty)$, streng monoton wachsend.

Offensichtlich ist jede streng monotone Funktion auch eineindeutig.

12.3 Operationen mit Funktionen

Definition 12.4 (Operationen mit Funktionen). *Es seien f, g zwei Funktionen mit $D = D_f = D_g$. Die Funktion*

$f + g \;:\; x \mapsto f(x) + g(x)$, $x \in D$, *heißt die* Summe
$f - g \;:\; x \mapsto f(x) - g(x)$, $x \in D$, *heißt die* Differenz
$fg \;:\; x \mapsto f(x)g(x)$, $x \in D$, *heißt das* Produkt
$\dfrac{f}{g} \;:\; x \mapsto \dfrac{f(x)}{g(x)}$, $x \in D$ *mit $g(x) \neq 0$, heißt der* Quotient
der Funktionen f und g.

12.4 Übungen

Übung 12.1. Man zeichne den Graphen der Funktion $f = f(x)$ im Bereich $-3 \leq x \leq 3$. Dann entscheide man, ob f im Definitionsbereich eineindeutig, monoton, gerade oder ungerade ist.

(a) $f(x) = (x-1)(2-x)$, $D = \mathbb{R}$

(b) $f(x) = |x|$, $D = \mathbb{R}$

(c) $f(x) = \begin{cases} -1, & x < 0 \\ 0, & x = 0 \\ 1, & x > 0 \end{cases}$

(d) $f(x) = [x] := \max\{k \in \mathbb{Z} : k \leq x\}$, $D = \mathbb{R}$

Lösung 12.1. (a) Mittels quadratischer Ergänzung bekommt man

$$f(x) = -x^2 + 3x - 2 = -\left(x - \frac{3}{2}\right)^2 + \frac{1}{4}.$$

Damit lässt sich der Graph von f leicht zeichnen (Normalparabel um $\dfrac{3}{2}$ nach rechts und $\dfrac{1}{4}$ nach oben verschoben, nach unten geöffnet).

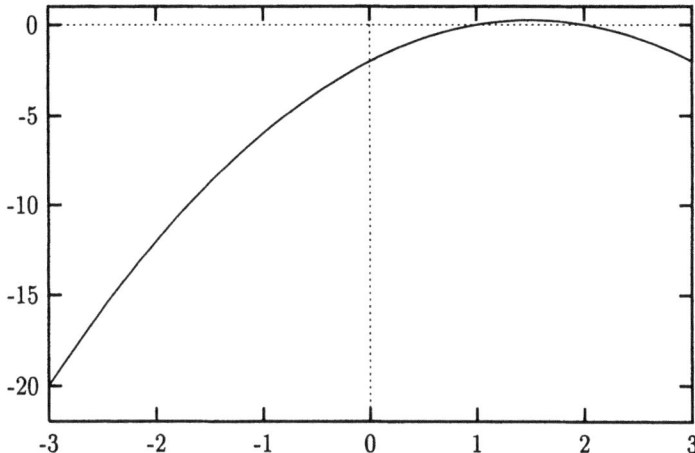

Aufgrund der folgenden, allgemein gültigen Zusammenstellung einander entsprechender Eigenschaften von Funktion und Graph kann man sofort ablesen, dass f keine der fraglichen Eigenschaften besitzt.

Funktion ist	Graph
eineindeutig	schneidet Parallelen zur x-Achse in höchstens einem Punkt
monoton wachsend (fallend)	verläuft niemals abwärts (aufwärts) ⎱ von links nach rechts betrachtet
streng monoton wachsend (fallend)	verläuft stets aufwärts (abwärts) ⎰
gerade	ist achsensymmetrisch zur y-Achse
ungerade	ist punktsymmetrisch zum Ursprung

(b) $f(x) = |x|$

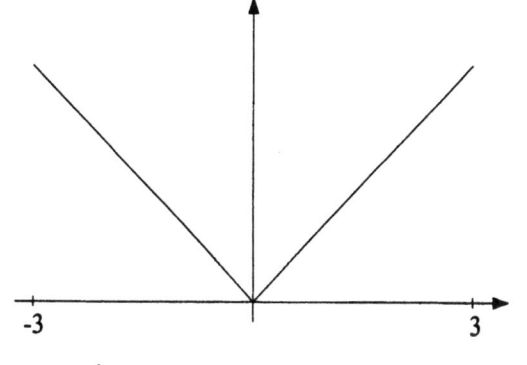

f ist
nicht eineindeutig
nicht monoton
gerade
nicht ungerade

(c) $f(x) = \begin{cases} -1, x < 0 \\ 0, x = 0 \\ 1, x > 0 \end{cases}$

82   12 Der Funktionsbegriff

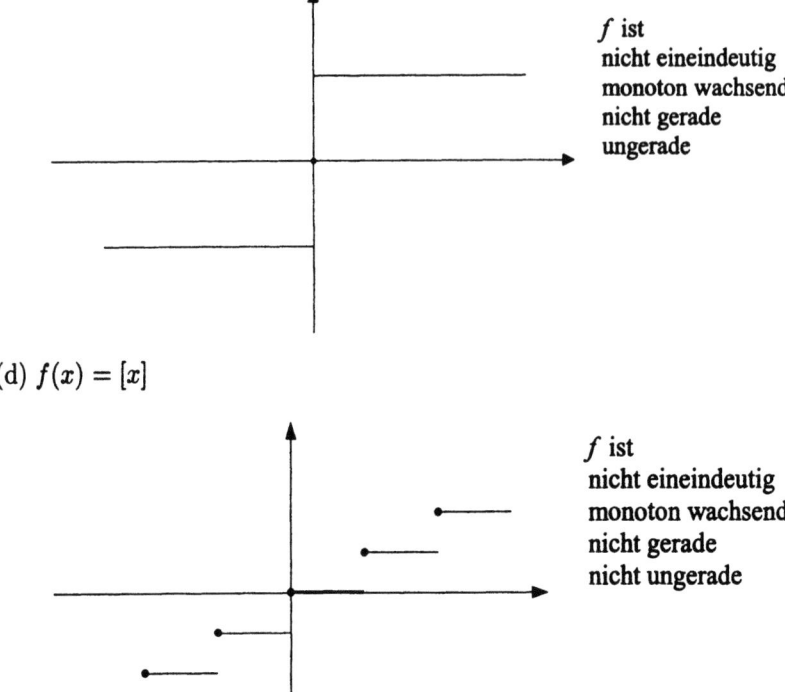

f ist
nicht eineindeutig
monoton wachsend
nicht gerade
ungerade

(d) $f(x) = [x]$

f ist
nicht eineindeutig
monoton wachsend
nicht gerade
nicht ungerade

Übung 12.2. Ein rechteckiges Stück Land sei von einem Zaun der gegebenen Länge U [m] umgeben. Bezeichnet x [m] die Länge einer der Seiten, so ist die Fläche F [m^2] des Landstückes eine Funktion von x. Bestimme Zuordnungsvorschrift, Definitions- und Wertebereich von F.

Lösung 12.2. Da x die Länge einer der Seiten ist, beträgt die der anderen

$$\frac{1}{2}(U - 2x) = \frac{1}{2}U - x.$$

Damit gilt

$$F(x) = x\left(\frac{1}{2}U - x\right) = \frac{1}{2}Ux - x^2 = \frac{1}{16}U^2 - \left(x - \frac{1}{4}U\right)^2,$$

$D_F = \left(0, \frac{1}{2}U\right)$ und $W_F = \left(0, \frac{1}{16}U^2\right]$.

Übung 12.3. Behandeln Sie die Funktionen

(a) $f(x) = 2 + \dfrac{|x|}{x}$, $D = \mathbb{R} \setminus \{0\}$

(b) $f(x) = \dfrac{x \cdot [x]}{2}$, $D = \mathbf{R}$

(c) $f(x) = \dfrac{1}{(x-1)(x+1)}$, $D = \mathbf{R} \setminus \{1, -1\}$

unter derselben Aufgabenstellung wie in Übung 12.1.

Übung 12.4. Beschreiben Sie die Länge l einer Sehne in einem Kreis vom gegebenen Radius r [cm] als Funktion des Abstandes x [cm] der Sehne vom Kreismittelpunkt. Bestimmen Sie Definitions- und Wertebereich von l.

13
Elementare Funktionen

13.1 Polynome

(a) *Potenzfunktionen:* $D = \mathbb{R}$, $x \mapsto x^n$ (n feste natürliche Zahl)

$$x \mapsto x^0 = 1,\ x \mapsto x,\ x \mapsto x^2,\ x \mapsto x^3,\ \ldots$$

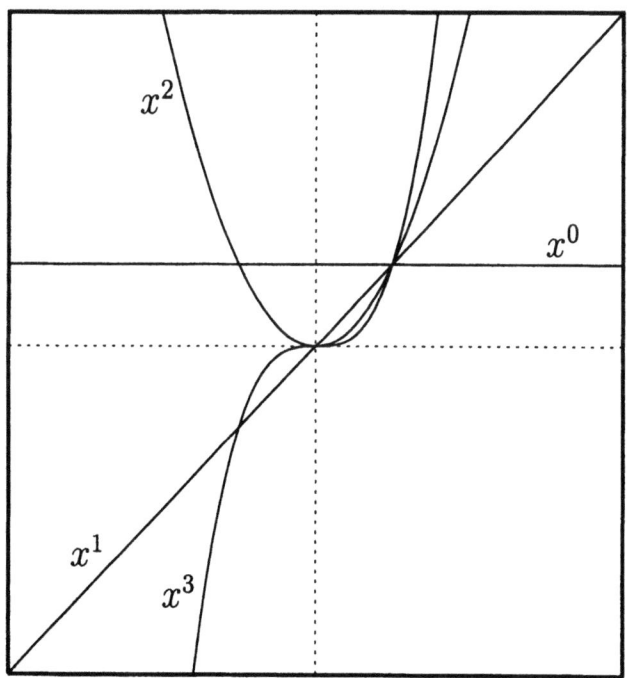

(b) *Polynomfunktionen:* $D = \mathbb{R}$, $x \mapsto a_0 + a_1 x + a_2 x^2 + \cdots + a_n x^n$
($n \in \mathbb{N}$ fest, $a_0, a_1, \ldots, a_n$ feste reelle Zahlen)

Schreibweise: $p(x) = \sum_{k=0}^{n} a_k x^k$

p heißt auch kurz *Polynom*, und die größte natürliche Zahl k mit $0 \leq k \leq n$, $a_k \neq 0$, wird der *Grad* von p genannt.

Beispiel 13.1.

$$p(x) = -1 + 3x + 8x^7 \quad \text{ist ein Polynom 7. Grades}$$
$$p(x) = -6 \quad \text{ist ein Polynom 0. Grades}$$
$$p(x) = x^4 \quad \text{ist ein Polynom 4. Grades}$$

13.2 Rationale Funktionen

Eine *rationale Funktion* ist definiert als Quotient zweier Polynome:

$$r(x) = \frac{p(x)}{q(x)} = \frac{a_0 + a_1 x + a_2 x^2 + \cdots + a_m x^m}{b_0 + b_1 x + b_2 x^2 + \cdots + b_n x^n}, \quad D = \{x : q(x) \neq 0\}$$

Beispiel 13.2. (a) Jedes Polynom ist eine rationale Funktion.

(b) $r(x) = \dfrac{1}{x}, \dfrac{1}{x^2}, \dfrac{1}{x^3}, \ldots, \dfrac{1}{x^n}; \quad D = \{x : x \neq 0\}$

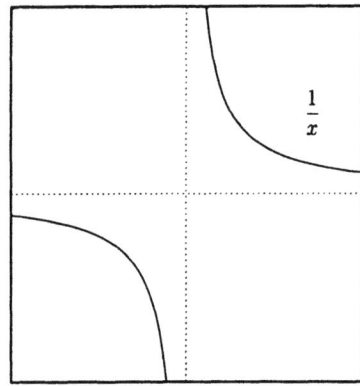
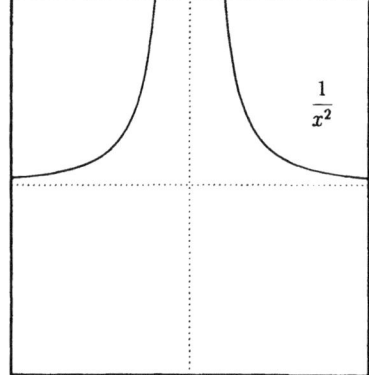

13.3 Trigonometrische Funktionen

Diese Funktionen spielen eine wichtige Rolle bei der Beschreibung periodischer Vorgänge.

(a) *Sinus* und *Cosinus*: Es sei $x \in \mathbb{R}$. Ausgehend vom Punkt mit den Koordinaten $(1, 0)$ trage man auf dem Einheitskreis einen Bogen der Länge $|x|$ ab, für $x \geq 0$ entgegen dem Uhrzeigersinn, für $x < 0$ im Uhrzeigersinn. Auf diese Weise ist eindeutig ein Punkt P_x des Einheitskreises bestimmt.

Wir definieren:

$$\cos x := \text{1. Koordinate von } P_x$$
$$\sin x := \text{2. Koordinate von } P_x,$$

also $P_x(\cos x, \sin x)$.

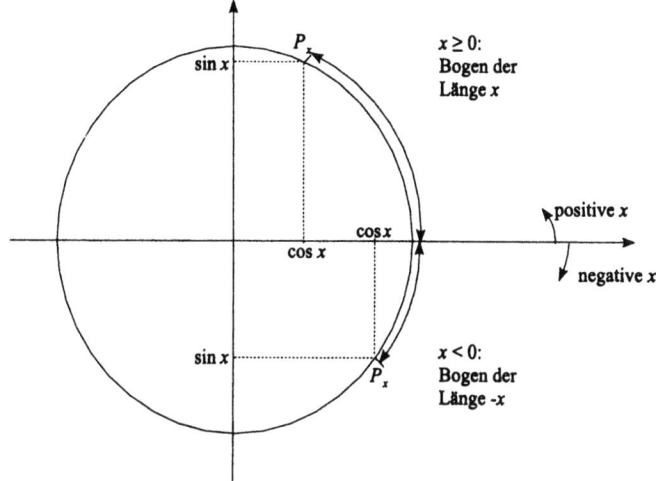

Unmittelbar aus der Definition ergeben sich die folgenden Eigenschaften von sin und cos:

- Definitionsbereich: **R**,   Wertebereich: $[-1, 1]$
- sin ist ungerade und hat die Periode 2π
- $\sin n\pi = 0$ für $n = 0, \pm 1, \pm 2, \ldots$
- cos ist gerade und hat die Periode 2π
- $\cos\left(n + \dfrac{1}{2}\right)\pi = 0$ für $n = 0, \pm 1, \pm 2, \ldots$
- $\sin(x + \pi) = -\sin(x)$ und $\cos(x + \pi) = -\cos(x)$ für alle $x \in \mathbf{R}$
- $\sin\left(x + \dfrac{\pi}{2}\right) = \cos x$ $\left(\Rightarrow \cos\left(x - \dfrac{\pi}{2}\right) = \sin x\right)$ für alle $x \in \mathbf{R}$
- $(\sin x)^2 + (\cos x)^2 = 1$ für alle $x \in \mathbf{R}$

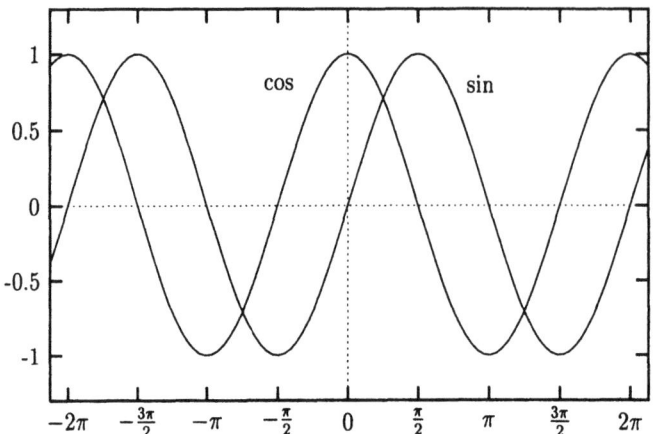

In unserer Definition von sin und cos hat die Variable x die Bedeutung einer Bogenlänge auf dem Einheitskreis; man sagt, x ist im *Bogenmaß* angegeben. Man kann statt dessen aber auch den zu x gehörigen Mittelpunktswinkel α als Variable verwenden, die dann im Gradmaß angegeben wird.

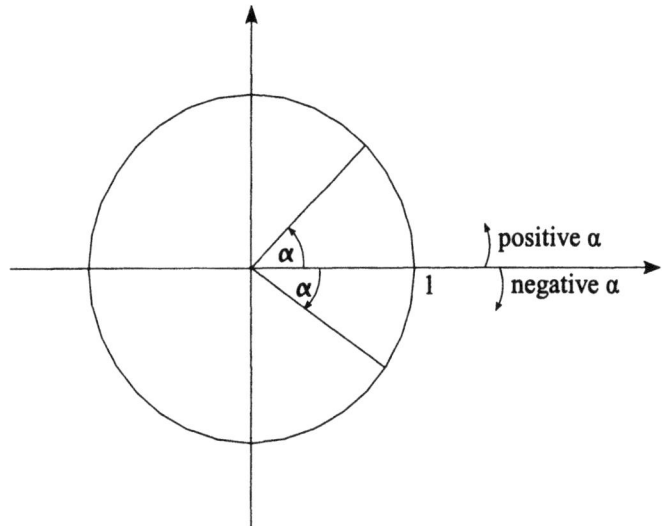

Der Zusammenhang zwischen beiden Variablen ist Folgender:
$$\frac{x}{2\pi} = \frac{\alpha}{360°}$$
$$\Rightarrow \quad x = \frac{\alpha}{180°} \cdot \pi \quad \text{bzw.} \quad \alpha = \frac{x}{\pi} \cdot 180°$$

Theorem 13.1 (Additionstheoreme).
$$\left.\begin{array}{l} \sin(x \pm y) = \sin x \cos y \pm \cos x \sin y \\ \cos(x \pm y) = \cos x \cos y \mp \sin x \sin y \end{array}\right\} \quad \textit{für alle } x, y \in \mathbf{R}.$$

Beweis. Da cos gerade, sin ungerade ist, genügt es, die Formeln mit den oberen Zeichen zu beweisen. Überdies ist die erste eine Folge der zweiten:

$$\sin(x+y) = \cos\left(x+y-\frac{\pi}{2}\right)$$
$$\stackrel{\text{2. Formel}}{=} \cos x \cos\left(y-\frac{\pi}{2}\right) - \sin x \sin\left(y-\frac{\pi}{2}\right),$$
$$\cos\left(y-\frac{\pi}{2}\right) = \sin y$$
$$\sin\left(y-\frac{\pi}{2}\right) = -\sin\left(y+\frac{\pi}{2}\right) = -\cos y$$
$$\Rightarrow \quad \sin(x+y) = \cos x \sin y + \sin x \cos y.$$

Beim Beweis der zweiten Formel benutzen wir das Gradmaß. Wir beziehen uns auf die folgende Abbildung.

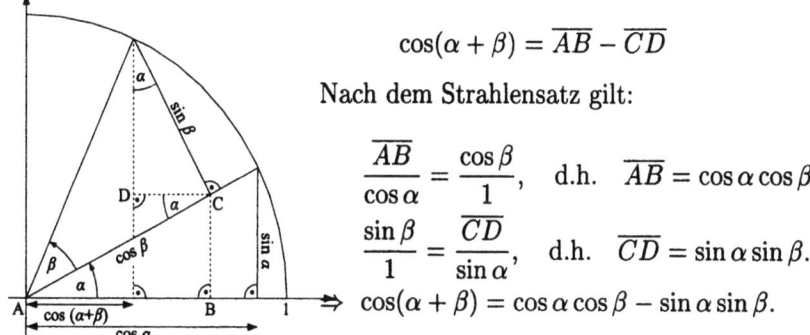

$$\cos(\alpha+\beta) = \overline{AB} - \overline{CD}$$

Nach dem Strahlensatz gilt:

$$\frac{\overline{AB}}{\cos\alpha} = \frac{\cos\beta}{1}, \quad \text{d.h.} \quad \overline{AB} = \cos\alpha\cos\beta$$

$$\frac{\sin\beta}{1} = \frac{\overline{CD}}{\sin\alpha}, \quad \text{d.h.} \quad \overline{CD} = \sin\alpha\sin\beta.$$

$$\Rightarrow \cos(\alpha+\beta) = \cos\alpha\cos\beta - \sin\alpha\sin\beta.$$

(b) *Tangens* und *Cotangens* Diese Funktionen können mit Hilfe von sin und cos so definiert werden:

$$\tan x := \frac{\sin x}{\cos x} \quad \text{für} \quad x \neq \left(n+\frac{1}{2}\right)\pi,\ n = 0, \pm 1, \pm 2, \ldots$$

$$\cot x := \frac{\cos x}{\sin x} \quad \text{für} \quad x \neq n\pi,\ n = 0, \pm 1, \pm 2, \ldots$$

und besitzen die folgenden Eigenschaften:
- tan ist ungerade und hat die Periode π
- cot ist ungerade und hat die Periode π
- $\tan\left(\dfrac{\pi}{2}-x\right) = \dfrac{\sin\left(\dfrac{\pi}{2}-x\right)}{\cos\left(\dfrac{\pi}{2}-x\right)} = \dfrac{\cos x}{\sin x} = \cot x$

  $\left(\Rightarrow \quad \cot\left(\dfrac{\pi}{2}-x\right) = \tan x\right)$

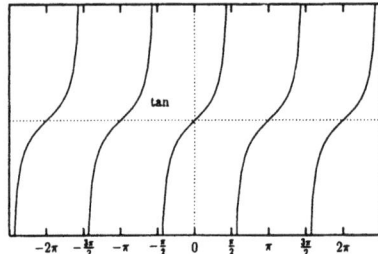
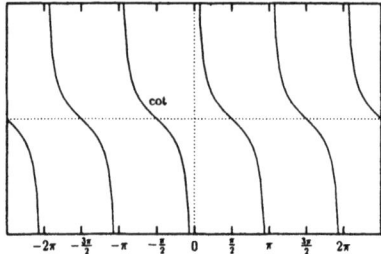

13.4 Algebraische Funktionen

Eine Funktion f mit dem Definitionsbereich D heißt *algebraische Funktion*, wenn es Polynome $p_0, p_1, \ldots, p_n$ gibt, so dass für alle $x \in D$ gilt

$$p_0(x) + p_1(x)f(x) + p_2(x)[f(x)]^2 + \cdots + p_n(x)[f(x)]^n = 0.$$

Beispiel 13.3. Jede rationale Funktion ist eine algebraische Funktion:

r rational $\Rightarrow\quad r = \dfrac{p}{q}, \; p, q$ Polynome

$\Rightarrow\quad p_0(x) + p_1(x)r(x) = 0 \quad \text{mit} \quad p_0(x) = p(x), \; p_1(x) = -q(x)$

Ein weiteres wichtiges Beispiel bilden die *Potenzfunktionen für rationale Exponenten*. Sie beruhen auf dem

Theorem 13.2 (Wurzelfunktionen).
Ist $x \geq 0$ und $n \geq 1$ eine natürliche Zahl, dann gibt es genau eine Zahl $y \geq 0$, so dass $y^n = x$.

Beweis. Die Existenz einer solchen Zahl y folgt aus dem Zwischenwertsatz, den wir in Kapitel 16 behandeln werden. Die Eindeutigkeit von y resultiert aus Theorem 2.2.

(a) Mit den Bezeichnungen von Theorem 13.2 setzt man nun

$$\sqrt[n]{x} = x^{\frac{1}{n}} := y, \; x \in [0, \infty).$$

Nach Definition ist also $\sqrt[n]{x} \geq 0$ und $\left(\sqrt[n]{x}\right)^n = x$.

Theorem 13.3 (Monotonie der Wurzelfunktionen).
Die Funktion $x \mapsto \sqrt[n]{x}$ ist streng monoton wachsend.

Beweis. Es sei $0 \leq x_1 < x_2$. Zu zeigen ist: $\sqrt[n]{x_1} < \sqrt[n]{x_2}$
Annahme: $\sqrt[n]{x_1} \geq \sqrt[n]{x_2} \Rightarrow \left(\sqrt[n]{x_1}\right)^n \geq \left(\sqrt[n]{x_2}\right)^n$, d.h. $x_1 \geq x_2$.
Widerspruch!

b) Allgemein ist eine Potenzfunktion für rationalen Exponenten folgendermaßen erklärt.

Ist m eine ganze Zahl, $n \geq 1$ eine natürliche Zahl, so setzt man

$$x^{\frac{m}{n}} := \sqrt[n]{x^m}, \; x \in (0, \infty).$$

Hierbei ist zu beachten, dass die Definition unabhängig von der speziellen Bruchdarstellung des Exponenten ist. Gilt nämlich $\frac{m}{n} = \frac{k}{l}$, so ist $ml = kn$, und wegen

$$\left(\sqrt[n]{x^m}\right)^{nl} = \left[\left(\sqrt[n]{x^m}\right)^n\right]^l = [x^m]^l = x^{ml},$$

ebenso $\left(\sqrt[l]{x^k}\right)^{ln} = x^{kn}$

folgt $\left(\sqrt[n]{x^m}\right)^{nl} = \left(\sqrt[l]{x^k}\right)^{nl}$. Wiederum durch Anwendung von Theorem 2.2 erhält man dann

$$\sqrt[n]{x^m} = \sqrt[l]{x^k}.$$

Jede Potenzfunktion für rationalen Exponenten ist eine algebraische Funktion:

$$f(x) = x^{\frac{m}{n}} \;\Rightarrow\; p_0(x) + p_n(x)[f(x)]^n = 0$$

mit $\begin{cases} p_0(x) = x^m, \; p_n(x) = -1 & \text{falls } m \geq 0 \\ p_0(x) = -1, \; p_n(x) = x^{-m} & \text{falls } m < 0 \end{cases}$

13.5 Übungen

Übung 13.1. Von der geradlinig zwischen den Orten A und B verlaufenden Wasserleitung soll eine Zweigleitung senkrecht nach dem Ort C abgezweigt werden. Wegen einer dazwischenliegenden Erhebung ist vom gesuchten Abzweigpunkt F keine Sicht nach C vorhanden, wohl aber von A und B aus. Wie kann man F bestimmen?

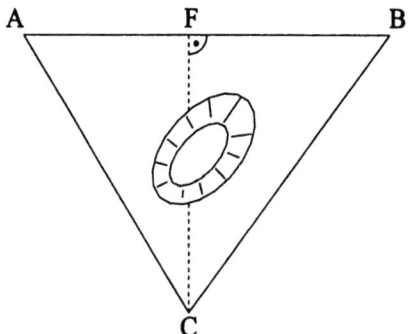

Lösung 13.1.
Es werden die Entfernung $d = \overline{AB}$ und die Winkel $\alpha = \sphericalangle(BAC)$, $\beta = \sphericalangle(ABC)$ gemessen. Setzt man $x = \overline{AF}$, so gilt:

$$\overline{FC} = x \tan\alpha, \ \overline{FC} = (d-x)\tan\beta$$
$$\Rightarrow \ x(\tan\alpha + \tan\beta) = d\tan\beta$$
$$\Rightarrow \ x = d\frac{\tan\beta}{\tan\alpha + \tan\beta}$$

Übung 13.2. Man zeige, dass die Funktion $f(x) = \dfrac{\sqrt{x}+1}{x+1}$, $x \geq 0$, algebraisch und nicht rational ist.

Lösung 13.2. Es ist $(x+1)f(x) - 1 = \sqrt{x}$, und durch Quadrieren ergibt sich

$$(x+1)^2\bigl[f(x)\bigr]^2 - 2(x+1)f(x) + 1 - x = 0.$$

Daher ist f eine algebraische Funktion. f ist aber nicht rational, denn andernfalls erhält man:

$$\frac{\sqrt{x}+1}{x+1} = \frac{p(x)}{q(x)} \ \Rightarrow \ \sqrt(x) = \frac{(x+1)p(x)}{q(x)} - 1 = \frac{p_1(x)}{q_1(x)}$$
$$\Rightarrow \ x = \frac{p_1(x)^2}{q_1(x)^2} \ \Rightarrow \ xq_1(x)^2 = p_1(x)^2$$
$$\Rightarrow \ 1 + 2\,\text{Grad}\,q_1 = 2\,\text{Grad}\,p_1 \ ,$$

Widerspruch (links steht eine ungerade, rechts eine gerade natürliche Zahl).

Übung 13.3. Beweisen Sie mit Hilfe von Theorem 13.1 das Additionstheorem für tan

$$\tan(x \pm y) = \frac{\tan x \pm \tan y}{1 \mp \tan x \tan y}$$

Übung 13.4. Zeichnen Sie jeweils in derselben Abbildung die Graphen der Funktionen

(a) $\sin x$, $4\sin x$, $\dfrac{1}{2}\sin x$ im Bereich $0 \leq x \leq 2\pi$

(b) $\sin x$, $\sin \pi x$, $\sin \dfrac{\pi}{10}x$ im Bereich $0 \leq x \leq 10$

(c) $\sin x$, $\sin\left(x + \dfrac{\pi}{4}\right)$, $\sin(x-1)$ im Bereich $-\dfrac{\pi}{4} \leq x \leq 2\pi + 1$.

14

Grenzwerte von Funktionen

Für eine Funktion f haben wir hier die folgenden Begriffe zu definieren:

$$\lim_{x \to +\infty} f(x) \qquad \lim_{x \to -\infty} f(x) \qquad \lim_{x \to x_0} f(x)$$

verallgemeinert die Konvergenz von Folgen

Grundlage für die Begriffe Stetigkeit und Differenzierbarkeit

Grenzwerte im „Unendlichen" Grenzwert im „Endlichen"

14.1 Grenzwerte im „Unendlichen"

Als Beispiel untersuchen wir das Verhalten der Funktion

$$f(x) = \frac{\sin x}{x}, \ D = \mathbb{R} \setminus \{0\}$$

für große $x > 0$. Es sei $\varepsilon > 0$ gegeben. Dann ist

$$|f(x)| = \left|\frac{\sin x}{x}\right| = \frac{|\sin x|}{|x|} \leq \frac{1}{x} \stackrel{!}{<} \varepsilon,$$

falls $x > X := \frac{1}{\varepsilon}$. Der Graph der Funktion $\frac{\sin x}{x}$ schmiegt sich für $x \to +\infty$ also immer enger an die Gerade $y = 0$ an.

14 Grenzwerte von Funktionen

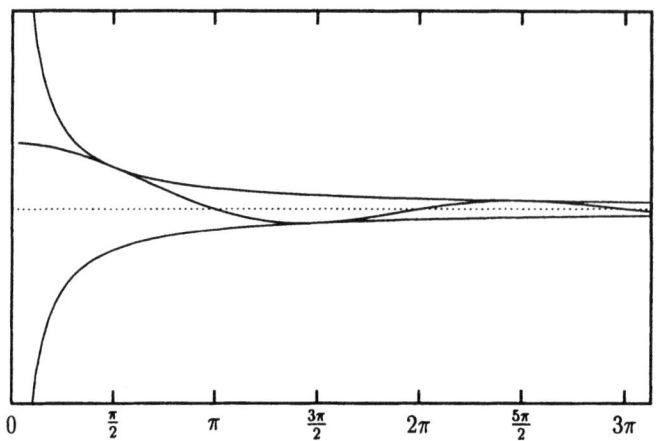

Definition 14.1 (Grenzwert im positiv Unendlichen). *Der Definitionsbereich D einer Funktion f sei so beschaffen, dass in jedem Intervall $(c, +\infty)$ mindestens ein Element x von D liegt. Eine Zahl a heißt* Grenzwert von f für $x \to +\infty$ *(f konvergiert gegen a für $x \to +\infty$), wenn es zu jedem (noch so kleinen) $\varepsilon > 0$ eine Zahl $X = X(\varepsilon)$ gibt, so dass $|f(x) - a| < \varepsilon$ für alle $x \in D$ mit $x > X$.*

Schreibweisen: $\lim_{x \to +\infty} f(x) = a$ oder $f(x) \to a,\ x \to +\infty$.

Geometrische Deutung:

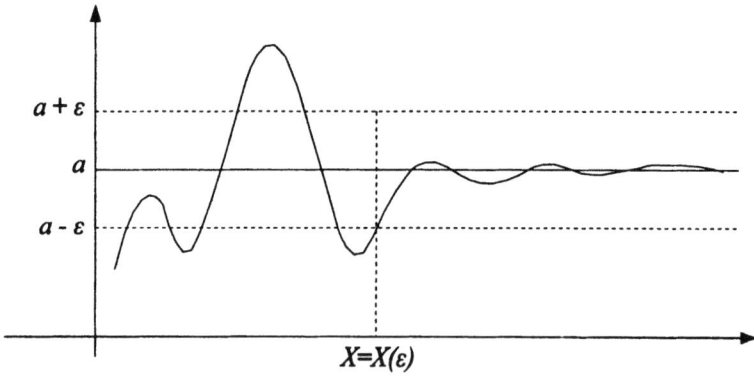

Ist $x > X$, so verläuft die Kurve $y = f(x)$ zwischen den Geraden $y = a + \varepsilon$ und $y = a - \varepsilon$. Für $x \to +\infty$ schmiegt sich der Graph von f also immer enger an die Gerade $y = a$ an.

Beispiel 14.1. (a) $\lim_{x \to +\infty} \dfrac{\sin x}{x} = 0$

(b) $\lim_{x \to +\infty} \sin x$ existiert nicht! Warum?

Wie bei Folgen gilt das

Theorem 14.1 (Rechenregeln für Grenzwerte I). *Sind f und g Funktionen mit* $f(x) \to a$ *und* $g(x) \to b$, $x \to +\infty$, *dann folgt*

$$f(x) + g(x) \to a + b, \ x \to +\infty$$
$$f(x) - g(x) \to a - b, \ x \to +\infty$$
$$f(x) \cdot g(x) \to a \cdot b, \ x \to +\infty$$
$$\frac{f(x)}{g(x)} \to \frac{a}{b}, \ x \to +\infty, \ \textit{falls noch } b \neq 0.$$

Definition 14.2 (Grenzwert im negativ Unendlichen). *Der Definitionsbereich D einer Funktion f sei so beschaffen, dass in jedem Intervall* $(-\infty, c)$ *mindestens ein Element x von D liegt. Eine Zahl a heißt* Grenzwert *von f für* $x \to -\infty$ *(f konvergiert gegen a für* $x \to -\infty$ *) wenn es zu jedem (noch so kleinen)* $\varepsilon > 0$ *eine Zahl* $X = X(\varepsilon)$ *gibt, so dass* $|f(x) - a| < \varepsilon$ *für alle* $x \in D$ *mit* $x < X$.

Schreibweisen: $\lim_{x \to -\infty} f(x) = a$ oder $f(x) \to a, \ x \to -\infty$.

Geometrische Deutung:

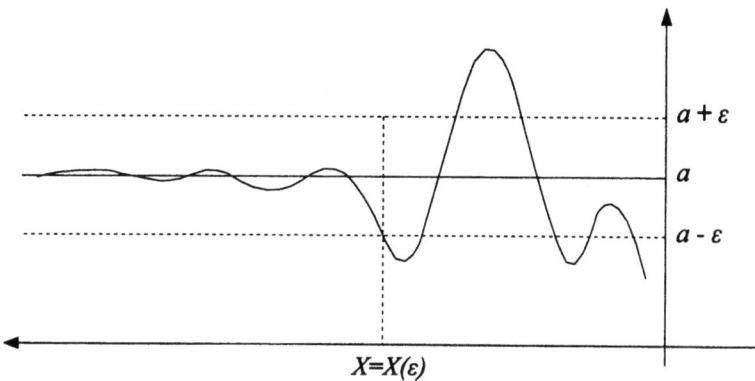

Ist $x < X$, so verläuft die Kurve $y = f(x)$ zwischen den Geraden $y = a + \varepsilon$ und $y = a - \varepsilon$.

Beispiel 14.2. (a) $\dfrac{\sin x}{x}$ ist gerade $\Rightarrow \lim\limits_{x \to -\infty} \dfrac{\sin x}{x} = \lim\limits_{x \to +\infty} \dfrac{\sin x}{x} = 0$

(b) $f(x) = \dfrac{1}{1 + \dfrac{1}{\sqrt{1-x}}}, \ x < 1$

$$\Rightarrow |f(x) - 1| = \left| \frac{-1}{\sqrt{1-x} + 1} \right| = \frac{1}{\sqrt{1-x} + 1} \leq \frac{1}{\sqrt{1-x}}$$

$$\frac{1}{\sqrt{1-x}} < \varepsilon \ \Leftrightarrow \ \sqrt{1-x} > \frac{1}{\varepsilon} \ \Leftrightarrow \ 1 - x > \frac{1}{\varepsilon^2}$$

$$\Leftrightarrow \ x < X := 1 - \frac{1}{\varepsilon^2} \ (\varepsilon > 0 \text{ beliebig})$$

$$\Rightarrow \lim_{x \to -\infty} f(x) = 1.$$

14 Grenzwerte von Funktionen

Theorem 14.2 (Rechenregeln für Grenzwerte II). *Es gilt die zu Theorem 14.1 analoge Aussage, die man erhält, wenn man $+\infty$ durch $-\infty$ ersetzt.*

14.2 Grenzwerte im „Endlichen"

Wir beginnen wieder mit einem Beispiel, und zwar untersuchen wir das Verhalten der Funktion
$$x \mapsto \frac{\sin x}{x}, \quad x \neq 0$$
in der Nähe von $x_0 = 0$.

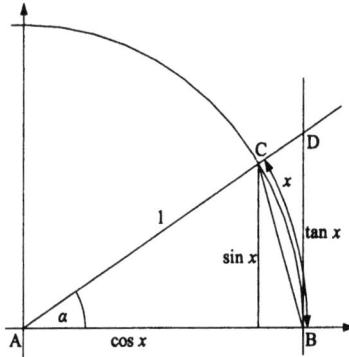

Zunächst leiten wir die Ungleichungen

$$(*) \quad \sin x < x < \tan x$$

für $0 < x < \dfrac{\pi}{2}$ her. Wir beziehen uns auf die nebenstehende Abbildung, und F stehe für Flächeninhalt. Dann gilt:

$$F(\triangle ABC) < F(\text{Sektor } ABC) < F(\triangle ABD)$$
$$F(\triangle ABC) = \frac{1 \cdot \sin x}{2}, \quad F(\triangle ABD) = \frac{1 \cdot \tan x}{2}$$
$$F(\text{Sektor } ABC) = \frac{\alpha}{360°}\pi 1^2 = \frac{x}{2}, \quad \text{da } \alpha = \frac{x}{\pi}180°$$
$$\Rightarrow \frac{\sin x}{2} < \frac{x}{2} < \frac{\tan x}{2} \quad \Rightarrow \quad (*).$$

Es sei jetzt $0 < x < \dfrac{\pi}{2}$. Aus $(*)$ folgt

$$1 < \frac{x}{\sin x} < \frac{1}{\cos x} \quad \Rightarrow \quad \cos x < \frac{\sin x}{x} < 1$$
$$\Rightarrow \left|\frac{\sin x}{x} - 1\right| = 1 - \frac{\sin x}{x} < 1 - \cos x$$
$$1 - \cos x \stackrel{\text{Theorem 13.1}}{=} 2\left(\sin \frac{x}{2}\right)^2 \stackrel{(*)}{<} 2\left(\frac{x}{2}\right)^2 = \frac{x^2}{2}$$
$$\Rightarrow \left|\frac{\sin x}{x} - 1\right| < \frac{x^2}{2}.$$

Da die Funktionen $x \mapsto x^2$ und $x \mapsto \dfrac{\sin x}{x}$ gerade sind, gilt die letzte Ungleichung sogar für $0 < |x| < \dfrac{\pi}{2}$. Es sei nun $\varepsilon > 0$ gegeben. Wegen

$$\frac{x^2}{2} < \varepsilon \quad \Leftrightarrow \quad |x| < \sqrt{2\varepsilon}$$

erhält man mit $\delta := \min\left\{\frac{\pi}{2}, \sqrt{2\varepsilon}\right\}$ die Ungleichung

$$\left|\frac{\sin x}{x} - 1\right| < \varepsilon \quad \text{für alle } x \text{ mit } 0 < |x - 0| < \delta$$

Der Graph der Funktion $\frac{\sin x}{x}$ nähert sich für $x \to 0$ also immer mehr dem Punkt $P(0,1)$.

Definition 14.3 (Grenzwert). *Es seien f eine auf D definierte Funktion und $x_0 \in \mathbf{R}$, so dass in jeder Umgebung von x_0 mindestens ein von x_0 verschiedenes Element x von D liegt. Eine Zahl a heißt Grenzwert von f in x_0 (f konvergiert gegen a für $x \to x_0$), wenn es zu jedem (noch so kleinen) $\varepsilon > 0$ ein $\delta = \delta(\varepsilon) > 0$ gibt, so dass*

$$|f(x) - a| < \varepsilon \quad \text{für alle } x \in D \quad \text{mit } x \neq x_0 \text{ und } |x - x_0| < \delta.$$

Schreibweisen: $\lim\limits_{x \to x_0} f(x) = a \quad oder \quad f(x) \to a, \ x \to x_0$

Man beachte, dass f an der Stelle x_0 selbst gar nicht definiert zu sein braucht. Geometrische Deutung:

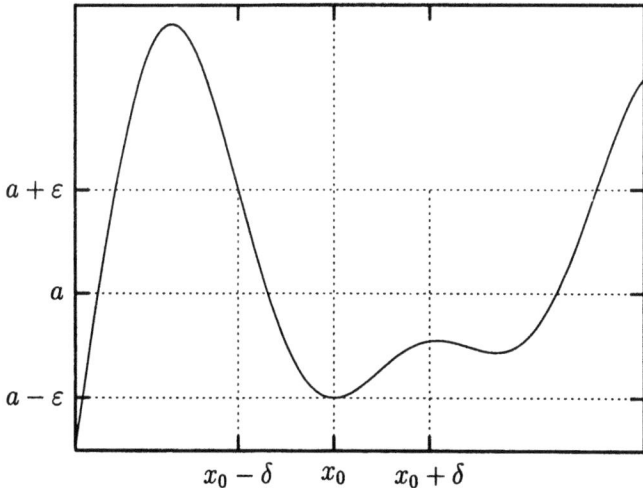

Für $0 < |x - x_0| < \delta$ liegen die Punkte $P(x, f(x))$ zwischen den Geraden $y = a + \varepsilon$ und $y = a - \varepsilon$.

Beispiel 14.3. (a) $\lim\limits_{x \to 0} \frac{\sin x}{x} = 1$

Im obigen Beweis hierfür ist auch enthalten: $\lim\limits_{x \to 0} \cos x = 1 (= \cos 0)$

(b) $f(x) = \begin{cases} 1 \text{ für } x \geq 1 \\ 0 \text{ für } x < 1 \end{cases}$

Annahme:
Es existiert $a = \lim_{x \to 1} f(x)$. Zu $\varepsilon = \frac{1}{2}$ gibt es dann ein $\delta > 0$, so dass

$$|f(x) - a| < \frac{1}{2} \quad \text{für} \quad 0 < |x - 1| < \delta.$$

$$x_1 := 1 - \frac{\delta}{2} \quad \Rightarrow \quad |f(x_1) - a| = |0 - a| = |a| < \frac{1}{2}$$

$$x_2 := 1 + \frac{\delta}{2} \quad \Rightarrow \quad |f(x_2) - a| = |1 - a| < \frac{1}{2}$$

$$\Rightarrow 1 = |1 - a + a| \leq |1 - a| + |a| < \frac{1}{2} + \frac{1}{2} = 1, \text{ Widerspruch!}$$

(c) $\lim_{x \to 0} \frac{1}{x}$ existiert nicht. Warum?

Ebenso wie die Theoreme 6.2 und 7.2 beweist man:

Theorem 14.3 (Eindeutigkeit des Grenzwertes). $\lim_{x \to x_0} f(x)$ *und auch* $\lim_{x \to +\infty} f(x)$, $\lim_{x \to -\infty} f(x)$, *sind, falls vorhanden, eindeutig bestimmt.*

Theorem 14.4 (Rechenregeln für Grenzwerte III). *Existieren* $\lim_{x \to x_0} f(x)$ *und* $\lim_{x \to x_0} g(x)$, *dann folgt*

$$\lim_{x \to x_0} (f(x) \pm g(x)) = \lim_{x \to x_0} f(x) \pm \lim_{x \to x_0} g(x)$$

$$\lim_{x \to x_0} f(x)g(x) = \lim_{x \to x_0} f(x) \lim_{x \to x_0} g(x)$$

$$\lim_{x \to x_0} \frac{f(x)}{g(x)} = \frac{\lim_{x \to x_0} f(x)}{\lim_{x \to x_0} g(x)}, \quad \text{falls noch } \lim_{x \to x_0} g(x) \neq 0.$$

Beispiel 14.4.

(a) $\lim_{x \to 0} \frac{\tan x}{x} = \lim_{x \to 0} \frac{\sin x}{x} \frac{1}{\cos x} = \lim_{x \to 0} \frac{\sin x}{x} \frac{1}{\lim_{x \to 0} \cos x} = 1 \cdot 1 = 1$

(b) $f(x) = x$

Wählt man in Definition 14.3 $\delta = \varepsilon$, so erhält man

$$\lim_{x \to x_0} x = \lim_{x \to x_0} f(x) = x_0$$

$$\Rightarrow \lim_{x \to x_0} x^n = \lim_{x \to x_0} f(x)f(x) \ldots f(x) = (\lim_{x \to x_0} f(x))^n = x_0^n$$

$$\Rightarrow \lim_{x \to x_0} p(x) = p(x_0) \quad \text{für jedes Polynom } p$$

$$\Rightarrow \lim_{x \to x_0} r(x) = r(x_0) \quad \text{für jede rationale Funktion } r = \frac{p}{q} \text{ mit } q(x_0) \neq 0.$$

Die Konvergenz einer Funktion lässt sich durch Konvergenz von Folgen charakterisieren.

Theorem 14.5 (Konvergenzkriterium). *f, D und x_0 seien wie in Definition 14.3. Es ist $\lim\limits_{x \to x_0} f(x) = a$ genau dann, wenn für jede Folge (x_n), $n = 1, 2, \ldots$ mit $x_n \in D$, $x_n \neq x_0$ und $x_n \to x_0$ gilt $f(x_n) \to a$.*

Auf den Beweis gehen wir nicht ein und behandeln statt dessen ausführlich eine weitere wichtige Klasse von elementaren Funktionen, nämlich die Exponentialfunktionen.

14.3 Exponentialfunktionen

Es sei $a > 0$ fest. In Kapitel 13 wurde die Potenz a^r für rationales r definiert:

$$a^r = \sqrt[n]{a^m}, \quad \text{wenn } r = \frac{m}{n} \ (m, n \text{ ganz}, n > 0).$$

Unser Ziel ist es, die Potenz a^x für beliebiges $x \in \mathbf{R}$ zu erklären. Vorweg halten wir einige Regeln fest.

Theorem 14.6 (Potenzregeln I). *Für $a, b > 0$ und rationale r, s gelten:*

$$a^{r+s} = a^r \cdot a^s, \quad a^{rs} = (a^r)^s, \quad (ab)^r = a^r b^r$$

$$r < s \quad \Rightarrow \quad \begin{cases} a^r < a^s, & \text{falls } a > 1 \\ a^r > a^s, & \text{falls } a < 1. \end{cases}$$

Beweis (durch Zurückführen auf entsprechende Regeln für ganzzahlige Exponenten). Wir führen dies nur für die letzte Regel im Fall $a > 1$ vor:

$$r = \frac{m}{n}, \quad s = \frac{k}{l}, \quad r < s$$

$\Rightarrow ml < nk \overset{a > 1}{\Rightarrow} a^{ml} < a^{nk} \overset{\text{Theorem 13.3}}{\Rightarrow} a^r = (a^{ml})^{\frac{1}{nl}} < (a^{nk})^{\frac{1}{nl}} = a^s.$

Nun beweisen wir das grundlegende

Theorem 14.7 (Wohldefiniertheit der Exponentialfunktionen). *Sind (r_n), (s_n) konvergente Folgen rationaler Zahlen mit $\lim\limits_{n \to \infty} r_n = \lim\limits_{n \to \infty} s_n$, dann existieren $\lim\limits_{n \to \infty} a^{r_n}$, $\lim\limits_{n \to \infty} a^{s_n}$ und sind gleich.*

Beweis. Für $a = 1$ ist die Aussage trivial, und wegen $a^{r_n} = \left(\dfrac{1}{a}\right)^{-r_n}$ dürfen wir $a > 1$ voraussetzen.

(a) Behauptung: Zu jedem $\varepsilon > 0$ gibt es ein $n_0 = n_0(\varepsilon) \in \mathbb{N}$, so dass für alle rationalen Zahlen r mit $|r| < \dfrac{1}{n_0}$ gilt $|a^r - 1| < \varepsilon$.

Wir dürfen annehmen, dass $0 < \varepsilon < 1$. Nach Eigenschaft (O5) in Kapitel 2 gibt es natürliche Zahlen n_1, n_2 mit $n_1 \varepsilon > a$, $n_2 \dfrac{\varepsilon}{1-\varepsilon} > a$. Für $n_0 := max\{n_1, n_2\}$ gilt dann:

$$n_0 \varepsilon > a \quad \text{und} \quad n_0 \frac{\varepsilon}{1-\varepsilon} > a$$

$\overset{\text{Theorem 2.3}}{\Rightarrow}$ $(1+\varepsilon)^{n_0} \geq 1 + n_0 \varepsilon > 1 + a > a$ und

$$\frac{1}{(1-\varepsilon)^{n_0}} = \left(1 + \frac{\varepsilon}{1-\varepsilon}\right)^{n_0} \geq 1 + n_0 \frac{\varepsilon}{1-\varepsilon} > a$$

$\overset{\text{Theorem 13.3}}{\Rightarrow}$ $1 + \varepsilon > a^{\frac{1}{n_0}}$ und $\dfrac{1}{1-\varepsilon} > a^{\frac{1}{n_0}}$

$\Rightarrow a^{\frac{1}{n_0}} - 1 < \varepsilon$ und $1 - a^{-\frac{1}{n_0}} < \varepsilon$.

Für jede rationale Zahl r mit $|r| < \dfrac{1}{n_0}$ ist nach Theorem 14.6

$$a^{-\frac{1}{n_0}} < a^r < a^{\frac{1}{n_0}}$$

und mit dem Vorangehenden folgt dann $|a^r - 1| < \varepsilon$.

(b) Behauptung: $\lim\limits_{n \to \infty} a^{r_n}$ existiert.

Wir benutzen das Vollständigkeitsaxiom (V) und zeigen, dass (a^{r_n}) eine Cauchyfolge ist.

Es sei $\varepsilon > 0$. Nach Theorem 6.3 gibt es ein $k \in \mathbb{N}$ mit $r_n \leq k$ für alle n, und nach (a) gibt es ein $n_0 \in \mathbb{N}$ mit

$$|a^r - 1| < \frac{\varepsilon}{a^k} \quad \text{für alle } r \in \mathbb{Q} \quad \text{mit } |r| < \frac{1}{n_0}.$$

Da (r_n) eine Cauchyfolge ist, existiert ein N mit $|r_n - r_m| < \dfrac{1}{n_0}$ für $n, m > N$.

$$\Rightarrow |a^{r_n} - a^{r_m}| = a^{r_m} |a^{r_n - r_m} - 1| < a^k \frac{\varepsilon}{a^k} = \varepsilon \quad \text{für alle } n, m > N.$$

(c) Behauptung: $\lim\limits_{n \to \infty} a^{r_n} = \lim\limits_{n \to \infty} a^{s_n}$

Wegen $\lim a^{s_n} = \dfrac{\lim a^{r_n}}{\lim a^{r_n - s_n}}$ genügt es zu zeigen, dass $\lim a^{r_n - s_n} = 1$.

Sei dazu $\varepsilon > 0$. Nach (a) gibt es ein $n_0 \in \mathbb{N}$ mit

$$|a^r - 1| < \varepsilon \quad \text{für alle } r \in \mathbb{Q} \quad \text{mit } |r| < \frac{1}{n_0}.$$

Da $(r_n - s_n)$ eine Nullfolge ist, existiert ein N mit $|r_n - s_n| < \dfrac{1}{n_0}$ für $n > N$.

$$\Rightarrow \quad |a^{r_n - s_n}| < \varepsilon \quad \text{für alle } n > N.$$

Es sei jetzt x eine beliebige Zahl. Wegen (O5) in Kapitel 2 gibt es in jeder Umgebung von x rationale Zahlen:

$$\begin{array}{c} x-\varepsilon x x+\varepsilon \\ \text{———|——————|—(+—•—+)—|———} \quad n \in \mathbb{N} \text{ mit } n > \dfrac{1}{2\varepsilon} \\ 0 \frac{1}{n} \frac{m}{n} \frac{m+1}{n} \end{array}$$

Damit lässt sich leicht eine Folge (r_n) rationaler Zahlen mit $r_n \to x$, $n \to \infty$ konstruieren.

Definition 14.4 (Exponentialfunktion). *Es sei $a > 0$ und $x \in \mathbb{R}$. Man setzt*

$$a^x := \lim_{n \to \infty} a^{r_n},$$

wobei (r_n) irgendeine gegen x konvergente Folge rationaler Zahlen ist.

Nach dem Vorangehenden ist diese Definition sinnvoll. Es gilt also

$$a^x = \lim_{r_n \to x} a^{r_n} = \lim_{\frac{m}{n} \to x} \sqrt[n]{a^m}.$$

Ohne Beweis notieren wir

Theorem 14.8 (Potenzregeln II). *Die Regeln in Theorem 14.6 gelten auch, wenn r, s reelle Zahlen sind.*

Für ein beliebiges $a > 0$ heißt die Funktion

$$f : x \mapsto a^x, \quad x \in \mathbb{R}$$

die *Exponentialfunktion mit der Basis a*. Sie hat folgende Eigenschaften:

- $f(x+y) = f(x)f(y)$ für alle $x, y \in \mathbb{R}$
- $f(0) = 1$
- $f(x) > 0$ für alle x
- f ist streng monoton wachsend, wenn $a > 1$
- $f(x) = 1$, wenn $a = 1$
- f ist streng monoton fallend, wenn $a < 1$.

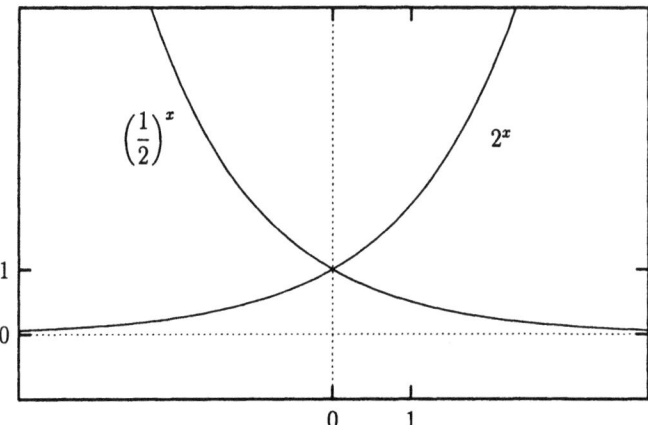

Theorem 14.9 (Grenzwert der Exponentialfunktionen an der Stelle 0). *Für jedes $a > 0$ gilt $\lim\limits_{x \to 0} a^x = 1$.*

Beweis. Wir dürfen wieder $a > 1$ voraussetzen. Der Teil (a) des Beweises von Theorem 14.7 ist wegen Theorem 14.8 auch gültig, wenn r eine reelle Zahl ist. Wählt man in Definition 14.3 nun $\delta(\varepsilon) = \dfrac{1}{n_0(\varepsilon)}$, so erhält man $\lim\limits_{r \to 0} a^r = 1$.

14.4 Übungen

Übung 14.1. Man zeige mit Definition 14.3, dass gilt:

(a) $\lim\limits_{x \to 1} \dfrac{2x^4 - 6x^3 + x^2 + 3}{x - 1} = -8$

(b) $\lim\limits_{x \to 0} \dfrac{1}{x}$ existiert nicht.

Lösung 14.1. (a) Es sei $\varepsilon > 0$. Gesucht ist ein $\delta > 0$ mit

$$\left| \frac{2x^4 - 6x^3 + x^2 + 3}{x - 1} - (-8) \right| < \varepsilon \quad \text{für } 0 < |x - 1| < \delta.$$

Polynomdivision und anschließendes Umformen ergibt für $x \neq 1$:

$$\frac{2x^4 - 6x^3 + x^2 + 3}{x - 1} + 8 = (2x^3 - 4x^2 - 3x - 3) + 8$$
$$= 2x^3 - 4x^2 - 3x + 5 = 2(x-1)^3 + 2x^2 - 9x + 7$$
$$= 2(x-1)^3 + 2(x-1)^2 - 5x + 5 = 2(x-1)^3 + 2(x-1)^2 - 5(x-1)$$

Setzt man zunächst $\delta \leq 1$ fest, so folgt für $0 < |x - 1| < \delta$:

$$\left|\frac{2x^4 - 6x^3 + x^2 + 3}{x-1} + 8\right| \leq 2|x-1|^3 + 2|x-1|^2 + 5|x-1| < 2\delta + 2\delta + 5\delta = 9\delta$$

Da $9\delta \leq \varepsilon$ für $\delta \leq \frac{\varepsilon}{9}$, setzt man endgültig $\delta = \min\left\{1, \frac{\varepsilon}{9}\right\}$.

(b) Angenommen, es existiert $a = \lim_{x \to 0} \frac{1}{x}$. Dann gibt es nach Definition 14.3 ein $\delta > 0$, so dass

$$\left|\frac{1}{x} - a\right| < 1, \quad \text{d.h. } a - 1 < \frac{1}{x} < a + 1, \quad \text{für } 0 < |x| < \delta.$$

Insbesondere ist die Menge $\left\{\frac{1}{x} : 0 < |x| < \delta\right\}$ beschränkt. Das kann aber nicht sein, da sie die Elemente $\pm n$ für alle $\frac{1}{\delta}$ enthält; Widerspruch!

Übung 14.2. Berechne mit Hilfe der Regeln für Grenzwerte:

(a) $\lim\limits_{x \to 0} \frac{\sin x}{\sqrt{x}}$

(b) $\lim\limits_{x \to -1} \frac{(x+2)(3x-1)}{x^2 + 3x - 2}$

(c) $\lim\limits_{x \to 4} \frac{x-4}{x^2 + x - 20}$

(d) $\lim\limits_{x \to +\infty} \frac{2x^4 - 5x^2 + 1}{6x^4 + x^3 - x}$

Lösung 14.2. (a) $\lim\limits_{x \to 0} \frac{\sin x}{\sqrt{x}} = \lim\limits_{x \to 0} \frac{\sin x}{x} \sqrt{x} = \lim\limits_{x \to 0} \frac{\sin x}{x} \lim\limits_{x \to 0} \sqrt{x} = 1 \cdot 0 = 0$,

wobei der zweite Grenzwert leicht mit Definition 14.3 bestätigt werden kann.

(b) $\lim\limits_{x \to -1} \frac{(x+2)(3x-1)}{x^2 + 3x - 2} = \frac{\lim\limits_{x \to -1}(x+2) \lim\limits_{x \to -1}(3x-1)}{\lim\limits_{x \to -1}(x^2 + 3x - 2)} = \frac{1(-4)}{-4} = 1$

(c) $\lim\limits_{x \to 4} \frac{x-4}{x^2 + x - 20} = \lim\limits_{x \to 4} \frac{x-4}{(x+5)(x-4)} = \lim\limits_{x \to 4} \frac{1}{x+5} = \frac{1}{9}$

(d) $\lim\limits_{x \to \infty} \frac{1}{x} = 0$ bestätigt man leicht anhand von Definition 14.1. Damit gilt:

$$\lim_{x \to \infty} \frac{2x^4 - 5x^2 + 1}{6x^4 + x^3 - x} = \lim_{x \to \infty} \frac{2 - \frac{5}{x^2} + \frac{1}{x^4}}{6 + \frac{1}{x} - \frac{1}{x^3}} = \frac{2 - 5 \cdot 0 + 0}{6 + 0 - 0} = \frac{1}{3}$$

Übung 14.3. Man bestimme den Grenzwert der durch die Rekursionsformel

$$a_0 = 1; \quad a_n = \sqrt{3a_{n-1}}, \quad n = 1, 2, 3, \ldots$$

definierten Folge (a_n).

Lösung 14.3.

$$a_0 = 1, \quad a_1 = \sqrt{3} = 3^{\frac{1}{2}}$$

$$a_2 = (3a_1)^{\frac{1}{2}} = \left(3 \cdot 3^{\frac{1}{2}}\right)^{\frac{1}{2}} = \left(3^{1+\frac{1}{2}}\right)^{\frac{1}{2}} = 3^{\frac{1}{2}+\frac{1}{4}}$$

$$a_3 = (3a_2)^{\frac{1}{2}} = \left(3 \cdot 3^{\frac{1}{2}+\frac{1}{4}}\right)^{\frac{1}{2}} = \left(3^{1+\frac{1}{2}+\frac{1}{4}}\right)^{\frac{1}{2}} = 3^{\frac{1}{2}+\frac{1}{4}+\frac{1}{8}}, \ldots$$

Allgemein gilt: $a_n = 3^{\frac{1}{2}+\frac{1}{4}+\cdots+\frac{1}{2^n}}$ (vollständige Induktion).
Mit Theorem 5.1 hat man

$$\frac{1}{2} + \frac{1}{4} + \cdots + \frac{1}{2^n} = \sum_{k=0}^{n}\left(\frac{1}{2}\right)^k - 1 = \frac{1-\left(\frac{1}{2}\right)^{n+1}}{1-\frac{1}{2}} - 1 = 1 - \frac{1}{2^n}.$$

Wegen $1 - \frac{1}{2^n} \to 1$, $n \to \infty$, erhält man mit Theorem 14.7

$$\lim_{n\to\infty} a_n = \lim_{n\to\infty} 3^{1-\frac{1}{2^n}} = 3^1 = 3.$$

Übung 14.4. Zeigen Sie mit den Definitionen 14.1, 14.2, 14.3:

(a) $\lim_{x\to 1}(x^3 + 3x^2 - 2x + 3) = 5$

(b) $\lim_{x\to +\infty}\frac{x}{x+1} = 1$

(c) $\lim_{x\to 0} x\sin\frac{1}{x} = 0$

(d) $\lim_{x\to -5}\frac{1}{x+5}$ existiert nicht.

Übung 14.5. Berechnen Sie:

(a) $\lim_{x\to 3}\frac{x^3-8}{x^2-4}$

(b) $\lim_{x\to +\infty}\frac{5x^2+2x+1}{5x^2-3x+4}$

(c) $\lim_{x\to +\infty}\frac{x^2+x-1}{2x^3-1}$

(d) $\lim_{x\to -1}\left(\frac{x^2-2}{(5x+2)(2x-3)} - \frac{2-3x}{x^2-3x+5}\right)$

(e) $\lim_{x\to -\infty}\left(\frac{2x}{x-3} - \frac{x}{x+1}\right)$

(f) $\lim_{x\to 1}\frac{1}{x-1}\left(\frac{1}{x+2} - \frac{2}{3x+3}\right)$

(g) $\lim_{x\to 0}\frac{1-\cos x}{x}$

(h) $\lim_{x\to 0}\frac{1-\cos x}{x^2}$

Hinweis zu (g) und (h): $\lim_{x\to 0}\frac{\sin x}{x} = 1$

Übung 14.6. Vereinfachen Sie die folgenden Ausdrücke:

(a) $\sqrt[5]{\sqrt[2]{32}}$

(b) $\sqrt[3]{a^5}\sqrt[4]{a^5}$

(c) $\dfrac{\sqrt[3]{a^2}}{(\sqrt{a})^3}$

(d) $\sqrt[5]{a^{2x}} \cdot \sqrt[6]{a^{5x}}$

15

Stetige Funktionen

Unter einer stetigen Funktion versteht man, anschaulich gesprochen, eine Funktion f, bei der, wenn x in der Nähe eines Punktes x_0 liegt, auch $f(x)$ in der Nähe von $f(x_0)$ liegt. Der Funktionsverlauf weist also keine Sprungstellen auf.

Definition 15.1 (Stetigkeit).

(a) Es seien f eine Funktion mit Definitionsbereich D und $x_0 \in D$, so dass jede Umgebung von x_0 mindestens einen von x_0 verschiedenen Punkt von D enthält. f heißt stetig an der Stelle (im Punkt) x_0, wenn

$$i) \lim_{x \to x_0} f(x) \text{ existiert}$$

$$und \quad ii) \lim_{x \to x_0} f(x) = f(x_0).$$

(b) Ist eine Funktion f stetig in jedem Punkt einer Teilmenge I ihres Definitionsbereiches, so heißt f stetig auf I. Für „stetig auf $\mathbb{R}$" sagt man auch „überall stetig".

Beispiel 15.1. (a) Mit Beispiel 14.4 (b) hat man:

Polynome sind überall stetig

Rationale Funktionen sind auf ihrem Definitionsbereich stetig

(b) $x \mapsto a^x$, $x \in \mathbb{R}$ $(a > 0)$. Sei $x_0 \in \mathbb{R}$.

$$\lim_{x \to x_0} a^x = \lim_{x \to x_0}(a^{x_0} + a^x - a^{x_0}) = a^{x_0} + \lim_{x \to x_0}(a^x - a^{x_0})$$

$$= a^{x_0} + \lim_{x \to x_0} a^{x_0}(a^{x-x_0} - 1) = a^{x_0} + a^{x_0}(\lim_{h \to 0} a^h - 1)$$

$$\stackrel{\text{Theorem 14.9}}{=} a^{x_0} + a^{x_0}(1 - 1) = a^{x_0}$$

$\Rightarrow$ *Exponentialfunktionen sind überall stetig*

(c) sin und cos

Sei $x_0 \in \mathbb{R}$. Mit Theorem 13.1 lässt sich verifizieren

$$\sin x - \sin x_0 = 2\cos\frac{x+x_0}{2}\sin\frac{x-x_0}{2}$$
$$\cos x - \cos x_0 = -2\sin\frac{x+x_0}{2}\sin\frac{x-x_0}{2},$$

so dass wegen $|\sin x| \leq |x|$ (vgl. Kapitel 14) folgt

$$\left.\begin{array}{r}|\sin x - \sin x_0|\\|\cos x - \cos x_0|\end{array}\right\} \leq 2\left|\sin\frac{x-x_0}{2}\right| \leq 2\left|\frac{x-x_0}{2}\right| = |x-x_0|.$$

Daher gilt $\lim_{x\to x_0}\sin x = \sin x_0$, $\lim_{x\to x_0}\cos x = \cos x_0$ und man erhält (vgl. Theorem 15.1):

Die trigonometrischen Funktionen sind auf ihrem Definitionsbereich stetig.

Theorem 15.1 (Stetigkeitsregeln I). *Sind die Funktionen f, g stetig an der Stelle x_0, dann auch die Funktionen $f \pm g$, $f \cdot g$ und $\dfrac{f}{g}$ (falls $g(x_0) \neq 0$).*

Beweis (mit Hilfe von Theorem 14.4 (Vertauschbarkeit der Limes-Bildung mit den arithmetischen Operationen)). Etwa für $f + g$:

f, g stetig in $x_0 \Rightarrow \lim_{x\to x_0} f(x) = f(x_0), \quad \lim_{x\to x_0} g(x) = g(x_0)$
$\Rightarrow \lim_{x\to x_0}(f+g)(x) = \lim_{x\to x_0}(f(x)+g(x))$
$= \lim_{x\to x_0} f(x) + \lim_{x\to x_0} g(x) = f(x_0) + g(x_0) = (f+g)(x_0)$
$\Rightarrow f+g$ stetig in x_0.

Unstetigkeitsstelle einer Funktion f mit dem Definitionsbereich D ist jeder Punkt x_0 von D, in dessen sämtlichen Umgebungen von x_0 verschiedene Punkte von D liegen und in dem f nicht stetig ist.

Beispiel 15.2.

(a) $f(x) = \begin{cases} \dfrac{1}{x}, & x \neq 0 \\ 0, & x = 0 \end{cases}$

$\lim_{x\to 0} f(x) = \lim_{x\to 0}\dfrac{1}{x}$ existiert nicht
$\Rightarrow f$ unstetig in $x_0 = 0$

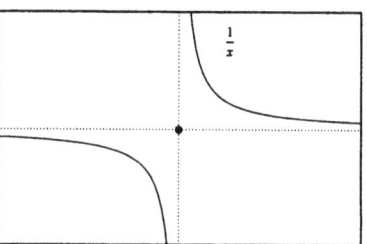

(b)
$$g(x) \begin{cases} 1, & x \neq 5 \\ 0, & x = 5 \end{cases}$$
$$\lim_{x \to 5} g(x) = 1 \neq g(5)$$
$\Rightarrow \quad g$ unstetig in $x_0 = 5$

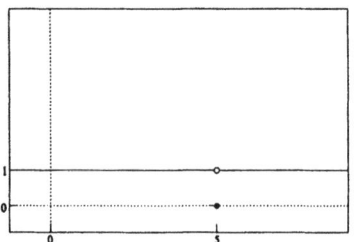

Auch die Stetigkeit lässt sich durch Folgenkonvergenz charakterisieren. Aus Theorem 14.5 folgt nämlich

Theorem 15.2 (Stetigkeitskriterium). *f, D und x_0 seien wie in Definition 15.1 (a). f ist genau dann stetig in x_0, wenn für jede Folge $(x_n), n = 1, 2, \ldots$ mit $x_n \in D$ und $x_n \to x_0$ gilt $f(x_n) \to f(x_0)$.*

15.1 Übungen

Übung 15.1. Die Funktion $f(x) = \dfrac{x-4}{x^2+x-20}$ ist definiert für alle $x \neq 4, -5$. Man zeige, dass sich ein Wert $f(4)$ so definieren lässt, dass f an der Stelle 4 stetig wird. Warum ist entsprechendes an der Stelle -5 nicht möglich?

Lösung 15.1. Nach (c) in Übung 14.2 gilt $\lim_{x \to 4} f(x) = \lim_{x \to 4} \dfrac{1}{x+5} = \dfrac{1}{9}$. Setzt man also $f(4) = \dfrac{1}{9}$, so ist gemäß Definition 15.1 f stetig an der Stelle 4. Da $\lim_{x \to -5} \dfrac{1}{x+5}$ nicht existiert (vgl. (d) in Übung 14.4), kann f an der Stelle -5 nicht stetig ergänzt werden.

Übung 15.2. An welchen Stellen sind die folgenden Funktionen stetig?

(a) $f(x) = \begin{cases} \dfrac{x - |x|}{x}, & x \neq 0 \\ 0, & x = 0 \end{cases}$
(b) $g(x) = \begin{cases} \dfrac{x^3 - 8}{x^2 - 4}, & x \neq \pm 2 \\ 3, & x = 2 \end{cases}$

Lösung 15.2. (a) Für $x > 0$ ist $f(x) = \dfrac{x-x}{x} = 0$, für $x < 0$ ist $f(x) = \dfrac{x+x}{x} = 2$. Damit ist f an allen Stellen $x_0 \neq 0$ stetig, denn es gibt stets eine Umgebung von x_0, auf der f konstant ist.

Dagegen ist $x_0 = 0$ eine Unstetigkeitsstelle, denn jede Umgebung von 0 enthält Punkte $x < 0$, für die

$$|f(x) - f(0)| = |2 - 0| = 2 > 1 =: \varepsilon$$

(b) Die rationale Funktion $x \mapsto \dfrac{x^3 - 8}{x^2 - 4}$ ist nach Beispiel 15.1 (a) stetig für alle $x \neq \pm 2$, also auch g. An der Stelle 2 hat man

$$\lim_{x \to 2} g(x) = \lim_{x \to 2} \frac{(x^2 + 2x + 4)(x - 2)}{(x + 2)(x - 2)} = 3 = g(2),$$

also ist g dort stetig. Die Stelle -2 liegt nicht im Definitionsbereich von g, braucht also nicht untersucht zu werden.

Übung 15.3. Untersuchen Sie, ob sich die angegebenen Funktionen so fortsetzen lassen, dass sie überall stetig werden!

(a) $f(x) = \dfrac{\sin x}{x}$, $x \neq 0$

(b) $g(x) = \dfrac{x^2 + x - 2}{(x - 1)^2}$, $x \neq 1$

Übung 15.4. Bestimmen Sie sämtliche Unstetigkeitsstellen der auf ganz **R** definierten Funktionen

(a) $f(x) = x - |x|$

(b) $g(x) = x - [x]$ (vgl. Übung 12.1 (d))

16

Stetige Funktionen auf Intervallen

16.1 Existenz von Maximum und Minimum

Wir untersuchen, unter welchen Bedingungen eine auf einem endlichen Intervall I definierte Funktion f dort einen größten Wert (*Maximum*) und einen kleinsten Wert (*Minimum*) annimmt. Vorweg einige Beispiele.

Beispiel 16.1.

(a) $f(x) = x^2$, $I = [-1, 1]$

Maximum 1 an den Stellen ± 1

Minimum 0 an der Stelle 0

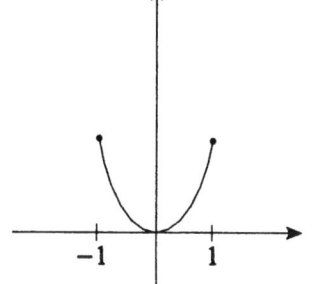

(b) $f(x) = \left\{ \begin{array}{l} \dfrac{1}{x}, \ x \neq 0 \\ 0, \ x = 0 \end{array} \right\}$, $I = [-1, 1]$

kein Maximum

kein Minimum

Beachte: f ist unstetig an der Stelle 0

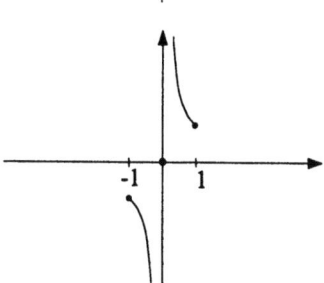

$f(x) = x$, $I = (-1, 1)$

(c) kein Maximum

kein Minimum

Beachte: I ist nicht abgeschlossen

Theorem 16.1 (Existenz von Extremwerten). *Ist f eine auf dem abgeschlossenen Intervall $I = [a, b]$ definierte und dort stetige Funktion, dann gibt es (mindestens) ein $x_0 \in I$ und (mindestens) ein $X_0 \in I$, so dass*

$$f(x_0) \leq f(x) \leq f(X_0) \quad \textit{für alle } x \in I.$$

Bezeichnungen:

$$f(x_0) = \min_I f, \quad x_0 \textit{ heißt Minimalstelle von } f \textit{ (auf } I\textit{)}$$
$$f(X_0) = \max_I f, \quad X_0 \textit{ heißt Maximalstelle von } f \textit{ (auf } I\textit{)}$$

Beweis. (a) Behauptung: $f(I) := \{f(x) : x \in I\}$ ist nach oben beschränkt.
Angenommen, dies ist nicht der Fall. Dann gibt es zu jedem $n \in \mathbb{N}$ ein $x_n \in I$ mit $f(x_n) > n$. Wegen $a \leq x_n \leq b$ ist die Folge (x_n) beschränkt, hat also nach Theorem 10.3 einen Häufungspunkt c. c liegt notwendig in I, denn wäre etwa $c > b$, so gäbe es in der Umgebung $(c - \varepsilon, c + \varepsilon)$ von c mit $\varepsilon := c - b$ unendlich viele Glieder von (x_n), die dann aber $> b$ sein müssten!

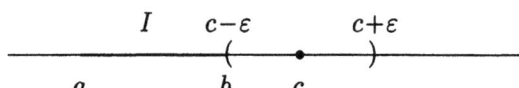

Nach Theorem 10.4 gibt es eine Teilfolge x_{n_k} von x_n mit $x_{n_k} \to c$, $k \to \infty$. Da f stetig ist, können wir mit Theorem 15.2 folgern $f(x_{n_k}) \to f(c)$, $k \to \infty$. Damit ist die Folge $(f(x_{n_k}))$ beschränkt, im Widerspruch zu $f(x_{n_k}) > n_k$, $k = 1, 2, \ldots$.

(b) Behauptung: Es gibt ein $X_0 \in I$ mit $f(X_0) = S := \sup f(I)$.
S existiert wegen (a) und Theorem 3.2, und es gilt insbesondere $f(x) \leq S$ für alle $x \in I$. Zu jedem $n \in \mathbb{N}$ gibt es ein $x_n \in I$ mit $f(x_n) > S - \dfrac{1}{n}$.
Wäre das nämlich für ein n_0 nicht der Fall, so hätte man in $S - \dfrac{1}{n_0}$ eine kleinere obere Schranke für $f(I)$ als S! Für die auf diese Weise gewählte Folge (x_n) gilt $f(x_n) \to S$, $n \to \infty$. Wie in (a) schließt man nun, dass (x_n) einen Häufungspunkt $X_0 \in I$ hat und eine Teilfolge (x_{n_k}) von (x_n) existiert mit $x_{n_k} \to X_0$, $k \to \infty$. Daraus folgt

$$f(X_0) = \lim_{k \to \infty} f(x_{n_k}) = \lim_{n \to \infty} f(x_n) = S.$$

(c) Analog zu (a) und (b) zeigt man, dass $f(I)$ nach unten beschränkt ist und ein $x_0 \in I$ mit $f(x_0) = s := \inf f(I)$ existiert. Insgesamt haben damit x_0 und X_0 die gewünschten Eigenschaften.

16.2 Der Zwischenwertsatz

Theorem 16.2 (Zwischenwertsatz). *Es sei f eine auf $I = [a, b]$ definierte und dort stetige Funktion. Ist dann d eine Zahl mit $\min\limits_I f \leq d \leq \max\limits_I f$, so gibt es (mindestens) ein $c \in I$ mit $f(c) = d$.*

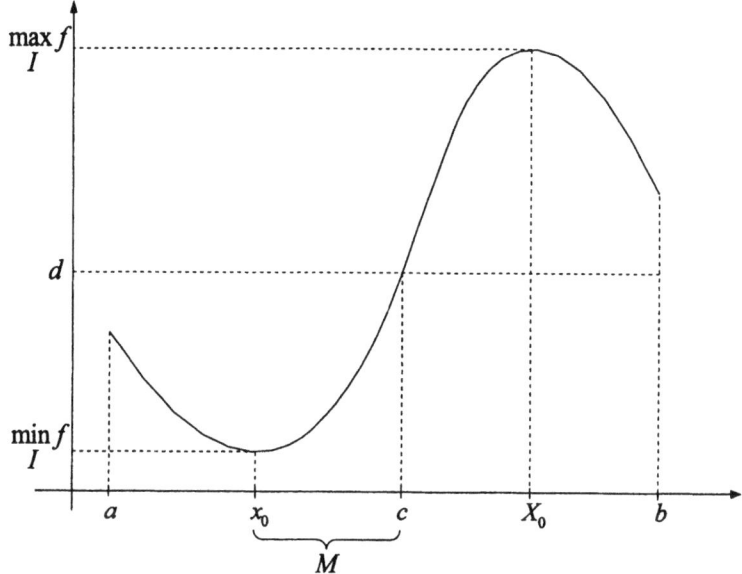

Beweis. Es seien $x_0, X_0 \in I$ mit $f(x_0) = \min\limits_I f$, $f(X_0) = \max\limits_I f$

$$\Rightarrow \quad f(x_0) \leq d \leq f(X_0)$$

Wir dürfen $x_0 \leq X_0$ voraussetzen. (Der Beweis für $X_0 \leq x_0$ verläuft analog.) Wir betrachten die Menge

$$M := \{x : x_0 \leq x \leq X_0,\ f(x) \leq d\}.$$

M ist beschränkt und nicht leer, daher existiert $c := \sup M$. Da $x_0 \in M$ und X_0 obere Schranke von M ist, gilt $x_0 \leq c \leq X_0$. Es gibt eine Folge (x_n) mit $x_n \in M$, $n = 1, 2, \ldots$ und $x_n \to c$ (vgl. Teil (b) des Beweises von Theorem 16.1)

114   16 Stetige Funktionen auf Intervallen

$$\left.\begin{array}{r}x_n \in M \Rightarrow f(x_n) \leq d \stackrel{\text{Theorem 6.5}}{\Rightarrow} \stackrel{f \text{ stetig}}{\Rightarrow} \lim f(x_n) = f(c) \\ \lim f(x_n) \leq d\end{array}\right\} \Rightarrow f(c) \leq d$$

Also ist $c \in M$. Annahme: $f(c) \neq d$

$$\stackrel{d \leq f(X_0)}{\Rightarrow} f(c) < d \quad \text{und} \quad c < X_0$$

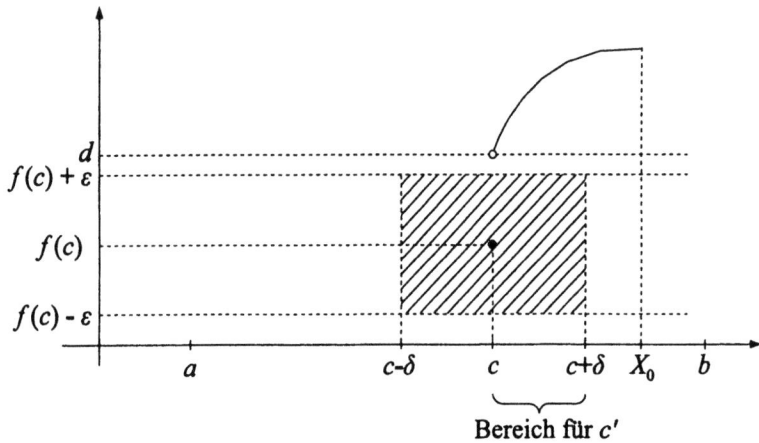

Bereich für c'

$\stackrel{f \text{ stetig in } c}{\Rightarrow}$ es gibt ein $c' : c < c' < X_0$ und $f(c') < d$

$\Rightarrow \quad c' \in M$ und $c' > c = \sup M$, Widerspruch.

Damit gilt $f(c) = d$.

Folgerung 1. *Es sei f eine auf $I = [a,b]$ stetige Funktion. Liegt eine Zahl d zwischen $f(a)$ und $f(b)$, so existiert (mindestens) ein $c \in I$ mit $f(c) = d$.*

Beweis. Im Fall $f(a) \leq f(b)$ hat man nach Voraussetzung

$$\min_I f \leq f(a) \leq d \leq f(b) \leq \max_I f,$$

also $\min_I f \leq d \leq \max_I f$. Das erhält man auch im Fall $f(a) \geq f(b)$, und mit Theorem 16.2 folgt die Behauptung.

Folgerung 2. *Ist f eine auf $[a,b]$ stetige Funktion und haben $f(a)$ und $f(b)$ unterschiedliche Vorzeichen, so gibt es (mindestens) ein $c \in [a,b]$ mit $f(c) = 0$.*

Beweis. Wende Theorem 16.2 mit $d = 0$ an!

Folgerung 3 (Fixpunktsatz). *Es sei f eine auf $[a, b]$ stetige Funktion mit der Eigenschaft $a \leq f(x) \leq b$ für alle $a \leq x \leq b$. Dann hat die Gleichung $f(x) = x$ mindestens eine Lösung c in $[a, b]$.*

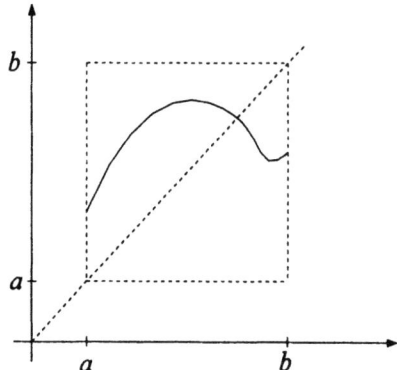

Beweis. Wir betrachten die Funktion $F(x) = f(x) - x$. F ist stetig auf $[a, b]$ und $F(a) = f(a) - a \geq 0$, $F(b) = f(b) - b \leq 0$. Nach Folgerung 2 gibt es daher ein $c \in [a, b]$ mit $F(c) = 0$, d.h. $f(c) = c$.

16.3 Approximation durch Polynome

Stetige Funktionen auf abgeschlossenen Intervallen lassen sich beliebig genau durch Polynome approximieren. Dies ist der Inhalt des folgenden Theorems, das wir ohne Beweis mitteilen.

Theorem 16.3 (Polynomapproximation). *Es sei f eine auf $I = [a, b]$ stetige Funktion. Dann gibt es zu jedem $\varepsilon > 0$ ein Polynom $p = p_\varepsilon$ mit*

$$|p(x) - f(x)| < \varepsilon \quad \text{für alle } x \in I.$$

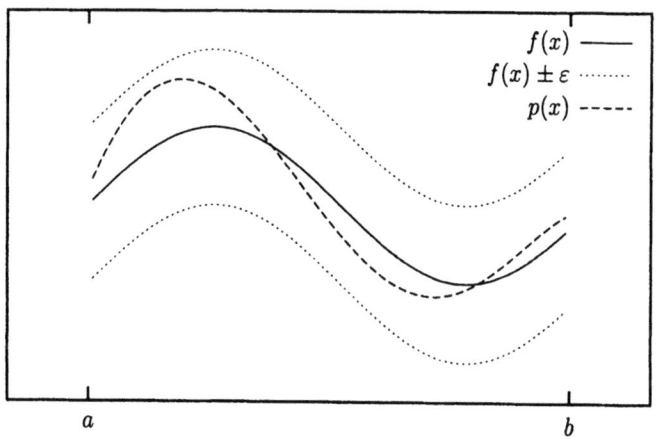

16.4 Übungen

Übung 16.1. Man vervollständige den Beweis von Theorem 13.2, d.h. man zeige:
Für jede natürliche Zahl n ist der Wertebereich der Funktion $y \mapsto y^n$, $y \geq 0$, gleich $[0, \infty)$.

Lösung 16.1. W bezeichne den Wertebereich der Funktion $y \mapsto y^n$, $y \geq 0$. Da für $y \geq 0$ auch $y^n \geq 0$, gilt zunächst $W \subset [0, \infty)$. Wir zeigen nun, dass umgekehrt $[0, \infty) \subset W$. Dazu sei $x \in [0, \infty)$. Für $z := \max\{1, x\}$ gilt:

$$z \geq 1 \quad \text{und} \quad z^n \geq z \geq x \geq 0 = 0^n$$

Da die betrachtete Funktion auf $[0, z]$ stetig ist, gibt es nach Folgerung 1 aus Theorem 16.2 ein $y \in [0, z]$ mit $y^n = x$. Also ist $x \in W$.

Übung 16.2. Man betrachte das Polynom $p(x) = x^3 - 2x^2 + 2x - 2$.

(a) Beweise, dass es eine reelle Zahl x_0 mit $1 < x_0 < 2$ und $p(x_0) = 0$ gibt.
(b) Wie kann man den Wert von x_0 in (a) genauer bestimmen?

Lösung 16.2. (a) $p(1) = -1$ und $p(2) = 2$ haben unterschiedliche Vorzeichen. Da p insbesondere auf $[1, 2]$ stetig ist, gibt es nach Folgerung 2 aus Theorem 16.2 ein $x_0 \in (1, 2)$ mit $p(x_0) = 0$.
(b) Wegen $p(1.5) = -0.125 < 0$ gilt $1.5 < x_0 < 2$ (wieder nach Folgerung 2). Da $p(1.5)$ näher bei 0 liegt als $p(2)$, befindet sich x_0 mit einiger Wahrscheinlichkeit näher bei 1.5 als bei 2. (Diese Hypothese ist in der Praxis oft von Nutzen.) Tatsächlich ist $p(1.6) = 0.176 > 0$ und daher $1.5 < x_0 < 1.6$. Setzt man dieses Verfahren fort, so erhält man etwa:

$-$	$+$
1	
	2
1.5	
	1.6
	1.55
1.54	
	1.545
1.543	
1.5436	
	1.5437
1.54368	
	1.54369,

also bis zur 5. Nachkommastelle $x_0 = 1.54368\ldots$

Übung 16.3. Es bezeichne $n \in \mathbb{Z}$ eine ganze Zahl und I_n das Intervall $\left[n\pi, \left(n + \frac{1}{2}\right)\pi\right)$. Zeigen Sie, dass gilt $\tan(I_n) = [0, \infty)$.

Hinweis: Reduktion auf $n = 0$, Stetigkeit von $\cos$ an der Stelle $\frac{\pi}{2}$

Übung 16.4. (a) Beweisen Sie, dass die Gleichung $\tan x = x$ in jedem der Intervalle I_n aus Übung 16.3 mit $n \geq 1$ eine Lösung besitzt. Veranschaulichen Sie sich den Sachverhalt mit Hilfe des Graphen von tan!

(b) Berechnen Sie die ersten 5 Nachkommastellen der Dezimalbruchentwicklung der kleinsten positiven Lösung von $\tan x = x$.

17

Zusammengesetzte Funktionen

Definition 17.1 (Zusammensetzung von Funktionen). *Es seien f, g zwei Funktionen, so dass mindestens ein Element des Wertebereiches von f im Definitionsbereich von g liegt: $W_f \cap D_g \neq \emptyset$. Dann heißt die durch*

$$(g \circ f)(x) := g(f(x)), \quad D_{g \circ f} = \{x : x \in D_f, f(x) \in D_g\}$$

erklärte Funktion $g \circ f$ Zusammensetzung von g mit f.

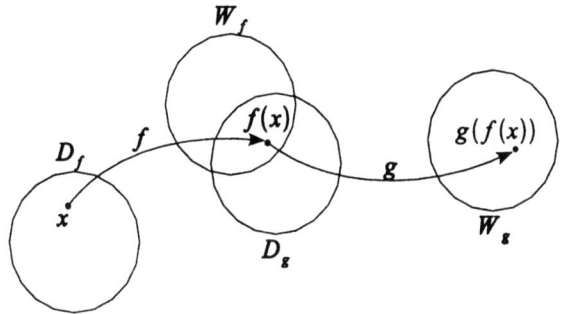

Beispiel 17.1. (a)

$$f(x) = \sqrt{x}, \quad D_f = [0, \infty)$$
$$g(x) = \sin x, \quad D_g = \mathbb{R}$$

$$\Rightarrow \begin{cases} (g \circ f)(x) = g(f(x)) = \sin\sqrt{x}, & D_{g \circ f} = [0, \infty) \\ (f \circ g)(x) = f(g(x)) = \sqrt{\sin x}, & D_{f \circ g} = \{x : \sin x \geq 0\} \\ = \ldots \cup [-2\pi, -\pi] \cup [0, \pi] \cup [2\pi, 3\pi] \cup \ldots \end{cases}$$

Aus den Graphen ersieht man sofort, dass die Funktionen $\sin\sqrt{x}$ und $\sqrt{\sin x}$ verschieden sind. Überdies ist $\sqrt{\sin x}$ periodisch (mit der Periode 2π), $\sin\sqrt{x}$ jedoch nicht. I.a. *genügt also die Zusammensetzung von Funktionen nicht dem Kommutativgesetz.*

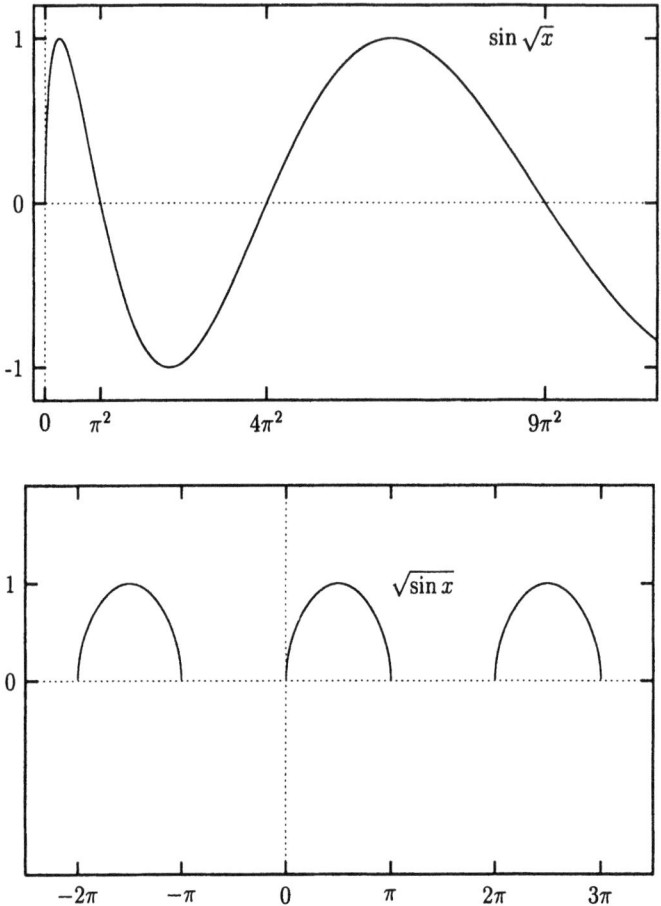

(b)

$$f(x) = x^2, \quad D_f = \mathbb{R}$$
$$g(x) = 2^x, \quad D_g = \mathbb{R}$$
$$\Rightarrow \begin{cases} (g \circ f)(x) = g(x^2) = 2^{(x^2)}, & D_{g \circ f} = \mathbb{R} \\ (f \circ g)(x) = f(2^x) = (2^x)^2 = 2^{2x} = (2^2)^x = 4^x, & D_{f \circ g} = \mathbb{R} \end{cases}$$

Da etwa $(g \circ f)(1) = 2 \neq 4 = (f \circ g)(1)$, gilt auch hier $g \circ f \neq f \circ g$.

Theorem 17.1 (Stetigkeitsregeln II). *Es seien f, g Funktionen mit $W_f \subset D_g$ und $x_0 \in D_f$. Ist f in x_0 stetig und g in $f(x_0)$ stetig, dann ist $g \circ f$ in x_0 stetig; also:*

$$\lim_{x \to x_0} g(f(x)) = \lim_{x \to x_0} (g \circ f)(x) = (g \circ f)(x_0) = g(f(x_0)) = g(\lim_{x \to x_0} f(x))$$

Beweis (mit Hilfe von Theorem 15.2). Es sei (x_n), $n = 1, 2, \ldots$ eine Folge mit $x_n \in D_f$ und $x_n \to x_0$

$$\overset{f \text{ stetig in } x_0}{\Rightarrow} \quad f(x_n) \to f(x_0)$$
$$\overset{g \text{ stetig in } f(x_0)}{\Rightarrow} \quad g(f(x_n)) \to g(f(x_0)), \quad \text{d.h. } (g \circ f)(x_n) \to (g \circ f)(x_0)$$
$$\Rightarrow \quad g \circ f \text{ ist stetig in } x_0.$$

17.1 Übungen

Übung 17.1. Man beweise, dass die Zusammensetzung von Funktionen dem Assoziativgesetz genügt: Sind f, g, h Funktionen mit $W_f \subset D_g$ und $W_g \subset D_h$, so gilt $(h \circ (g \circ f))(x) = ((h \circ g) \circ f)(x)$ für alle $x \in D_f$.

Lösung 17.1. Nach Definition 17.1 gilt für jedes $x \in D_f$:

$$(h \circ (g \circ f))(x) = h((g \circ f)(x)) = h(g(f(x))) = (h \circ g)(f(x)) = ((h \circ g) \circ f)(x).$$

Übung 17.2. An welchen Stellen ist die Funktion

$$\phi(x) = 2^{\cos\left(\pi \frac{10^x + x^2 - 1}{x}\right)}, \quad x \neq 0$$

stetig? Man berechne $\lim_{x \to 1} \phi(x)$.

Lösung 17.2. $f(x) := \pi \dfrac{10^x + x^2 - 1}{x}$ ist nach Theorem 15.1 stetig an jeder Stelle $x \neq 0$. $g(x) := \cos x$ und $h(x) := 2^x$ sind überall stetig. Nach Theorem 17.1 ist dann $\phi = h \circ g \circ f$ stetig auf $\mathbb{R} \setminus \{0\}$.
Insbesondere folgt $\lim_{x \to 1} \phi(x) = \phi(1) = 2$.

Übung 17.3. Bestimmen Sie den maximalen Definitionsbereich D der Funktion

$$x \mapsto 10^{\frac{1}{\cos^2 2\pi x - 3\cos 2\pi x + 2}}.$$

An welchen Stellen $x \in D$ ist die Funktion stetig?

18

Umkehrfunktionen

Die Funktion f mit dem Definitionsbereich D_f und dem Wertebereich W_f sei eineindeutig. Für jedes $y \in W_f$ hat dann die Gleichung

$$f(x) = y \quad (x \in D_f)$$

genau eine Lösung, die mit $f^{-1}(y)$ bezeichnet wird. Nach Definition von W_f gibt es nämlich mindestens eine Lösung, und wegen der Eineindeutigkeit von f gibt es auch höchstens eine Lösung:

$$x_1, x_2 \in D_f \quad \text{mit } f(x_1) = y, \, f(x_2) = y$$
$$\Rightarrow \quad f(x_1) = f(x_2) \quad \Rightarrow \quad x_1 = x_2.$$

Beispiel 18.1. $D_f = \{-1, 3, 20\}; \quad f(-1) = 11, \, f(3) = -\dfrac{3}{4}, \, f(20) = \sqrt{2}$

$\Rightarrow$ f ist eineindeutig,

$W_f = \left\{-\dfrac{3}{4}, \sqrt{2}, 11\right\}$ und $f^{-1}\left(-\dfrac{3}{4}\right) = 3, \, f^{-1}(\sqrt{2}) = 20, \, f^{-1}(11) = -1$

Definition 18.1 (Umkehrfunktion). *Es sei f eine eineindeutige Funktion. Die durch*

$$y \mapsto f^{-1}(y), \quad y \in W_f$$

erklärte Funktion f^{-1} heißt Umkehrfunktion *von f.*

Vorsicht: f^{-1} ist nicht zu verwechseln mit der Funktion $\dfrac{1}{f} : x \mapsto \dfrac{1}{f(x)}$.

Theorem 18.1 (Eigenschaften der Umkehrfunktion). *Für die Umkehrfunktion einer eineindeutigen Funktion f gelten:*

$D_{f^{-1}} = W_f, \quad W_{f^{-1}} = D_f$
$f^{-1}(f(x)) = x \quad \textit{für alle } x \in D_f, \quad f(f^{-1}(y)) = y \quad \textit{für alle } y \in W_f.$

Beweis. Es sei $x_0 \in D_f$. $f^{-1}(f(x_0))$ ist definitionsgemäß die Lösung der Gleichung $f(x) = f(x_0)$ in D_f, also $= x_0$. Nun sei $y_0 \in W_f$. $f^{-1}(y_0)$ ist die Lösung der Gleichung $f(x) = y_0$ in D_f, also gilt $f(f^{-1}(y_0)) = y_0$.

Nach dem Zwischenwertsatz ist der Wertebereich einer auf einem Intervall definierten, stetigen Funktion wieder ein Intervall.
Hier gilt nun das folgende Theorem, auf dessen Beweis wir nicht eingehen.

Theorem 18.2 (Stetigkeitsregeln III). *Es sei f eine auf einem Intervall stetige, eineindeutige Funktion. Dann ist die Umkehrfunktion f^{-1} stetig auf ihrem Definitionsintervall.*

18.1 Berechnung der Umkehrfunktion f^{-1}

(a) Bestimmung von W_f
(b) Vorgabe eines beliebigen $y \in W_f$
(c) Lösen der Gleichung $f(x) = y$ $(x \in D_f)$. Ist $x = x(y) \in D_f$ die Lösung, so gilt $f^{-1}(y) = x$.

Manchmal ist es günstig, die Schritte (a) und (c) zusammenzufassen, indem man in (b) ein beliebiges $y \in \mathbb{R}$ vorgibt. Ist die Gleichung in (c) unlösbar, so gilt $y \notin W_f$. Anderenfalls ist $y \in W_f$ und gleichzeitig $f^{-1}(y)$ bestimmt.

Beispiel 18.2. (a) Nach einer Bemerkung in Kapitel 12 ist jede streng monotone Funktion eineindeutig, also existiert ihre Umkehrfunktion.

(b) $f(x) = x^2$, $D_f = \mathbb{R}$
 f ist nicht eineindeutig, hat also keine Umkehrfunktion. Anders liegen die Verhältnisse, wenn man den Definitionsbereich von f einschränkt und
$$g(x) = x^2, \quad D_g = [0, \infty)$$
betrachtet, vgl. Beispiel (d).

(c) $f(x) = \dfrac{1}{x}$, $D_f = \mathbb{R} \setminus \{0\}$
 f ist eineindeutig:
$$x_1, x_2 \neq 0,\ f(x_1) = f(x_2) \;\Rightarrow\; \frac{1}{x_1} = \frac{1}{x_2} \;\Rightarrow\; x_1 = x_2.$$

Berechnung von W_f und f^{-1}:

Sei $y \in \mathbb{R}$ beliebig. Betrachte die Gleichung $f(x) = \dfrac{1}{x} = y$ $(x \neq 0)$

Für $y = 0$ existiert keine Lösung $\;\Rightarrow\; 0 \notin W_f$

Für $y \neq 0$ ist $x = \dfrac{1}{y}$ Lösung $\;\Rightarrow\; y \in W_f$ und $f^{-1}(y) = \dfrac{1}{y}$

$\Rightarrow W_f = D_{f^{-1}} = \mathbb{R} \setminus \{0\}$ und $f^{-1}(y) = \dfrac{1}{y},\ y \neq 0$

In diesem Beispiel ist also $f^{-1} = f$. (Die Bezeichnung der Variablen einer Funktion – mit x oder mit y – ist unwesentlich!)

(d) $f(x) = x^n$, $D_f = [0, \infty)$ ($n \geq 1$ eine feste natürliche Zahl)
Theorem 13.2 besagt, dass f eineindeutig ist und $W_f = [0, \infty)$. Umkehrfunktion ist die algebraische Funktion

$$f^{-1}(y) = \sqrt[n]{y}, \quad y \geq 0.$$

18.2 Graph der Umkehrfunktion f^{-1}

Nach Theorem 18.1 gilt:

$$\begin{aligned}
\text{Graph von } f^{-1} &= \{P(y, f^{-1}(y)) : y \in D_{f^{-1}}\} \\
&\stackrel{D_{f^{-1}} = W_f}{=} \{P(f(x), f^{-1}(f(x))) : x \in D_f\} \\
&\stackrel{f^{-1}(f(x)) = x}{=} \{P(f(x), x) : x \in D_f\}
\end{aligned}$$

= Spiegelung von $\underbrace{\{P(x, f(x)) : x \in D_f\}}_{\text{Graph von } f}$ an der Geraden $y = x$

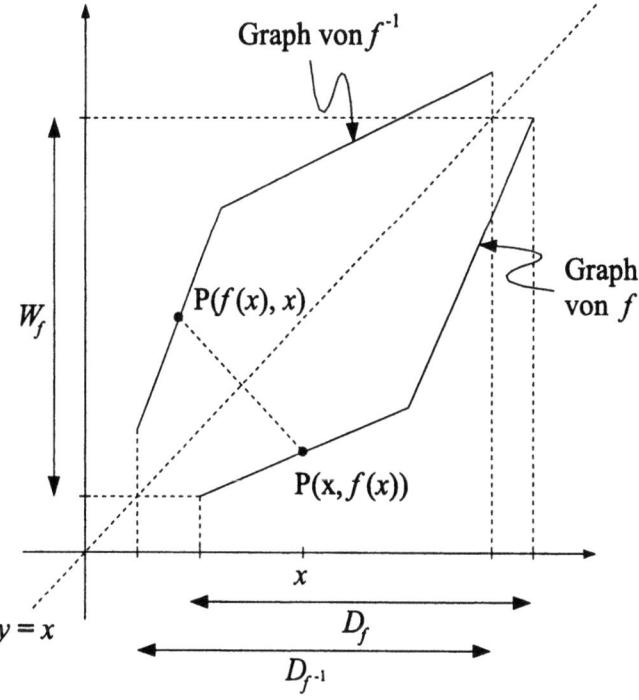

18.3 Arcusfunktionen

Umkehrfunktionen der trigonometrischen Funktionen

Die trigonometrischen Funktionen sin, cos, tan, cot sind alle auf ihrem vollen Definitionsbereich nicht eineindeutig. Um Umkehrfunktionen erhalten zu können, muss dieser jeweils passend eingeschränkt werden.

(a) *Arcussinus*
arcsin ist definiert als Umkehrfunktion von

$$x \mapsto \sin x, \quad x \in \left[-\frac{\pi}{2}, \frac{\pi}{2}\right].$$

Damit gilt $D_{\arcsin} = [-1, 1]$, und für $y \in [-1, 1]$ ist $\arcsin y$ die im Intervall $\left[-\frac{\pi}{2}, \frac{\pi}{2}\right]$ liegende Lösung von $\sin x = y$.

(b) *Arcuscosinus*
arccos ist definiert als Umkehrfunktion von

$$x \mapsto \cos x, \quad x \in [0, \pi].$$

Damit gilt $D_{\arccos} = [-1, 1]$, und für $y \in [-1, 1]$ ist $\arccos y$ die im Intervall $[0, \pi]$ liegende Lösung von $\cos x = y$.

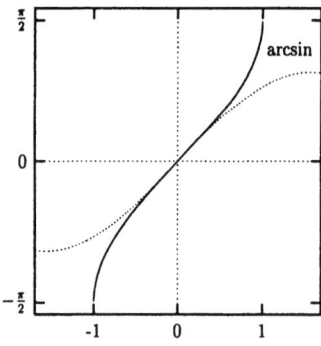
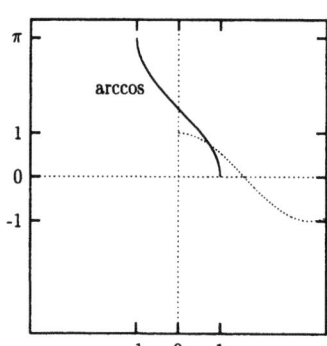

(c) *Arcustangens*
arctan ist definiert als Umkehrfunktion von

$$x \mapsto \tan x, \quad x \in \left(-\frac{\pi}{2}, \frac{\pi}{2}\right).$$

Damit gilt $D_{\arctan} = \mathbb{R}$, und für $y \in \mathbb{R}$ ist $\arctan y$ die im Intervall $\left(-\frac{\pi}{2}, \frac{\pi}{2}\right)$ liegende Lösung von $\tan x = y$.

(d) *Arcuscotangens*
arccot ist definiert als Umkehrfunktion von

$$x \mapsto \cot x, \quad x \in (0, \pi).$$

Damit gilt $D_{\text{arccot}} = \mathbb{R}$, und für $y \in \mathbb{R}$ ist $\operatorname{arccot} y$ die im Intervall $(0, \pi)$ liegende Lösung von $\cot x = y$.

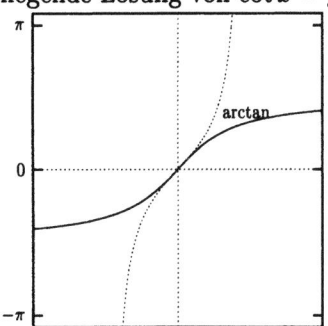 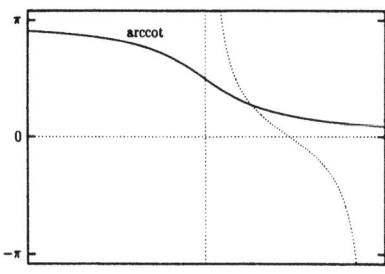

Nach Theorem 18.2 *sind die Arcusfunktionen stetig auf ihren Definitionsbereichen.*

18.4 Logarithmusfunktionen

Umkehrfunktionen der Exponentialfunktionen

Es sei $0 < a \neq 1$. Die Exponentialfunktion mit der Basis a

$$x \mapsto a^x, \quad x \in \mathbb{R}$$

ist streng monoton nach Theorem 14.8 und hat den Wertebereich $(0, \infty)$, wie man mit Hilfe des Zwischenwertsatzes zeigen kann. Die Umkehrfunktion existiert damit auf dem Intervall $(0, \infty)$ und heißt *Logarithmus zur Basis* a:

$$y \mapsto \log_a y, \quad y > 0.$$

$\log_a y$ ist also die Lösung der Gleichung $a^x = y$.

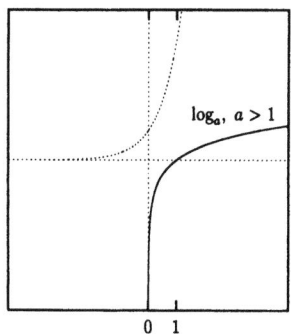 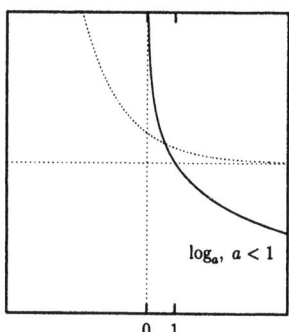

Theorem 18.3 (Rechenregeln für Logarithmen). *Die Logarithmusfunktionen haben die folgenden Eigenschaften:*

(a) $\log_a$ *ist streng monoton wachsend für* $a > 1$, *streng monoton fallend für* $0 < a < 1$.

(b) **Additionstheorem:** $\log_a(xy) = \log_a x + \log_a y$ *für* $x, y > 0$

(c) $\log_a x^c = c \log_a x$ *für* $c \in \mathbf{R}$ *und* $x > 0$

(d) $\log_b x = \dfrac{\log_a x}{\log_a b}$ *für* $0 < b \neq 1$ *und* $x > 0$.

Beweis. (a) Es sei $a > 1$ und $0 < x < y$.

Annahme: $\log_a x \geq \log_a y \overset{a \geq 1}{\Rightarrow} x = a^{\log_a x} \geq a^{\log_a y} = y$, Widerspruch.

Analog behandelt man den Fall $a < 1$.

In den Teilen (b) und (c) schreiben wir der Einfachheit halber log an Stelle von $\log_a$.

(b) $\left.\begin{array}{l} x = a^{\log x},\ y = a^{\log y} \Rightarrow xy = a^{\log x + \log y} \\ xy = a^{\log(xy)} \end{array}\right\} \Rightarrow \log(xy) = \log x + \log y$

(c) $\left.\begin{array}{l} x = a^{\log x} \Rightarrow x^c = (a^{\log x})^c = a^{c \log x} \\ x^c = a^{\log x^c} \end{array}\right\} \Rightarrow \log x^c = c \log x$

(d) $x = b^{\log_b x} \Rightarrow \log_a x = \log_a b^{\log_b x} \overset{(c)}{=} \log_b x \log_a b$

$\Rightarrow \log_b x = \dfrac{\log_a x}{\log_a b}$.

Nach Theorem 18.2 *sind die Logarithmusfunktionen stetig auf* $(0, \infty)$. Als Anwendung hiervon *erhält man die Stetigkeit der Potenzfunktionen*

$$x \mapsto x^c, \quad c > 0$$

für jeden reellen Exponenten c. Nach (c) des vorigen Beweises gilt nämlich $x^c = a^{c \log_a x}$; also ist die Potenzfunktion Zusammensetzung von $y \mapsto a^y$ mit $x \mapsto c \log_a x$, woraus mit Theorem 17.1 ihre Stetigkeit folgt.

18.5 Übungen

Übung 18.1. Gegeben sei die Funktion $f(x) = -x^2 + 10x - 16$, $x \in [5, \infty)$. Man zeige, dass f eineindeutig ist, berechne f^{-1} und zeichne die Graphen von f und f^{-1}.

Lösung 18.1. Für ein beliebiges $y \in \mathbf{R}$ gilt:

$$f(x) = y, \quad x \geq 5$$
$$\Leftrightarrow x^2 - 10x = -16 - y, \quad x \geq 5$$
$$\Leftrightarrow (x - 5)^2 = 9 - y, \quad x \geq 5$$
$$\Leftrightarrow 9 \geq y, \quad x = 5 + \sqrt{9 - y}$$

Also existiert für $y > 9$ keine Lösung, für $y \leq 9$ genau eine. Folglich ist f eineindeutig, $W_f = D_{f^{-1}} = (-\infty, 9]$ und $f^{-1}(y) = 5 + \sqrt{9-y}$.
Zur Zeichnung des Graphen von f beachte man: $-x^2 + 10x - 16 = -(x-5)^2 + 9$

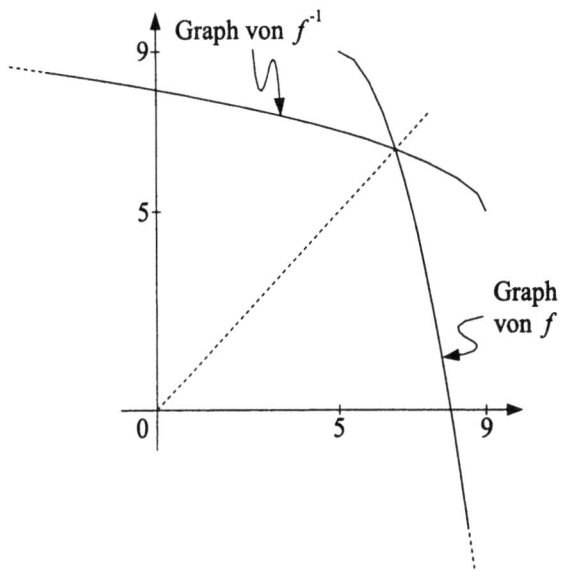

Übung 18.2. Es sei f eine streng monoton wachsende (fallende) Funktion. Man beweise, dass auch ihre Umkehrfunktion f^{-1} streng monoton wachsend (fallend) ist.

Lösung 18.2. f sei etwa streng monoton wachsend. Ferner seien $y_1, y_2 \in D_{f^{-1}}$ mit $y_1 < y_2$.

$$\text{Annahme:} \quad f^{-1}(y_2) \leq f^{-1}(y_1)$$
$$\Rightarrow y_2 = f(f^{-1}(y_2)) \leq f(f^{-1}(y_1)) = y_1, \quad \text{Widerspruch!}$$

Also gilt $f^{-1}(y_1) < f^{-1}(y_2)$, und f^{-1} ist streng monoton wachsend.

Übung 18.3. Man zeige, dass $\arcsin x + \arccos x = \dfrac{\pi}{2}$ für alle $x \in [-1, 1]$.

Lösung 18.3. Mit dem Additionstheorem für sin erhält man

$$\sin\left(\frac{\pi}{2} - \arccos x\right) = \cos(\arccos x) = x.$$

Wegen $\dfrac{\pi}{2} - \arccos x \in \left[-\dfrac{\pi}{2}, \dfrac{\pi}{2}\right]$ folgt hieraus $\arcsin x = \dfrac{\pi}{2} - \arccos x$.

Übung 18.4. Behandeln Sie die Funktion $f(x) = \sqrt{x+5} - 1$, $x \in [-5, \infty)$ unter derselben Aufgabenstellung wie in Übung 18.1.

Übung 18.5. Zeigen Sie, dass $\arctan x + \text{arccot}\, x = \dfrac{\pi}{2}$ für alle $x \in \mathbb{R}$.

Teil IV

Differentialrechnung

19

Die Ableitung

Es seien f eine Funktion mit dem Definitionsbereich D und $x_0 \in D$, so dass in jeder Umgebung von x_0 mindestens ein von x_0 verschiedenes Element von D liegt.

Definition 19.1 (Differenzenquotient). *Unter dem Differenzenquotienten von f in x_0 versteht man die auf $D\setminus\{x_0\}$ definierte Funktion*

$$\Delta(x) = \frac{f(x) - f(x_0)}{x - x_0}.$$

In der Differentialrechnung wird der Grenzwert $\lim_{x \to x_0} \Delta(x)$ untersucht:

Definition 19.2 (Differenzierbarkeit, Differentialquotient). *f heißt differenzierbar in x_0, wenn*

$$\lim_{x \to x_0} \frac{f(x) - f(x_0)}{x - x_0} = \lim_{h \to 0} \frac{f(x_0 + h) - f(x_0)}{h}$$

existiert. Dieser Grenzwert heißt Ableitung *oder* Differentialquotient *von f in x_0 und wird mit $f'(x_0)$ bezeichnet.*

Weitere übliche Schreibweisen:

$$\frac{\Delta f}{\Delta x} = \frac{f(x) - f(x_0)}{x - x_0} \quad \text{und} \quad \left.\frac{df}{dx}\right|_{x=x_0} = \lim_{\Delta x \to 0} \frac{\Delta f}{\Delta x} = f'(x_0)$$

Ist f in jedem Punkt einer Teilmenge I von D differenzierbar, dann heißt f *differenzierbar auf I*.

Geometrische Bedeutung von Differenzen- und Differentialquotient

Mit den Bezeichnungen der folgenden Abbildungen gilt:

$$\frac{\Delta f}{\Delta x} = \tan \alpha = \text{Steigung der Geraden } g$$

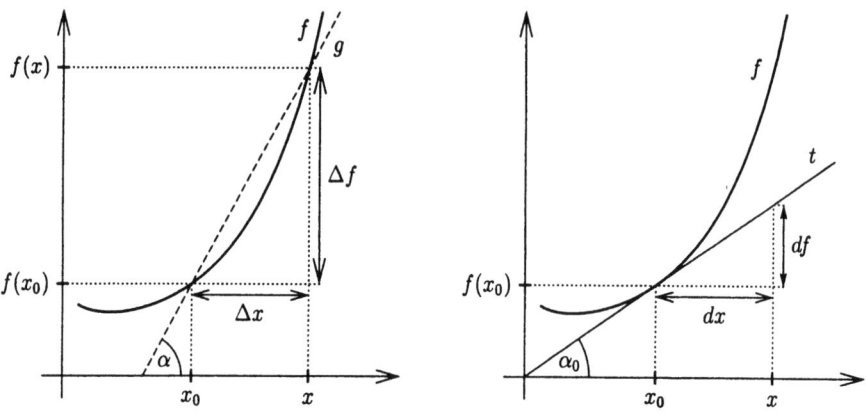

Bei Differenzierbarkeit in x_0 geht für $x \to x_0$ die Gerade g in eine Grenzlage über, nämlich in die Tangente t an die Kurve $y = f(x)$ im Punkt $P(x_0, f(x_0))$.

$$\Longrightarrow f'(x_0) = \lim_{x \to x_0} \tan \alpha = \tan\left(\lim_{x \to x_0} \alpha\right) = \tan \alpha_0 = \text{Steigung von } t$$

$$\Longrightarrow y = f(x_0) + f'(x_0)(x - x_0) \text{ ist die Gleichung für } t \,.$$

Falls x nahe bei x_0 liegt, gilt nach Definition von $f'(x_0)$ annähernd

$$\frac{f(x) - f(x_0)}{x - x_0} \approx f'(x_0)$$

$$\Longrightarrow f(x) \approx f(x_0) + f'(x_0)(x - x_0) \,.$$

Dadurch wird ausgedrückt, dass in der Nähe von x_0 die Funktion f durch eine lineare Funktion (die Kurve $y = f(x)$ durch die Tangente) approximiert wird. Man spricht von der *Linearisierung von f* an der Stelle x_0. Hierauf beruht der Begriff des Differentials:

$\Delta x = dx$ Differenz in x
Δf zugehörige Differenz von f
df zugehörige Differenz der linearen Approximation

$$\Longrightarrow df = f'(x_0)(x - x_0) = f'(x_0)\Delta x = f'(x_0)dx \,.$$

$df|_{x=x_0}$ heißt *Differential von f* in x_0. Bei dieser Bezeichnungsweise hat die linke Seite in

$$\frac{df}{dx} = f'(x_0)$$

die Bedeutung eines Bruches.

Physikalische Anwendung

Die Funktion $s = s(t)$ gebe den bis zum Zeitpunkt t zurückgelegten Weg eines physikalischen Objektes an. Dann stellen

$$\frac{\Delta s}{\Delta t} = \frac{s(t) - s(t_0)}{t - t_0} \qquad \text{die mittlere Geschwindigkeit}$$
(im Zeitintervall $[t_0, t]$ bzw. $[t, t_0]$)
$$\frac{ds}{dt} = \lim_{\Delta t \to 0} \frac{\Delta s}{\Delta t} \qquad \text{die Momentangeschwindigkeit}$$
(zum Zeitpunkt t_0)

des Objektes dar.

Beispiel 19.1. (a) $f(x) = c$, c konstant

$$\implies \frac{f(x) - f(x_0)}{x - x_0} = \frac{c - c}{x - x_0} = 0 \text{ für } x \neq x_0$$
$$\implies f'(x_0) = 0 \text{ für alle } x_0 \in \mathbb{R}$$

(b) $p(x) = x^n$, $n \geq 1$ eine feste natürliche Zahl

$$\implies \frac{p(x_0 + h) - p(x_0)}{h}$$

$$= \frac{(x_0 + h)^n - x_0^n}{h}$$

$$\underset{\text{Theorem 4.7}}{=} \frac{x_0^n + \binom{n}{1} x_0^{n-1} h + \binom{n}{2} x_0^{n-2} h^2 + \cdots + \binom{n}{n} h^n - x_0^n}{h}$$

$$= \binom{n}{1} x_0^{n-1} + \binom{n}{2} x_0^{n-2} h + \cdots + \binom{n}{n} h^{n-1}$$

$$\implies p'(x_0) = \lim_{h \to 0} \frac{p(x_0 + h) - p(x_0)}{h} = n x_0^{n-1} \text{ für alle } x_0 \in \mathbb{R}$$

(c) $g(x) = |x|$, $x_0 = 0$

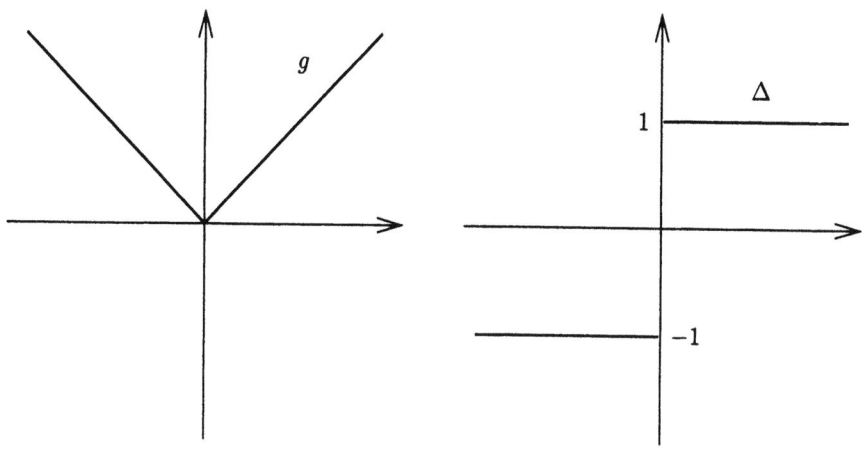

$$\Rightarrow \Delta(x) = \frac{g(x) - g(x_0)}{x - x_0} = \frac{|x|}{x} = \begin{cases} 1 & \text{für } x > 0 \\ -1 & \text{für } x < 0 \end{cases}$$

$$\Rightarrow \lim_{x \to 0} \Delta(x) \text{ existiert nicht .}$$

Die Funktion $x \mapsto |x|$ ist damit in $x_0 = 0$ nicht differenzierbar. Offensichtlich ist sie jedoch stetig in $x_0 = 0$ (sogar überall). Damit hat man:

Aus Stetigkeit folgt nicht notwendig Differenzierbarkeit.

Dagegen gilt die umgekehrte Richtung:

Theorem 19.1 (Differenzierbarkeit impliziert Stetigkeit). *Ist f in x_0 differenzierbar, dann ist f in x_0 stetig.*

Beweis. Nach Voraussetzung existiert $\lim_{x \to x_0} \Delta(x) = f'(x_0)$.

$$f(x) = f(x_0) + \Delta(x)(x - x_0) \text{ für } x \neq x_0$$

$$\Rightarrow \lim_{x \to x_0} f(x) = f(x_0) + \lim_{x \to x_0} \Delta(x) \lim_{x \to x_0} (x - x_0)$$

$$= f(x_0) + f'(x_0) \cdot 0 = f(x_0)$$

$\Rightarrow f$ ist stetig in x_0 .

19.1 Übungen

Übung 19.1. Gegeben sei die Funktion $f(x) = \dfrac{1+x}{1-x}$, $x \neq 1$. Man berechne den Differenzenquotient und den Differentialquotient von f in $x_0 = 2$.

Lösung 19.1. Differenzenquotient:

$$\Delta(x) = \frac{f(x) - f(2)}{x - 2} = \frac{\frac{1+x}{1-x} + 3}{x - 2} = \frac{1 + x + 3(1 - x)}{(1 - x)(x - 2)}$$

$$= \frac{-2(x - 2)}{(1 - x)(x - 2)} = \frac{-2}{1 - x} \text{ für } x \neq 1, 2$$

Differentialquotient: $f'(2) = \lim\limits_{x \to 2} \Delta(x) = \lim\limits_{x \to 2} \dfrac{-2}{1 - x} = 2.$

Übung 19.2. Man untersuche die Funktionen

(a) $f(x) = \begin{cases} x \sin \dfrac{1}{x} & \text{für } x \neq 0 \\ 0 & \text{für } x = 0 \end{cases}$

(b) $g(x) = \begin{cases} x^2 \sin \dfrac{1}{x} & \text{für } x \neq 0 \\ 0 & \text{für } x = 0 \end{cases}$

auf Differenzierbarkeit an der Stelle 0.

Lösung 19.2. (a) $\lim\limits_{h\to 0}\dfrac{f(0+h)-f(0)}{h}=\lim\limits_{h\to 0}\dfrac{h\sin\frac{1}{h}-0}{h}=\lim\limits_{h\to 0}\sin\frac{1}{h}.$

Dieser Grenzwert existiert nicht, denn mit $a_n := \dfrac{1}{(2n+\frac{1}{2})\pi}$, $b_n := \dfrac{1}{(2n-\frac{1}{2})\pi}$ ($n \in \mathbb{N}$) gilt $a_n \to 0$, $b_n \to 0$ für $n \to \infty$, aber $\sin\dfrac{1}{a_n}=1$, $\sin\dfrac{1}{b_n}=-1$ für alle n. Also ist f nicht differenzierbar in $x_0 = 0$.

(b) $\lim\limits_{h\to 0}\dfrac{g(0+h)-g(0)}{h}=\lim\limits_{h\to 0}h\sin\dfrac{1}{h}=0$, denn für beliebiges $\varepsilon > 0$ und $\delta := \varepsilon$ gilt

$$\left|h\sin\frac{1}{h}-0\right|=|h|\left|\sin\frac{1}{h}\right|\leq |h| < \varepsilon, \text{ wenn } 0 < |h| < \delta.$$

Also ist g differenzierbar in $x_0 = 0$ und $g'(0) = 0$.

Übung 19.3. (a) Es sei $f(x) = \sqrt{x}$, $x \geq 0$. Für $\Delta(x) = dx = -2$ berechne man die Differenz Δf und das Differential df von f in $x_0 = 25$.
(b) Mit Hilfe von (a) berechne man approximativ $\sqrt{23}$.

Lösung 19.3. (a) $\Delta f = f(x_0 + \Delta x) - f(x_0) = \sqrt{23} - \sqrt{25} = \sqrt{23} - 5$
Zur Berechnung von df ist zunächst $f'(x_0)$ zu bestimmen:

$$f'(25) = \lim\limits_{h\to 0}\frac{\sqrt{25+h}-5}{h} = \lim\limits_{h\to 0}\frac{(25+h)-25}{h(\sqrt{25+h}+5)}$$
$$= \lim\limits_{h\to 0}\frac{1}{\sqrt{25+h}+5} = \frac{1}{10}.$$

Damit ergibt sich: $df = f'(x_0)dx = -\dfrac{2}{10} = -\dfrac{1}{5}$.
(b) df ist eine Näherung für Δf: $\Delta f \approx df$

$$\Longrightarrow \sqrt{23}-5 \approx -\frac{1}{5} \quad \Longrightarrow \sqrt{23} \approx 5-\frac{1}{5}=4.8 \quad (\text{Kontrolle: } (4.8)^2 = 23.04)$$

Übung 19.4. Untersuchen Sie die Funktion

$$f(x) = \begin{cases} x \cdot 2^{-1/x^2} & \text{für } x \neq 0 \\ 0 & \text{für } x = 0 \end{cases}$$

auf Differenzierbarkeit an der Stelle 0.

Übung 19.5. Berechnen Sie den Differenzenquotient und den Differentialquotient von f in x_0 für

(a) $f(x) = \dfrac{2x - 3}{x + 3}$, $x \neq -3$; $x_0 = 0$

(b) $f(x) = \sqrt{5x - 1}$, $x \geq \dfrac{1}{5}$; $x_0 = 2$

Übung 19.6. (a) Es sei $f(x) = x^3$, $x \in \mathbf{R}$. Berechnen Sie für $\Delta x = dx = \dfrac{1}{2}$ die Differenz Δf und das Differential df von f in $x_0 = 2$.

(b) Bestimmen Sie die Gleichung der Tangente an die Kurve $y = x^3$ im Punkt $P(2, 8)$.

20

Erste Ableitungsregeln

Es seien f und g auf D definierte Funktionen und $x_0 \in D$, so dass die zu Beginn von Kapitel 19 vorausgesetzte Eigenschaft erfüllt ist. Wir benutzen im Folgenden die auf $D\setminus\{x_0\}$ definierten Differenzenquotienten

$$\Delta_1(x) = \frac{f(x) - f(x_0)}{x - x_0}$$

$$\Delta_2(x) = \frac{g(x) - g(x_0)}{x - x_0}$$

von f und g in x_0. Grundlage ist das Theorem 14.4.

Theorem 20.1 (Summenregel). *Sind f und g in x_0 differenzierbar, so ist auch $f + g$ in x_0 differenzierbar und es gilt $(f+g)'(x_0) = f'(x_0) + g'(x_0)$.*

Beweis. Setze $\Delta(x) = \dfrac{(f+g)(x) - (f+g)(x_0)}{x - x_0}$, $x \in D\setminus\{x_0\}$.

$$\Longrightarrow \Delta(x) = \frac{f(x) + g(x) - f(x_0) - g(x_0)}{x - x_0}$$

$$= \frac{(f(x) - f(x_0)) + (g(x) - g(x_0))}{x - x_0} = \Delta_1(x) + \Delta_2(x)$$

Nach Voraussetzung existieren $\lim_{x \to x_0} \Delta_1(x) = f'(x_0)$ und $\lim_{x \to x_0} \Delta_2(x) = g'(x_0)$.

$$\Longrightarrow (f+g)'(x_0) = \lim_{x \to x_0} \Delta(x) = \lim_{x \to x_0} \Delta_1(x) + \lim_{x \to x_0} \Delta_2(x) = f'(x_0) + g'(x_0)\,.$$

Beispiel 20.1. $h(x) = f(x) + c$, c konstant und f differenzierbar in x_0:
Setze $g(x) = c \Longrightarrow h'(x_0) = f'(x_0) + g'(x_0) = f'(x_0)$.

Mittels vollständiger Induktion erhält man aus Theorem 20.1 bei entsprechender Voraussetzung sofort:

$$(f_1 + f_2 + \cdots + f_n)'(x_0) = f_1'(x_0) + f_2'(x_0) + \cdots + f_n'(x_0)\,.$$

Theorem 20.2 (Produktregel). *Sind f und g in x_0 differenzierbar, so ist auch $f \cdot g$ in x_0 differenzierbar und es gilt $(f \cdot g)'(x_0) = f'(x_0)g(x_0) + f(x_0)g'(x_0)$.*

Beweis. Setze $\Delta(x) = \dfrac{(f \cdot g)(x) - (f \cdot g)(x_0)}{x - x_0}$, $x \in D \setminus \{x_0\}$.

$$\implies \Delta(x) = \frac{f(x) \cdot g(x) - f(x_0) \cdot g(x) + f(x_0) \cdot g(x) - f(x_0) \cdot g(x_0)}{x - x_0}$$
$$= \Delta_1(x)g(x) + f(x_0)\Delta_2(x)$$
$$\implies (f \cdot g)'(x_0) = \lim_{x \to x_0} \Delta(x) = \lim_{x \to x_0} \Delta_1(x) \lim_{x \to x_0} g(x) + f(x_0) \lim_{x \to x_0} \Delta_2(x)$$
$$= f'(x_0)g(x_0) + f(x_0)g'(x_0) \,,$$

denn f und g sind in x_0 differenzierbar und damit auch stetig.

Beispiel 20.2. $h(x) = cf(x)$, c konstant und f differenzierbar in x_0: Setze $g(x) = c \implies h(x) = f(x)g(x) \implies h'(x_0) = f'(x_0)g(x_0) + f(x_0)g'(x_0) = cf'(x_0)$.

Theorem 20.3 (Reziprokenregel). *Ist g in x_0 differenzierbar und $g(x_0) \neq 0$, so ist auch $\dfrac{1}{g}$ in x_0 differenzierbar und es gilt $\left(\dfrac{1}{g}\right)'(x_0) = -\dfrac{g'(x_0)}{(g(x_0))^2}$.*

Beweis. Setze $\Delta(x) = \dfrac{\left(\dfrac{1}{g}\right)(x) - \left(\dfrac{1}{g}\right)(x_0)}{x - x_0}$, $x \in D \setminus \{x_0\}$ und $g(x) \neq 0$.

$$\implies \Delta(x) = \frac{\dfrac{1}{g(x)} - \dfrac{1}{g(x_0)}}{x - x_0} = \frac{\dfrac{g(x_0) - g(x)}{g(x_0)g(x)}}{x - x_0} = -\frac{\Delta_2(x)}{g(x_0)g(x)}$$

$$\implies \left(\frac{1}{g}\right)'(x_0) = \lim_{x \to x_0} \Delta(x) = -\lim_{x \to x_0} \frac{\Delta_2(x)}{g(x_0)g(x)}$$
$$= -\frac{\lim_{x \to x_0} \Delta_2(x)}{g(x_0) \lim_{x \to x_0} g(x)} = -\frac{g'(x_0)}{(g(x_0))^2} \,.$$

Als Folgerung aus den Theoremen 20.2 und 20.3 ergibt sich

Theorem 20.4 (Quotientenregel). *Sind f und g in x_0 differenzierbar und ist $g(x_0) \neq 0$, so ist auch $\dfrac{f}{g}$ in x_0 differenzierbar und es gilt*

$$\left(\frac{f}{g}\right)'(x_0) = \frac{f'(x_0)g(x_0) - f(x_0)g'(x_0)}{(g(x_0))^2} \,.$$

Beispiel 20.3. $h(x) = \dfrac{1}{x^n} = x^{-n}$, $n \geq 1$ eine feste natürliche Zahl; $x_0 \neq 0$:

Setze $g(x) = x^n \implies h(x) = \dfrac{1}{g(x)} \implies h'(x_0) = -\dfrac{g'(x_0)}{(g(x_0))^2} = -\dfrac{nx_0^{n-1}}{(x_0^n)^2} = -\dfrac{n}{x_0^{n+1}} = -nx_0^{-n-1}$.

Die folgende Definition erlaubt eine übersichtliche Darstellung der hier erzielten Ergebnisse.

Definition 20.1 (Ableitung). *Es sei f eine Funktion mit dem Definitionsbereich D. Die durch*

$$x \mapsto f'(x), \ x \in D \text{ und } f \text{ differenzierbar in } x$$

erklärte Funktion heißt die Ableitung von f und wird mit f' bezeichnet.

Die allgemeinen Regeln lassen sich nun so formulieren:

$$(f+g)' = f' + g' \qquad \textit{Summenregel}$$
$$(f \cdot g)' = f' \cdot g + f \cdot g' \qquad \textit{Produktregel}$$
$$\left(\dfrac{f}{g}\right)' = \dfrac{f' \cdot g - f \cdot g'}{g^2} \qquad \textit{Quotientenregel}$$

Und speziell erhielten wir:

$$(f+c)' = f'$$
$$(cf)' = cf'$$
$$\left(\dfrac{1}{f}\right)' = \dfrac{-f'}{f^2}$$
$$(x^m)' = mx^{m-1} \quad \text{für jede ganze Zahl } m = 0, \pm 1, \pm 2, \ldots$$

20.1 Übungen

Übung 20.1. Man bestimme die Koordinaten des Scheitelpunktes P der Parabel $y = x^2 + bx + c$ durch Benutzung der Tatsache, dass die Steigung der Tangente in P gleich 0 ist.

Lösung 20.1. Setze $f(x) = x^2 + bx + c$ und $P(x_0, y_0)$.

$\implies$ Steigung der Tangente in P ist gleich $f'(x_0) = 2x_0 + b$

$\implies 2x_0 + b = 0 \implies x_0 = -\dfrac{b}{2} \implies y_0 = f(x_0) = \dfrac{b^2}{4} - \dfrac{b^2}{2} + c = c - \dfrac{b^2}{4}$

Übung 20.2. Man berechne die Ableitung der Funktionen

(a) $f(x) = x^5 - 6x^4 - 5x^3 - 3x^2 + 2x + 4$, $D_f = \mathbb{R}$
(b) $g(x) = \dfrac{1}{x} + \dfrac{2}{x^2} + \dfrac{3}{x^3}$, $D_g = \mathbb{R}\setminus\{0\}$
(c) $h(x) = \dfrac{1-2x}{1+2x}$, $D_h = \mathbb{R}\setminus\left\{-\dfrac{1}{2}\right\}$

Lösung 20.2. Wir benutzen die Ableitungsregeln und $(x^m)' = mx^{m-1}$ für $m \in \mathbb{Z}$.

(a) $f'(x) = 5x^4 - 6 \cdot 4x^3 - 5 \cdot 3x^2 - 3 \cdot 2x + 2 = 5x^4 - 24x^3 - 15x^2 - 6x + 2$, $D_{f'} = \mathbb{R}$

(b) $g'(x) = (x^{-1})' + 2(x^{-2})' + 3(x^{-3})' = -x^{-2} + 2(-2x^{-3}) + 3(-3x^{-4}) = -\dfrac{1}{x^2} - \dfrac{4}{x^3} - \dfrac{9}{x^4}$, $D_{g'} = \mathbb{R}\setminus\{0\}$

(c)
$$h'(x) = \frac{(1-2x)'(1+2x) - (1-2x)(1+2x)'}{(1+2x)^2}$$
$$= \frac{(-2)(1+2x) - (1-2x)2}{(1+2x)^2} = \frac{-4}{(1+2x)^2}, \quad D_{h'} = \mathbb{R}\setminus\left\{-\dfrac{1}{2}\right\}$$

Übung 20.3. Berechnen Sie die Steigung der Tangenten an die Parabel $y = -x^2 + 6x - 8$ in ihren Schnittpunkten mit der x-Achse.

Übung 20.4. Bestimmen Sie die Funktion f' für

(a) $f(x) = x^5 + 6x^4 - 10x^2 + 5$
(b) $f(x) = \dfrac{3x+2}{2x+3}$, $x \neq -\dfrac{3}{2}$
(c) $f(x) = (x^3 + 3)(x^4 + 4)(x^5 + 5)$
(d) $f(x) = \dfrac{x^2+2}{3-x^2}$, $x \neq \pm\sqrt{3}$

21

Ableitung von zusammengesetzten Funktionen und Umkehrfunktionen

Die Ableitung einer zusammengesetzten Funktion kann man aus den Ableitungen ihrer Komponenten wie folgt bestimmen.

Theorem 21.1 (Kettenregel). *Es seien f, g Funktionen mit $W_f \subset D_g$ und $x_0 \in D_f$. Sind f in x_0 und g in $f(x_0)$ differenzierbar, so ist auch $g \circ f$ in x_0 differenzierbar und es gilt $(g \circ f)'(x_0) = g'(f(x_0)) \cdot f'(x_0)$.*

Beweis. Hier nur für den Fall, dass in einer geeigneten Umgebung von x_0 gilt $f(x) \neq f(x_0)$ für $x \neq x_0$. Wir schreiben die Variable der Funktion g als y und setzen $y_0 := f(x_0)$. Mit den Differenzenquotienten

$$\Delta_1(x) = \frac{f(x) - f(x_0)}{x - x_0}, \qquad x \in D_f \backslash \{x_0\}$$

$$\Delta_2(x) = \frac{g(y) - g(y_0)}{y - y_0}, \qquad y \in D_g \backslash \{y_0\}$$

$$\Delta(x) = \frac{(g \circ f)(x) - (g \circ f)(x_0)}{x - x_0}, \quad x \in D_f \backslash \{x_0\}$$

erhält man für alle $x \neq x_0$ in der vorausgesetzten Umgebung von x_0

$$\Delta(x) = \frac{g(f(x)) - g(f(x_0))}{f(x) - f(x_0)} \cdot \frac{f(x) - f(x_0)}{x - x_0} = \Delta_2(f(x)) \cdot \Delta_1(x),$$

und wegen der Stetigkeit von f in x_0 gilt

$$f(x) \to f(x_0), \text{ wenn } x \to x_0$$
$$\implies \lim_{x \to x_0} \Delta_2(f(x)) = \lim_{y \to y_0} \Delta_2(y) = g'(y_0).$$

Damit folgt:

$$(g \circ f)'(x_0) = \lim_{x \to x_0} \Delta(x) = \lim_{x \to x_0} \Delta_2(f(x)) \lim_{x \to x_0} \Delta_1(x) = g'(f(x_0)) \cdot f'(x_0).$$

In der damit bewiesenen Formel wird der erste Faktor $g'(f(x_0))$ *die äußere Ableitung an der Stelle $f(x_0)$* und der zweite Faktor $f'(x_0)$ *die innere Ableitung an der Stelle x_0* genannt.

Beispiel 21.1. $h(x) = (x^2 - 2)^4$:

$$\text{Setze } f(x) = x^2 - 2 \,,\, g(y) = y^4 \Longrightarrow h(x) = g(f(x))\,.$$

$$\Longrightarrow h'(x) = g'(f(x)) \cdot f'(x) = 4(x^2 - 2)^3 \cdot 2x = 8x(x^2 - 2)^3\,.$$

Ausmultiplizieren von $h(x)$ und Ableiten des entstehenden Polynoms ist wesentlich aufwendiger!

Aus der Ableitung einer Funktion lässt sich in den meisten Anwendungen die Ableitung ihrer Umkehrfunktion wie folgt bestimmen.

Theorem 21.2 (Umkehrregel). *Es sei f eine auf einem Intervall I stetige, eineindeutige Funktion. Ist f in $x_0 \in I$ differenzierbar und $f'(x_0) \neq 0$, so ist auch f^{-1} in $y_0 = f(x_0)$ differenzierbar und es gilt $(f^{-1})'(y_0) = \dfrac{1}{f'(x_0)} = \dfrac{1}{f'(f^{-1}(y_0))}$.*

Beweis. $J := f(I)$ bezeichne das Definitionsintervall von f^{-1}. Wir betrachten die Differenzquotienten

$$\Delta_1(x) = \frac{f(x) - f(x_0)}{x - x_0}, \qquad x \in I \setminus \{x_0\}$$

$$\Delta(y) = \frac{f^{-1}(y) - f^{-1}(y_0)}{y - y_0}, \qquad y \in J \setminus \{y_0\}$$

Für jedes $y \in J \setminus \{y_0\}$ gibt es genau ein $x \in I \setminus \{x_0\}$ mit $y = f(x)$. Damit ist

$$\Delta(y) = \frac{f^{-1}(f(x)) - f^{-1}(f(x_0))}{f(x) - f(x_0)} = \frac{x - x_0}{f(x) - f(x_0)} = \frac{1}{\Delta_1(x)}\,.$$

Aufgrund von Theorem 18.2 ist f^{-1} stetig in y_0 (sogar auf J), also gilt

$$f^{-1}(y) \to f^{-1}(y_0),\text{ wenn } y \to y_0$$

$$\overset{y = f(x)}{\Longrightarrow} x \to x_0,\text{ wenn } y \to y_0\,.$$

Es folgt:

$$(f^{-1})'(y_0) = \lim_{y \to y_0} \Delta(y) \overset{y = f(x)}{=} \lim_{x \to x_0} \frac{1}{\Delta_1(x)} = \frac{1}{f'(x_0)}\,.$$

21 Ableitung von zusammengesetzten Funktionen und Umkehrfunktionen 145

Die damit bewiesene Formel kann man sich auch geometrisch klar machen (siehe folgende Abbildung).
$P(a,a)$ sei der Schnittpunkt der Tangenten. Dann gilt:

$$f'(x_0) = \tan \alpha = \frac{y_0 - a}{x_0 - a} \quad \text{und} \quad (f^{-1})'(y_0) = \tan \beta = \frac{x_0 - a}{y_0 - a}$$

$$\Longrightarrow (f^{-1})'(y_0) = \frac{1}{f'(x_0)}$$

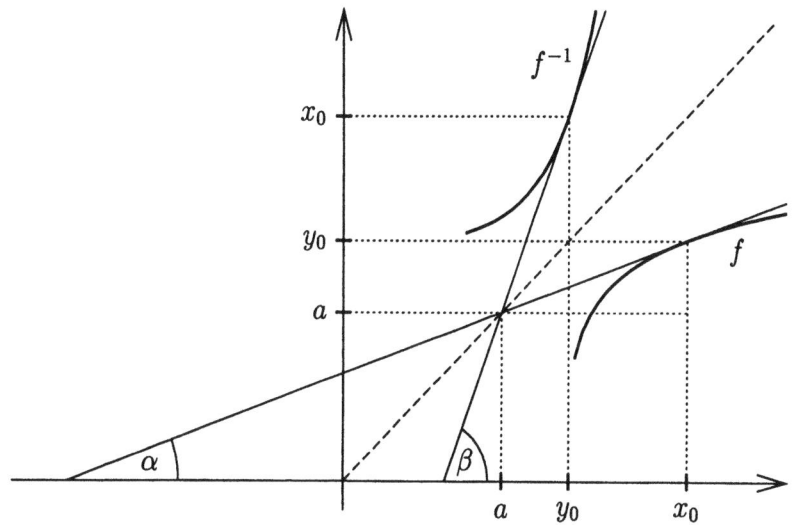

Beispiel 21.2. $f(x) = x^n$, $x \geq 0$ ($n \geq 1$ eine feste natürliche Zahl):
Umkehrfunktion ist $f^{-1}(y) = \sqrt[n]{y} = y^{\frac{1}{n}}$, $y \geq 0$.

$$x > 0 \Longrightarrow f'(x) = nx^{n-1} \neq 0$$

$$\Longrightarrow (f^{-1})'(y) = \frac{1}{f'(f^{-1}(y))} = \frac{1}{f'\left(y^{\frac{1}{n}}\right)} = \frac{1}{n\left(y^{\frac{1}{n}}\right)^{n-1}}$$

$$= \frac{1}{n} y^{-\frac{n-1}{n}} = \frac{1}{n} y^{\frac{1}{n}-1} \quad \text{für } y > 0 \,.$$

In der Funktionen-Schreibweise lauten die besprochenen Regeln:

$$(g \circ f)' = (g' \circ f) \cdot f' \quad \textit{Kettenregel}$$

$$(f^{-1})' = \frac{1}{f'} \circ f^{-1} \quad \textit{Umkehrregel}$$

Benutzt man die Differential-Schreibweise für die Ableitungen, so nehmen die beiden Regeln eine suggestivere Form an:

21 Ableitung von zusammengesetzten Funktionen und Umkehrfunktionen

$$y = f(x), \; z = g(y) \Longrightarrow z = (g \circ f)(x), \qquad \frac{dz}{dx} = \frac{dz}{dy} \cdot \frac{dy}{dx}$$

$$y = f(x) \qquad \qquad \Longrightarrow x = f^{-1}(y), \qquad \frac{dx}{dy} = \frac{1}{\frac{dy}{dx}}$$

Beispiel 21.3. *Ableitung der Potenzfunktionen*

$$x \mapsto x^r, \; x > 0$$

für rationale Exponenten. Es sei $r = \frac{m}{n}$ mit einer ganzen Zahl m und einer natürlichen Zahl $n \geq 1$. Wegen $x^r = \left(x^{\frac{1}{n}}\right)^m$ setze man $y = x^{\frac{1}{n}}$ und $z = y^m$.

$$\Longrightarrow \frac{d(x^r)}{dx} = \frac{dz}{dx} = \frac{dz}{dy} \cdot \frac{dy}{dx} = my^{m-1} \cdot \frac{1}{n} x^{\frac{1}{n}-1}$$

$$= \frac{m}{n} x^{\frac{m-1}{n}} x^{\frac{1-n}{n}} = \frac{m}{n} x^{\frac{m-1+1-n}{n}} = \frac{m}{n} x^{\frac{m-n}{n}}$$

$$= r x^{r-1}.$$

Speziell ist damit $(\sqrt{x})' = \frac{1}{2\sqrt{x}}, \; x > 0$.

21.1 Übungen

Übung 21.1. Man berechne $f'(x)$ an allen möglichen Stellen x!

(a) $f(x) = (x^2 - 1)^4$
(b) $f(x) = \sqrt[3]{6x^2} - \frac{1}{\sqrt{2x}}$
(c) $f(x) = \sqrt{x^2 + 4x + 3}$
(d) $f(x) = \frac{x^2}{\sqrt{1 - x^2}}$
(e) $f(x) = \frac{y^2 - 1}{y^2 + 1}$ mit $y = \sqrt[3]{x + 2}$

Lösung 21.1. (a) Setze $y = x^2 - 1$, $z = y^4$.

$$\Longrightarrow f'(x) = \frac{dz}{dx} = \frac{dz}{dy} \cdot \frac{dy}{dx} = 4y^3 \cdot 2x = 4(x^2 - 1)^3 \cdot 2x = 8x(x^2 - 1)^3$$

(b) $f(x) = (6x^2)^{\frac{1}{3}} - (2x)^{-\frac{1}{2}}$

$$\Longrightarrow f'(x) = \frac{1}{3}(6x^2)^{-\frac{2}{3}} \cdot 12x - \left(-\frac{1}{2}\right)(2x)^{-\frac{3}{2}} \cdot 2 = \frac{4x}{(36x^4)^{\frac{1}{3}}} + \frac{1}{(2x)^{\frac{3}{2}}}$$

$$= \frac{4}{\sqrt[3]{36x}} + \frac{1}{2x\sqrt{2x}}$$

(c) $f(x) = (x^2 + 4x + 3)^{\frac{1}{2}}$

$$\Longrightarrow f'(x) = \frac{1}{2}(x^2 + 4x + 3)^{-\frac{1}{2}}(2x + 4) = \frac{x+2}{\sqrt{x^2 + 4x + 3}}$$

(d) $f(x) = x^2(1 - x^2)^{-\frac{1}{2}}$

$$\Longrightarrow f'(x) = 2x(1 - x^2)^{-\frac{1}{2}} + x^2\left(-\frac{1}{2}\right)(1 - x^2)^{-\frac{3}{2}}(-2x)$$
$$= \frac{2x(1-x^2) + x^3}{(1-x^2)^{\frac{3}{2}}} = \frac{2x - x^3}{(1-x^2)^{\frac{3}{2}}}$$

(e) $y = (x+2)^{\frac{1}{3}}$; setze $z = \dfrac{y^2 - 1}{y^2 + 1}$.

$$\Longrightarrow \frac{dy}{dx} = \frac{1}{3}(x+2)^{-\frac{2}{3}} = \frac{1}{3y^2}$$
$$\frac{dz}{dy} = \frac{2y(y^2+1) - (y^2-1)2y}{(y^2+1)^2} = \frac{4y}{(y^2+1)^2}$$
$$\Longrightarrow f'(x) = \frac{dz}{dy} \cdot \frac{dy}{dx} = \frac{4y}{(y^2+1)^2 3y^2} = \frac{4}{3y(y^2+1)^2} \quad \text{mit } y = \sqrt[3]{x+2}$$

Übung 21.2. Man berechne auf zwei verschiedene Weisen die Ableitung der Umkehrfunktion zu $f(x) = \dfrac{1}{2+x}$, $x \neq -2$.

Lösung 21.2. (a) Durch Berechnung von f^{-1}:

Für $y \neq 0$ hat $\dfrac{1}{2+x} = y$, $x \neq -2$, die eindeutig bestimmte Lösung $x = \dfrac{1}{y} - 2$.

$$\Longrightarrow f^{-1}(y) = \frac{1}{y} - 2, \; y \neq 0$$
$$\Longrightarrow (f^{-1})'(y) = -\frac{1}{y^2}$$

(b) Mit Hilfe der Umkehrregel:

Setze $y = f(x) = \dfrac{1}{2+x} \Longrightarrow \dfrac{dy}{dx} = -\dfrac{1}{(2+x)^2} = -y^2$.

$$\Longrightarrow x = f^{-1}(y) \quad \text{und} \quad \frac{dx}{dy} = \frac{1}{\frac{dy}{dx}} = -\frac{1}{y^2}$$

Übung 21.3. Berechnen Sie $f'(x)$ an allen möglichen Stellen x!

(a) $f(x) = \dfrac{1}{4x^2} + \dfrac{2}{\sqrt{x}}$

(b) $f(x) = (1-3x)^6$
(c) $f(x) = \sqrt{3+2x-x^2}$
(d) $f(x) = \left(\dfrac{x}{1-x}\right)^6$
(e) $f(x) = 2x^3\sqrt{1-x}$
(f) $f(x) = \sqrt{2+\sqrt{x}}$
(g) $f(x) = \sqrt{\dfrac{x+1}{x-1}}$
(h) $f(x) = \dfrac{y+1}{y-1}$ mit $y = \sqrt{x}$

Übung 21.4. Ermitteln Sie die Ableitung der Umkehrfunktion zu $f(x) = \sqrt{x+5} - 1$, $x \geq -5$, auf zwei verschiedene Weisen.

22

Ableitung der elementaren Funktionen

22.1 Ableitung von Polynomen und rationalen Funktionen

Sei $p(x) = \sum_{k=0}^{n} a_k x^k$.

$$\implies p'(x) = (a_0 + a_1 x + a_2 x^2 + \cdots + a_k x^k + \cdots + a_n x^n)'$$

$$= 0 + a_1 + 2a_2 x + \cdots + k a_k x^{k-1} + \cdots + n a_n x^{n-1}$$

Die Ableitung eines Polynoms n-ten Grades ergibt also ein Polynom $(n-1)$-ten Grades.

Regel: $\boxed{\left(\sum_{k=0}^{n} a_k x^k\right)' = \sum_{k=1}^{n} k a_k x^{k-1}}$

Sei $r(x) = \dfrac{p(x)}{q(x)}$ mit Polynomen p, q, $D_r = \{x : q(x) \neq 0\}$.

$$\implies r'(x) = \frac{p'(x)q(x) - p(x)q'(x)}{q(x)^2} \quad \text{für } x \in D_r$$

Die Ableitung einer rationalen Funktion ist also wieder eine rationale Funktion.

22.2 Ableitung der trigonometrischen Funktionen

Es sei $x_0 \in \mathbb{R}$. Wir ziehen noch einmal die schon beim Nachweis der Stetigkeit von sin und cos benutzten Formeln

150   22 Ableitung der elementaren Funktionen

$$\sin x - \sin x_0 = 2\cos\frac{x+x_0}{2}\sin\frac{x-x_0}{2}$$
$$\cos x - \cos x_0 = -2\sin\frac{x+x_0}{2}\sin\frac{x-x_0}{2}$$

heran. Mit der ersten ergibt sich

$$\sin'(x_0) = \lim_{x\to x_0}\frac{\sin x - \sin x_0}{x-x_0} = \lim_{x\to x_0}\cos\frac{x+x_0}{2}\cdot\frac{\sin\frac{x-x_0}{2}}{\frac{x-x_0}{2}}$$

$$= \lim_{x\to x_0}\cos\frac{x+x_0}{2}\cdot\lim_{x\to x_0}\frac{\sin\frac{x-x_0}{2}}{\frac{x-x_0}{2}}$$

$$= \cos\frac{x_0+x_0}{2}\cdot\lim_{h\to 0}\frac{\sin h}{h}$$

(Stetigkeit von cos, Substitution $h = \frac{x-x_0}{2}$)

$$= \cos x_0 \,.$$

Ebenso erhält man mit der zweiten $\cos'(x_0) = -\sin(x_0)$.

Regeln: $\boxed{\sin' = \cos}$ $\boxed{\cos' = -\sin}$

Nun sei $x \in D_{\tan}$, d.h. $x \neq \pm\frac{\pi}{2}, \pm\frac{3\pi}{2}, \pm\frac{5\pi}{2}, \ldots$. Dann gilt

$$\tan'(x) = \left(\frac{\sin}{\cos}\right)'(x) = \frac{\cos x\cos x - \sin x(-\sin x)}{(\cos x)^2} = \frac{\cos^2 x + \sin^2 x}{\cos^2 x}$$
$$= \frac{1}{\cos^2 x} = 1 + \tan^2 x \,.$$

Ebenso erhält man für $x \in D_{\cot}$, d.h. $x \neq 0, \pm\pi, \pm 2\pi, \ldots$

$$\cot'(x) = -\frac{1}{\sin^2 x} = -(1 + \cot^2 x) \,.$$

Regeln: $\boxed{\tan' = \dfrac{1}{\cos^2} = 1 + \tan^2}$ $\boxed{\cot' = -\dfrac{1}{\sin^2} = -(1+\cot^2)}$

22.3 Ableitung der Arcusfunktionen

$y \mapsto \arcsin y$, $y \in [-1,1]$, ist die Umkehrfunktion zu $x \mapsto \sin x$, $x \in \left[-\frac{\pi}{2}, \frac{\pi}{2}\right]$.

$$x \in \left(-\frac{\pi}{2}, \frac{\pi}{2}\right) \Longrightarrow \sin'(x) = \cos x \neq 0$$

$$\Longrightarrow \arcsin'(y) = \frac{1}{\cos(\arcsin y)} = \frac{1}{\sqrt{1 - \sin^2(\arcsin y)}}$$

$$= \frac{1}{\sqrt{1 - y^2}} \quad \text{für } y \in (-1, 1).$$

Ebenso ergibt sich

$$\arccos'(y) = -\frac{1}{\sqrt{1 - y^2}} \quad \text{für } y \in (-1, 1)$$

$$\arctan'(y) = \frac{1}{1 + y^2} \quad \text{für } y \in \mathbb{R}$$

$$\text{arccot}'(y) = -\frac{1}{1 + y^2} \quad \text{für } y \in \mathbb{R}.$$

Regeln:
$$\boxed{(\arcsin x)' = \frac{1}{\sqrt{1 - x^2}}} \qquad \boxed{(\arccos x)' = -\frac{1}{\sqrt{1 - x^2}}}$$

$$\boxed{(\arctan x)' = \frac{1}{1 + x^2}} \qquad \boxed{(\text{arccot } x)' = -\frac{1}{1 + x^2}}$$

22.4 Ableitung der Exponentialfunktionen

Bei der Ableitung der Exponentialfunktionen tritt die besondere Bedeutung der Basis e hervor. Wir hatten im Anschluss an Definition 9.2 erwähnt, dass gilt $\lim_{n \to \infty} \left(1 + \frac{1}{n}\right)^n = e$. Allgemein hat man, dass für jede Nullfolge (x_n) gilt $\lim_{n \to \infty} (1 + x_n)^{\frac{1}{x_n}} = e$. Damit gleichbedeutend ist nach Theorem 14.5 $\lim_{x \to 0} (1 + x)^{\frac{1}{x}} = e$. Diese Eigenschaft der Zahl e werden wir hier ohne Beweis benutzen.

Wendet man den (stetigen) Logarithmus zur Basis e auf beide Seiten der Gleichung $\lim_{x \to 0} (1 + x)^{\frac{1}{x}} = e$ an, so erhält man

$$\lim_{x\to 0}\frac{\log_e(1+x)}{x}=1$$

$\Longrightarrow \quad \displaystyle\lim_{h\to 0}\frac{\log_e(1+h)-\log_e(1)}{h}=1$

$\Longrightarrow \quad \log_e(x)$ ist differenzierbar an der Stelle 1

und hat dort die Ableitung 1

$\overset{\text{Theorem 21.2}}{\Longrightarrow} \; e^x$ ist differenzierbar an der Stelle 0

und hat dort die Ableitung 1

$\Longrightarrow \quad \displaystyle\lim_{h\to 0}\frac{e^h-1}{h}=1\,.$

Für ein beliebiges $x_0 \in \mathbb{R}$ folgt damit

$$\lim_{x\to x_0}\frac{e^x-e^{x_0}}{x-x_0} = \lim_{x\to x_0} e^{x_0}\frac{e^{x-x_0}-1}{x-x_0}$$
$$= e^{x_0}\lim_{h\to 0}\frac{e^h-1}{h} \quad \text{(Substitution } h=x-x_0\text{)}$$
$$= e^{x_0}\,.$$

Regel: $\boxed{(e^x)' = e^x}$

Die Exponentialfunktion mit der Basis e hat also die hervorstechende Eigenschaft, dass sie mit ihrer Ableitung identisch ist. Hierdurch unterscheidet sie sich von den anderen Exponentialfunktionen, wie wir gleich sehen werden.

Definition 22.1 (Exponentialfunktion, natürlicher Logarithmus). *Die Funktion $x \mapsto e^x$ wird als die* Exponentialfunktion *schlechthin angesprochen. Ihre Umkehrfunktion $\log_e$ heißt der* natürliche Logarithmus *und wird mit* ln *bezeichnet.*

Die Bestimmung der Ableitung der Funktionen

$$(*) \quad x \mapsto e^{cx} \quad (c \text{ konstant})$$

ist ein weiteres Beispiel zur Kettenregel. Mit $y=cx$, $z=e^y$ erhält man

$$\frac{d(e^{cx})}{dx} = \frac{dz}{dx} = \frac{dz}{dy}\cdot\frac{dy}{dx} = e^y \cdot c = ce^{cx}\,.$$

Die Funktionen $(*)$ sind aber nichts anderes als die Exponentialfunktionen

$$x \mapsto a^x \quad (a>0 \text{ konstant})$$

mit beliebiger Basis, denn es ist $a^x = (e^{\ln a})^x = e^{x\ln a}$. Damit gilt

$$\frac{d(a^x)}{dx} = \ln a \cdot e^{x\ln a} = \ln a \cdot a^x\,.$$

Regel: $\boxed{(a^x)' = a^x \ln a}$

22.5 Ableitung der Logarithmusfunktionen

Es sei $0 < a \neq 1$. $y \mapsto \log_a y$, $y > 0$ ist die Umkehrfunktion zu $x \mapsto a^x$, $x \in \mathbf{R}$ und $(a^x)' = a^x \ln a \neq 0$ für alle x.

$$\implies \log_a'(y) = \frac{1}{a^{\log_a y} \ln a} = \frac{1}{y \ln a} \quad \text{für } y > 0\,.$$

Regeln: $\boxed{\log_a'(x) = \dfrac{1}{x \ln a}}$ $\boxed{\ln'(x) = \dfrac{1}{x}}$

Manchmal ist es zweckmäßig, die Ableitung einer Funktion mit Hilfe des natürlichen Logarithmus zu berechnen.

Theorem 22.1 (Logarithmische Differentiation). *Es sei f eine auf D definierte Funktion mit $f(x) > 0$ für alle $x \in D$. Ist $\ln \circ f$ in $x_0 \in D$ differenzierbar, so auch f und es gilt $f'(x_0) = f(x_0) \cdot (\ln \circ f)'(x_0)$.*

Beweis. Wir wenden Theorem 21.1 zweimal an. Die erste Anwendung (Komponenten: $\ln \circ f$, Exponentialfunktion) zeigt, dass f in x_0 differenzierbar ist; und die zweite Anwendung (Komponenten: f, $\ln$) ergibt

$$(\ln \circ f)'(x_0) = \ln'(f(x_0)) \cdot f'(x_0) = \frac{1}{f(x_0)} \cdot f'(x_0)\,.$$

22.6 Ableitung der Potenzfunktionen

Es sei $c \in \mathbf{R}$ konstant und $f(x) = x^c$, $x > 0$.

$$\implies (\ln \circ f)(x) = c \ln x \implies (\ln \circ f)'(x) = c \frac{1}{x}$$

$$\stackrel{\text{Theorem 22.1}}{\implies} f'(x) = x^c \cdot \frac{c}{x} = c x^{c-1} \quad \text{für } x > 0\,.$$

Regel: $\boxed{(x^c)' = c x^{c-1}}$

22.7 Übungen

Übung 22.1. Man bestimme $f'(x)$!

(a) $f(x) = \sin 2x + \cos 3x$
(b) $f(x) = \tan^2 x$
(c) $f(x) = x^3 \sin x$
(d) $f(x) = \arccos x^3$
(e) $f(x) = \operatorname{arccot} \dfrac{1-x}{1+x}$

(f) $f(x) = \dfrac{1}{ab} \arctan\left(\dfrac{b}{a} \tan x\right)$

(g) $f(x) = \log_a(2x^2 - 3)$

(h) $f(x) = \ln^2(x+1)$

(i) $f(x) = \ln \dfrac{x^4}{(2x-3)^2}$

(j) $f(x) = e^{-\frac{1}{3}x}$

(k) $f(x) = a^{5x^2}$

(l) $f(x) = x^x$

Lösung 22.1. (a) $f'(x) = \cos 2x \cdot (2x)' - \sin 3x \cdot (3x)' = 2\cos 2x - 3\sin 3x$

(b) $f'(x) = 2\tan x \cdot (\tan x)' = 2\tan x(1 + \tan^2 x)$

(c) $f'(x) = 3x^2 \sin x + x^3 \cos x$

(d) $f'(x) = -\dfrac{1}{\sqrt{1 - (x^3)^2}} \cdot (x^3)' = -\dfrac{3x^2}{\sqrt{1 - x^6}}$

(e)
$$f'(x) = -\dfrac{1}{1 + \left(\dfrac{1-x}{1+x}\right)^2} \cdot \left(\dfrac{1-x}{1+x}\right)' = -\dfrac{1}{1 + \left(\dfrac{1-x}{1+x}\right)^2} \cdot \dfrac{-2}{(1+x)^2}$$
$$= \dfrac{2}{(1+x)^2 + (1-x)^2} = \dfrac{1}{1+x^2}$$

(f)
$$f'(x) = \dfrac{1}{ab} \dfrac{1}{1 + \left(\dfrac{b}{a}\tan x\right)^2} \cdot \left(\dfrac{b}{a}\tan x\right)' = \dfrac{1}{ab} \dfrac{a^2}{a^2 + b^2 \tan^2 x} \cdot \dfrac{b}{a}\dfrac{1}{\cos^2 x}$$
$$= \dfrac{1}{a^2\cos^2 x + b^2 \sin^2 x}$$

(g) $f'(x) = \dfrac{1}{(2x^2 - 3)\ln a} \cdot (2x^2 - 3)' = \dfrac{4x}{(2x^2 - 3)\ln a}$

(h) $f'(x) = 2\ln(x+1) \cdot (\ln(x+1))' = 2\ln(x+1) \cdot \dfrac{1}{x+1} \cdot (x+1)' = \dfrac{2\ln(x+1)}{x+1}$

(i) $f(x) = \ln x^4 - \ln(2x-3)^2 = 4\ln x - 2\ln(2x - 3) \Longrightarrow f'(x) = \dfrac{4}{x} - \dfrac{4}{2x-3}$

(j) $f'(x) = e^{-\frac{1}{3}x} \cdot \left(-\frac{1}{3}x\right)' = -\frac{1}{3}e^{-\frac{1}{3}x}$

(k) $f'(x) = a^{5x^2} \ln a \cdot (5x^2)' = 10xa^{5x^2} \ln a$

(l) Wir verwenden logarithmische Differentiation:
$$(\ln \circ f)(x) = x\ln x \Longrightarrow (\ln \circ f)'(x) = \ln x + x\dfrac{1}{x} = 1 + \ln x$$
$$\stackrel{\text{Theorem 22.1}}{\Longrightarrow} f'(x) = x^x(1 + \ln x)$$

Übung 22.2. Man interpretiere die Beziehung der Formeln

$$\log'_a(x) = \frac{1}{x \ln a}, \quad \ln'(x) = \frac{1}{x}$$

auf der Grundlage von Theorem 18.3 (d).

Lösung 22.2. Nach dem Theorem gilt $\log_a x = \frac{\log_e x}{\log_e a} = \frac{1}{\ln a} \ln x$, also folgt die erste Formel sofort aus der zweiten.

Übung 22.3.

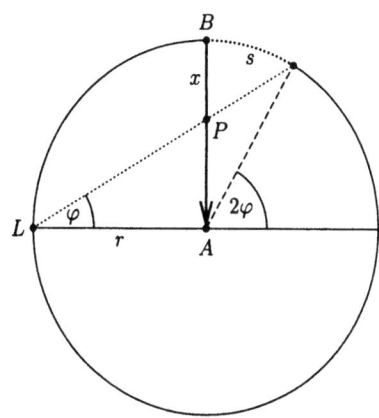

In einer runden Arena ist in L ein Scheinwerfer angebracht. Jemand läuft von B aus mit einer Geschwindigkeit von $c \left[\frac{m}{sec}\right]$ auf den Mittelpunkt A zu. Mit welcher Geschwindigkeit bewegt sich sein Schatten an der Seitenwand, wenn der Läufer den Weg x [m] zurückgelegt hat? [Ayr77, S. 68]

Lösung 22.3. Es seien r der Radius der Arena, x der vom Läufer und s der vom Schatten zur Zeit t zurückgelegte Weg. Als Hilfsvariable dient das Bogenmaß φ des Winkels $\sphericalangle(ALP)$. Dann gilt:

$$s = \left(\frac{\pi}{2} - 2\varphi\right) r \quad \text{und} \quad \varphi = \arctan \frac{\overline{AP}}{\overline{LA}} = \arctan \frac{r-x}{r}$$

$$\Rightarrow \frac{ds}{dt} = -2r \frac{d\varphi}{dt} = -2r \frac{d\varphi}{dx} \frac{dx}{dt} = -2r \frac{1}{1 + \left(\frac{r-x}{r}\right)^2} \cdot \left(-\frac{1}{r}\right) \cdot c$$

$$= \frac{2cr^2}{x^2 - 2rx + 2r^2} .$$

Übung 22.4. Bestimmen Sie $f'(x)$!

(a) $f(x) = \tan x^2$
(b) $f(x) = \cot(2 - 3x^2)$
(c) $f(x) = \frac{\sin x}{x}$
(d) $f(x) = \arcsin(1 - 2x)$
(e) $f(x) = \arctan 2x^3$
(f) $f(x) = x\sqrt{a^2 - x^2} + a^2 \arcsin \frac{x}{a}$
(g) $f(x) = \ln(x + 2)^3$

(h) $f(x) = \ln(x^3+1)(x^2+4)$
(i) $f(x) = \ln \sin 2x$
(j) $f(x) = \ln(x + \sqrt{1+x^2})$
(k) $f(x) = e^{x^3}$
(l) $f(x) = x^3 2^x$
(m) $f(x) = x^{\ln x}$
(n) $f(x) = x^{e^{e^{x^2}}}$

Hinweis zu (m), (n): Logarithmische Differentiation

Übung 22.5. Gegeben seien die Kurven $y = 2\cos^2 x$ und $y = \sin 2x$. Berechnen Sie:

(a) sämtliche Schnittpunkte der beiden Kurven im Intervall $[0, 2\pi]$
(b) für jeden Schnittpunkt den spitzen Schnittwinkel der Kurven.

23

Differenzierbare Funktionen auf Intervallen

Theorem 23.1 (Satz von Rolle). *Es sei f eine auf dem abgeschlossenen Intervall $I = [a,b]$ stetige und im offenen Intervall (a,b) differenzierbare Funktion. Gilt dann noch $f(a) = f(b)$, so existiert ein $x_0 \in (a,b)$ mit $f'(x_0) = 0$.*

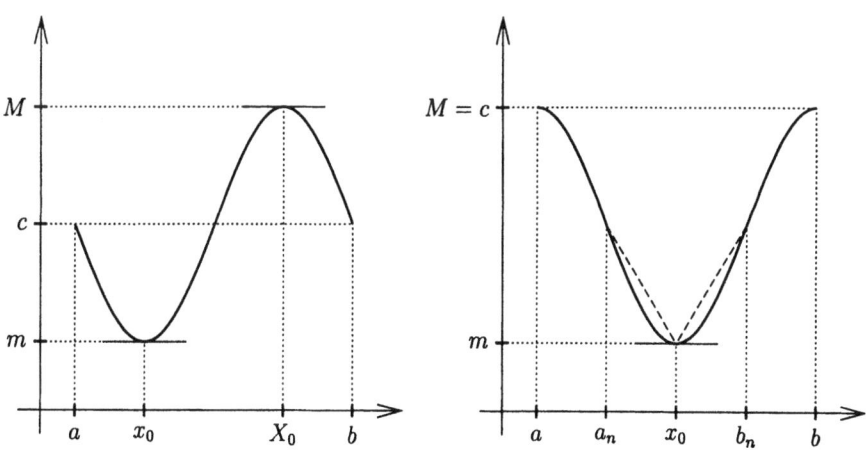

Beweis. Es sei $c := f(a) = f(b)$. Da f auf I stetig ist, existieren Zahlen x_0, X_0 in I mit $m := \min_I f = f(x_0)$ und $M := \max_I f = f(X_0)$.

1. Fall: $m = M$

$$\Longrightarrow f(x) = c \text{ für alle } x \in I \quad \Longrightarrow f'(x) = 0 \text{ für alle } x \in I \,.$$

2. Fall: $m < M$

$$\Longrightarrow m \neq c \text{ oder } M \neq c\,.$$

Es sei etwa $m \neq c$. (Für $M \neq c$ geht es analog!)

$$\Longrightarrow f(x_0) \neq f(a) = f(b) \quad \Longrightarrow a < x_0 < b$$

Wegen $a < x_0$ lässt sich eine Folge (a_n) konstruieren mit $a < a_n < x_0$ für alle n und $a_n \to x_0$, $n \to \infty$.

$$a_n < x_0 \text{ und } f(x_0) = m \leq f(a_n) \Longrightarrow \Delta(a_n) = \frac{f(a_n) - f(x_0)}{a_n - x_0} \leq 0$$
$$\Longrightarrow f'(x_0) = \lim_{n \to \infty} \Delta(a_n) \leq 0 \,.$$

Entsprechend lässt sich eine Folge (b_n) konstruieren mit $x_0 < b_n < b$ für alle n und $b_n \to x_0$, $n \to \infty$.

$$x_0 < b_n \text{ und } f(x_0) \leq f(b_n) \Longrightarrow \Delta(b_n) \geq 0$$
$$\Longrightarrow f'(x_0) = \lim_{n \to \infty} \Delta(b_n) \geq 0 \,.$$

Insgesamt ist damit $f'(x_0) = 0$.

Theorem 23.1 sagt aus, dass eine waagerechte Tangente an den Graphen von f existieren muss, falls eine Sekante waagerecht liegt. Das folgende Theorem behauptet nun allgemeiner: Zu jeder Sekante lässt sich eine parallele Tangente finden.

Theorem 23.2 (Mittelwertsatz der Differentialrechnung). *Die Funktion f sei auf dem abgeschlossenen Intervall $I = [a, b]$ stetig und im offenen Intervall (a, b) differenzierbar. Dann gibt es ein $x_0 \in (a, b)$ mit*

$$f'(x_0) = \frac{f(b) - f(a)}{b - a} \,.$$

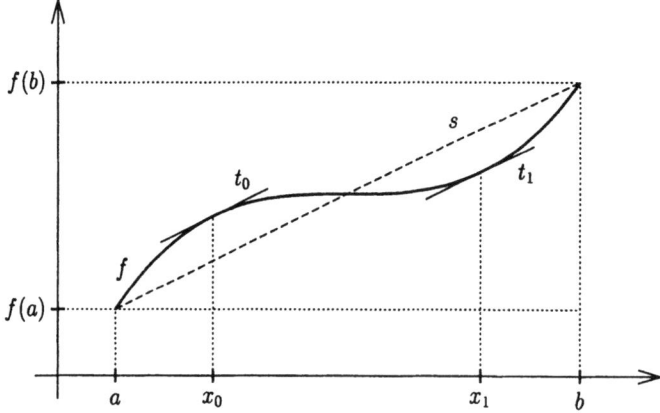

Beweis (durch Rückführung auf Theorem 23.1). Wir betrachten die Funktion

$$F(x) = f(x) - \frac{f(b) - f(a)}{b - a}(x - a), \; x \in I \,.$$

F erfüllt die Voraussetzungen von Theorem 23.1 ($F(a) = f(a) = F(b)$). Daher gibt es ein $x_0 \in (a,b)$ mit

$$0 = F'(x_0) = f'(x_0) - \frac{f(b) - f(a)}{b - a}$$
$$\Longrightarrow f'(x_0) = \frac{f(b) - f(a)}{b - a}.$$

Jedes $x_0 \in (a,b)$ hat die Darstellung $x_0 = a + \vartheta(b - a)$ mit einem $0 < \vartheta < 1$. Man kann daher Theorem 23.2 auch so aussprechen:
Ist f differenzierbar in jedem Punkt x zwischen zwei festen Punkten a, b und in a, b noch stetig, so gibt es ein $\vartheta \in (0,1)$ mit

$$f(b) = f(a) + (b - a)f'(a + \vartheta(b - a)).$$

In dieser Form ist das Theorem auch dann gültig, wenn $a > b$ ist. Eine wichtige Folgerung aus dem Mittelwertsatz ist

Theorem 23.3 (Monotoniekriterium). *Die Funktion f sei stetig auf $[a, b]$ und differenzierbar auf (a,b). Dann gelten:*

(a) f monoton wachsend auf $[a,b] \iff f' \geq 0$ auf (a,b)
(b) f monoton fallend auf $[a,b] \iff f' \leq 0$ auf (a,b)
(c) f konstant auf $[a,b] \iff f' = 0$ auf (a,b).

Beweis. (a) Ist f monoton wachsend, so sind alle Differenzenquotienten

$$\frac{f(x) - f(x_0)}{x - x_0} \quad (x \neq x_0)$$

≥ 0, und dasselbe gilt dann auch für ihre Grenzwerte $f'(x_0)$, $x_0 \in (a,b)$. Ist umgekehrt $f' \geq 0$ und $a \leq x_1 < x_2 \leq b$, so gilt nach Theorem 23.2 für ein gewisses $x_0 \in (x_1, x_2)$:

$$f(x_2) - f(x_1) = (x_2 - x_1)f'(x_0) \geq 0.$$

(b) folgt sofort aus (a), wenn man berücksichtigt, dass gilt:

$$f \text{ monoton fallend} \iff -f \text{ monoton wachsend}.$$

(c) ist eine Konsequenz aus (a) und (b).

23.1 Übungen

Übung 23.1. Man verifiziere den Mittelwertsatz an dem Beispiel $f(x) = 3x^2 - 5x + 7$, $a = 1$, $b = 4$.

Lösung 23.1. $f(1) = 5$, $f(4) = 35$, $f'(x) = 6x - 5$. Der Mittelwertsatz besagt dann, dass es ein $x_0 \in (1, 4)$ gibt mit
$$6x_0 - 5 = \frac{35 - 5}{4 - 1}.$$
Auflösen ergibt tatsächlich $x_0 = \frac{5}{2} \in (1, 4)$.

Übung 23.2. (a) Beweise:
$$\frac{b - a}{1 + b^2} < \operatorname{arccot} a - \operatorname{arccot} b < \frac{b - a}{1 + a^2} \text{ für } 0 < a < b.$$
(b) Zeige mit Hilfe von (a): $\frac{\pi}{4} - \frac{1}{8} < \operatorname{arccot} \frac{5}{4} < \frac{\pi}{4} - \frac{4}{41}$.

Lösung 23.2. (a) Wegen $\operatorname{arccot}'(x) = -\frac{1}{1 + x^2}$ gibt es nach dem Mittelwertsatz ein $x_0 \in (a, b)$ mit
$$\frac{\operatorname{arccot} a - \operatorname{arccot} b}{b - a} = \frac{1}{1 + x_0^2}.$$
Mit $0 < a < x_0 < b$ gilt $\frac{1}{1 + b^2} < \frac{1}{1 + x_0^2} < \frac{1}{1 + a^2}$, und es folgt
$$\frac{1}{1 + b^2} < \frac{\operatorname{arccot} a - \operatorname{arccot} b}{b - a} < \frac{1}{1 + a^2}.$$
Durch Multiplikation mit $b - a$ erhält man hieraus die Behauptung.
(b) Setzt man in (a) $b = \frac{5}{4}$ und $a = 1$, so gilt $\frac{4}{41} < \operatorname{arccot} 1 - \operatorname{arccot} \frac{5}{4} < \frac{1}{8}$ und wegen $\operatorname{arccot} 1 = \frac{\pi}{4}$ die Behauptung.

Übung 23.3. (a) Löse Übung 18.3 auf eine zweite Weise!
(b) Lässt sich analog Theorem 23.3 (a), (b) die strenge Monotonie durch $f' > 0$ bzw. $f' < 0$ charakterisieren?

Lösung 23.3. (a) Für alle $x \in (-1, 1)$ gilt
$$(\arcsin x + \arccos x)' = \frac{1}{\sqrt{1 - x^2}} - \frac{1}{\sqrt{1 - x^2}} = 0,$$
so dass nach Theorem 23.3 (c) $\arcsin x + \arccos x$ auf $[-1, 1]$ konstant ist. Wegen $\arcsin 0 + \arccos 0 = 0 + \frac{\pi}{2} = \frac{\pi}{2}$ ist diese Konstante $= \frac{\pi}{2}$.
(b) Aus dem Beweis von Theorem 23.3 (a), (b) ersieht man unmittelbar, dass gilt:

$f' > 0$ auf $(a, b) \Longrightarrow f$ streng monoton wachsend auf $[a, b]$

$f' < 0$ auf $(a, b) \Longrightarrow f$ streng monoton fallend auf $[a, b]$.

Die Umkehrungen hiervon gelten nicht! So ist z. B. die Funktion $f(x) = x^3$ streng monoton wachsend auf $\mathbb{R}$, aber $f'(0) = 0$.

Übung 23.4. Verifizieren Sie den Satz von Rolle an dem Beispiel $f(x) = x^3 - 3x + 2$, $a = -2$, $b = 1$.

Übung 23.5. (a) Beweisen Sie: $1 - \dfrac{a}{b} < \ln \dfrac{b}{a} < \dfrac{b}{a} - 1$ für $0 < a < b$.

(b) Zeigen Sie mit Hilfe von (a): $\dfrac{1}{n+1} < \ln\left(1 + \dfrac{1}{n}\right) < \dfrac{1}{n}$ für jedes $n = 1, 2, 3, \ldots$

Übung 23.6. (a) Beweisen Sie, dass die Funktion

$$x \mapsto \begin{cases} \dfrac{\sin x}{x} & \text{für } x \in \left(0, \dfrac{\pi}{2}\right] \\ 1 & \text{für } x = 0 \end{cases}$$

streng monoton fallend ist.

(b) Zeigen Sie mit Hilfe von (a): $\sin x \geq \dfrac{2x}{\pi}$ für $0 \leq x \leq \dfrac{\pi}{2}$.

24

Taylorpolynome und Satz von Taylor

24.1 Höhere Ableitungen

Im Anschluss an Definition 20.1 setzen wir für eine Funktion f

$$\begin{aligned}
f' & \quad \text{(1.) Ableitung von } f \\
f'' &:= (f')' \quad \text{2. Ableitung von } f \\
f''' &:= (f'')' \quad \text{3. Ableitung von } f \\
f^{(4)} &:= (f''')' \quad \text{4. Ableitung von } f \\
&\vdots \qquad\qquad \vdots \\
f^{(n)} &:= (f^{(n-1)})' \quad n\text{-te Ableitung von } f.
\end{aligned}$$

Es ist ferner zweckmäßig zu definieren

$$f^{(0)} := f \qquad 0. \text{ Ableitung von } f.$$

Beispiel 24.1.

$$\begin{aligned}
f(x) &= x^3 \\
f'(x) &= 3x^2 \\
f''(x) &= (f')'(x) = (3x^2)' = 6x \\
f'''(x) &= (f'')'(x) = (6x)' = 6 \\
f^{(4)}(x) &= (f''')'(x) = (6)' = 0 \\
f^{(n)}(x) &= 0 \quad \text{für } n \geq 4
\end{aligned}$$

Definition 24.1 (Höhere Differenzierbarkeit). *f heißt an der Stelle x_0 n-mal differenzierbar, falls alle Ableitungen $f'(x_0), f''(x_0), f'''(x_0), f^{(4)}(x_0), \ldots, f^{(n)}(x_0)$ existieren.*

Damit ist auch klar, was unter n-maliger Differenzierbarkeit auf einer Teilmenge von $\mathbb{R}$ zu verstehen ist.

Beispiel 24.2. (a) $f(x) = x^n$
$f'(x) = nx^{n-1}, f''(x) = (nx^{n-1})' = n(n-1)x^{n-2}, f'''(x) = (n(n-1)x^{n-2})' = n(n-1)(n-2)x^{n-3}, \ldots, f^{(k)}(x) = n(n-1)(n-2)\cdots(n-k+1)x^{n-k}, \ldots, f^{(n)}(x) = n!, f^{(n+1)}(x) = 0, f^{(n+2)}(x) = 0, \ldots$

$$\implies (x^n)^{(k)} = \begin{cases} k!\binom{n}{k} x^{n-k} & \text{für } 0 \leq k \leq n \\ 0 & \text{für } k > n \end{cases}$$

(b) $f(x) = \ln x$
$f'(x) = \dfrac{1}{x}, f''(x) = -\dfrac{1}{x^2}, f'''(x) = \dfrac{2}{x^3}, f^{(4)}(x) = -\dfrac{6}{x^4}, f^{(5)}(x) = \dfrac{24}{x^5}, \ldots$

$$\implies \ln^{(n)}(x) = (-1)^{n-1}\frac{(n-1)!}{x^n} \quad \text{für } n \geq 1$$

(c) $f(x) = e^x$
$f'(x) = e^x, f''(x) = e^x, \ldots$

$$\implies (e^x)^{(n)} = e^x \quad \text{für alle } n$$

(d) $f(x) = \sin x$
$f'(x) = \cos x = \sin\left(x + \dfrac{\pi}{2}\right)$; mit $y = x + \dfrac{\pi}{2}$, $z = \sin y$ ist $f''(x) = \dfrac{dz}{dy} \cdot \dfrac{dy}{dx} = \sin\left(y + \dfrac{\pi}{2}\right) = \sin\left(x + 2\dfrac{\pi}{2}\right); \ldots$

$$\implies \sin^{(n)}(x) = \sin\left(x + n\frac{\pi}{2}\right) \quad \text{für alle } n$$

(e) $f(x) = \cos x$
$f'(x) = -\sin x = \cos\left(x + \dfrac{\pi}{2}\right), f''(x) = \cos\left(x + 2\dfrac{\pi}{2}\right), \ldots$

$$\implies \cos^{(n)}(x) = \cos\left(x + n\frac{\pi}{2}\right) \quad \text{für alle } n$$

24.2 Taylorpolynome – Satz von Taylor

Das hier zugrunde liegende Problem ist die Approximation von Funktionen f komplizierter Art durch Polynome (= Funktionen einfacher Art) in der Umgebung eines festen Punktes x_0. Bei Differenzierbarkeit in x_0 gilt beispielsweise

$$f(x) \approx f(x_0) + f'(x_0)(x - x_0),$$

wo auf der rechten Seite ein lineares Polynom steht. Es ist zu erwarten, dass durch zusätzliche Summanden der Gestalt $c_2(x - x_0)^2, c_3(x - x_0)^3, \ldots$ eine Verbesserung der Approximation erzielt werden kann.

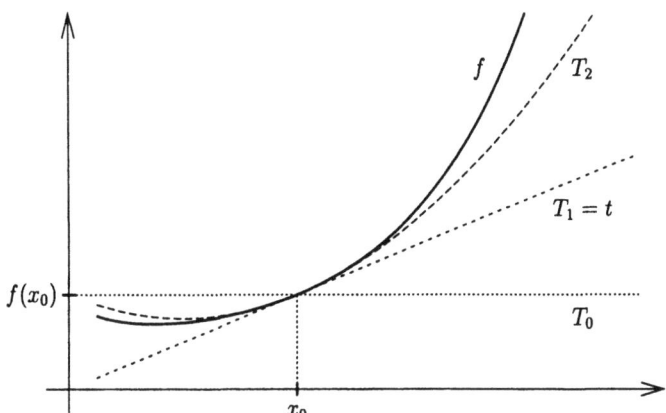

Voraussetzung: f ist mindestens n-mal differenzierbar in x_0.

Definition 24.2 (Taylorpolynom). *Unter dem n-ten Taylorpolynom T_n von f mit Entwicklungspunkt x_0 versteht man das Polynom*

$$T_n(x) = \sum_{k=0}^{n} \frac{f^{(k)}(x_0)}{k!}(x - x_0)^k.$$

Also:

$T_0(x) = f(x_0)$

$T_1(x) = f(x_0) + f'(x_0)(x - x_0)$

$T_2(x) = f(x_0) + f'(x_0)(x - x_0) + \dfrac{f''(x_0)}{2}(x - x_0)^2$

...

Beispiel 24.3. (a) $f(x) = \ln x$, $x_0 = 1$

$$f^{(k)}(1) \stackrel{\text{Bsp. 24.2}}{=} (-1)^{k-1}\frac{(k-1)!}{1^k} = (-1)^{k-1}(k-1)!, \; k \geq 1$$

$$\Longrightarrow T_n(x) = f(1) + \sum_{k=1}^{n} \frac{f^{(k)}(1)}{k!}(x-1)^k = \sum_{k=1}^{n} \frac{(-1)^{k-1}}{k}(x-1)^k$$

Also:

$$T_0(x) = 0$$

$$T_1(x) = x - 1$$

$$T_2(x) = (x-1) - \frac{(x-1)^2}{2}$$

$$T_3(x) = (x-1) - \frac{(x-1)^2}{2} + \frac{(x-1)^3}{3}$$

$$\ldots$$

(b) $f(x) = e^x$, $x_0 = 0$

$$f^{(k)}(0) = e^0 = 1, \ k = 0, 1, 2, \ldots$$

$$\Longrightarrow T_n(x) = \sum_{k=0}^{n} \frac{f^{(k)}(0)}{k!}(x-0)^k = \sum_{k=0}^{n} \frac{x^k}{k!} = 1 + x + \frac{x^2}{2} + \frac{x^3}{6} + \cdots + \frac{x^n}{n!}$$

(c) $f(x) = \sin x$, $x_0 = 0$

$$f^{(k)}(0) = \sin\left(0 + k\frac{\pi}{2}\right) = \begin{cases} 0 & \text{für gerades } k \\ (-1)^{\frac{k-1}{2}} & \text{für ungerades } k \end{cases}$$

$$\Longrightarrow T_n(x) = \sum_{k=0}^{n} \frac{f^{(k)}(0)}{k!} x^k = \underbrace{x - \frac{x^3}{3!} + \frac{x^5}{5!} - \frac{x^7}{7!} + - \cdots}_{\frac{n}{2} \text{ oder } \frac{n+1}{2} \text{ Glieder, je nachdem,}}$$
ob n gerade oder ungerade

Theorem 24.1 (Satz von Taylor). *Es sei f eine auf einem Intervall I mindestens $(n+1)$-mal differenzierbare Funktion, und es sei $x_0 \in I$. Dann gibt es zu jedem $x \in I$ eine Zahl ϑ (abhängig von x) mit $0 < \vartheta < 1$, so dass*

$$f(x) = T_n(x) + \frac{(x-x_0)^{n+1}}{(n+1)!} f^{(n+1)}(x_0 + \vartheta(x - x_0)) \,.$$

Dabei bezeichnet T_n das n-te Taylorpolynom von f mit Entwicklungspunkt x_0.

Beweis. Für $x = x_0$ gilt die behauptete Gleichung mit jedem ϑ. Es sei nun $x \neq x_0$. Im Folgenden bezeichnen wir die unabhängige Variable der betrachteten Funktionen mit ξ, die Ableitung nach ξ durch den Strich am jeweiligen Funktionssymbol. Zunächst sei

$$\varphi(\xi) := f(x) - f(\xi) - \frac{f'(\xi)}{1!}(x-\xi) - \frac{f''(\xi)}{2!}(x-\xi)^2 - \cdots - \frac{f^{(n)}(\xi)}{n!}(x-\xi)^n, \ \xi \in I \,.$$

Dann gilt $\varphi(x) = 0$, und nach Voraussetzung ist φ differenzierbar auf I mit

24.2 Taylorpolynome – Satz von Taylor

$$\varphi'(\xi) = -f'(\xi) - \frac{f''(\xi)}{1!}(x-\xi) + \frac{f'(\xi)}{1!} - \frac{f'''(\xi)}{2!}(x-\xi)^2 + \frac{f''(\xi)}{2!}2(x-\xi)$$
$$- + \cdots - \frac{f^{(n)}(\xi)}{(n-1)!}(x-\xi)^{n-1} + \frac{f^{(n-1)}(\xi)}{(n-1)!}(n-1)(x-\xi)^{n-2}$$
$$- \frac{f^{(n+1)}(\xi)}{n!}(x-\xi)^n + \frac{f^{(n)}(\xi)}{n!}n(x-\xi)^{n-1}$$
$$= -\frac{f^{(n+1)}(\xi)}{n!}(x-\xi)^n \ .$$

Nun sei $F(\xi) := \varphi(\xi) - \varphi(x_0)\left(\dfrac{x-\xi}{x-x_0}\right)^{n+1}, \xi \in I$.

Dann gilt $F(x_0) = 0$, $F(x) = 0$, und nach dem Satz von Rolle existiert ein ξ_0 zwischen x_0, x mit $F'(\xi_0) = 0$.

$$\Longrightarrow 0 = F'(\xi_0) = \varphi'(\xi_0) - \varphi(x_0)(n+1)\left(\frac{x-\xi_0}{x-x_0}\right)^n\left(-\frac{1}{x-x_0}\right)$$
$$= -\frac{f^{(n+1)}(\xi_0)}{n!}(x-\xi_0)^n + (n+1)\varphi(x_0)\frac{(x-\xi_0)^n}{(x-x_0)^{n+1}}$$
$$\Longrightarrow \varphi(x_0) = \frac{f^{(n+1)}(\xi_0)}{(n+1)!}(x-x_0)^{n+1} \ .$$

Nach Definition von φ ist aber

$$\varphi(x_0) = f(x) - \left(f(x_0) + f'(x_0)(x-x_0) + \frac{f''(x_0)}{2!}(x-x_0)^2\right.$$
$$\left. + \cdots + \frac{f^{(n)}(x_0)}{n!}(x-x_0)^n\right)$$
$$\Longrightarrow f(x) = f(x_0) + f'(x_0)(x-x_0) + \frac{f''(x_0)}{2!}(x-x_0)^2$$
$$+ \cdots + \frac{f^{(n)}(x_0)}{n!}(x-x_0)^n + \frac{f^{(n+1)}(\xi_0)}{(n+1)!}(x-x_0)^{n+1} \ .$$

Da ξ_0 zwischen x_0, x liegt, gibt es ein ϑ mit $0 < \vartheta < 1$ und $\xi_0 = x_0 + \vartheta(x-x_0)$.

$$\Longrightarrow f(x) = T_n(x) + \frac{(x-x_0)^{n+1}}{(n+1)!}f^{(n+1)}(x_0 + \vartheta(x-x_0)) \ .$$

Das die Differenz von $f(x)$ und $T_n(x)$ darstellende Glied

$$\frac{(x-x_0)^{n+1}}{(n+1)!}f^{(n+1)}(x_0 + \vartheta(x-x_0))$$

heißt *Restglied in Lagrange-Form*. Es erlaubt eine Abschätzung des Fehlers bei der Approximation von f durch T_n.

24.3 Übungen

Übung 24.1. Man bestimme die ersten zwei Ableitungen der Funktion

$$g(x) = \begin{cases} x^2 \sin \dfrac{1}{x} & \text{für } x \neq 0 \\ 0 & \text{für } x = 0 \end{cases}$$

aus Übung 19.2 (b).

Lösung 24.1. Aufgrund der Ableitungsregeln erhält man für $x \neq 0$:

$$g'(x) = 2x \sin \frac{1}{x} + x^2 \left(\cos \frac{1}{x}\right)\left(-\frac{1}{x^2}\right) = 2x \sin \frac{1}{x} - \cos \frac{1}{x},$$

und in Übung 19.2 (b) hatten wir gefunden: $g'(0) = 0$. Insbesondere ist $D_{g'} = \mathbb{R}$. g' ist unstetig an der Stelle 0, denn

$$\lim_{x \to 0} g'(x) = 2 \lim_{x \to 0} x \sin \frac{1}{x} - \lim_{x \to 0} \cos \frac{1}{x} = 2 \cdot 0 - \lim_{x \to 0} \cos \frac{1}{x}$$

existiert nicht. Also ist g' an der Stelle 0 auch nicht differenzierbar. Für $x \neq 0$ dagegen gilt:

$$g''(x) = 2 \sin \frac{1}{x} + 2x \left(\cos \frac{1}{x}\right)\left(-\frac{1}{x^2}\right) - \left(-\sin \frac{1}{x}\right)\left(-\frac{1}{x^2}\right)$$
$$= \left(2 - \frac{1}{x^2}\right) \sin \frac{1}{x} - \frac{2}{x} \cos \frac{1}{x}.$$

Insbesondere ist $D_{g''} = \mathbb{R}\setminus\{0\}$.

Übung 24.2. Von der Funktion $f(x) = \dfrac{1}{1-x}$, $x \neq 1$, bestimme man die n-te Ableitung $f^{(n)}(x)$ und das n-te Taylorpolynom $T_n(x)$ mit Entwicklungspunkt $x_0 = 0$.

Lösung 24.2.

$$f(x) = (1-x)^{-1}$$
$$f'(x) = (-1)(1-x)^{-2}(-1) = (1-x)^{-2}$$
$$f''(x) = (-2)(1-x)^{-3}(-1) = 2(1-x)^{-3}$$
$$f'''(x) = 2(-3)(1-x)^{-4}(-1) = 6(1-x)^{-4}$$

$$\ldots$$

Behauptung: $f^{(n)}(x) = n!(1-x)^{-(n+1)}$ für jedes $n \in \mathbb{N}$.
Beweis durch vollständige Induktion: Sei $f^{(n-1)}(x) = (n-1)!(1-x)^{-n}$.

$$\Rightarrow f^{(n)}(x) = (n-1)!(-n)(1-x)^{-n-1}(-1) = n!(1-x)^{-(n+1)}.$$

$$T_n(x) = \sum_{k=0}^{n} \frac{f^{(k)}(0)}{k!}(x-0)^k \quad \text{und} \quad f^{(k)}(0) = k!(1-0)^{-(k+1)} = k!$$

$$\Rightarrow T_n(x) = \sum_{k=0}^{n} \frac{k!}{k!}x^k = \sum_{k=0}^{n} x^k = 1 + x + x^2 + \cdots + x^n.$$

Übung 24.3. Durch Anwendung des Satzes von Taylor mit $f(x) = \sin x$, $n = 2$, $x_0 = \frac{\pi}{4}$ berechne man approximativ $\sin 50°$ und schätze den Fehler ab!

Lösung 24.3. Nach Theorem 24.1 gibt es zu jedem $x \in \mathbb{R}$ ein $\vartheta \in (0, 1)$, so dass

$$\sin x = \sin\frac{\pi}{4} + \left(\cos\frac{\pi}{4}\right)\left(x - \frac{\pi}{4}\right) - \frac{1}{2}\left(\sin\frac{\pi}{4}\right)\left(x - \frac{\pi}{4}\right)^2$$
$$- \frac{1}{6}\left(x - \frac{\pi}{4}\right)^3 \cos\left(\frac{\pi}{4} + \vartheta\left(x - \frac{\pi}{4}\right)\right)$$
$$= \frac{\sqrt{2}}{2} + \frac{\sqrt{2}}{2}\left(x - \frac{\pi}{4}\right) - \frac{\sqrt{2}}{4}\left(x - \frac{\pi}{4}\right)^2$$
$$- \frac{1}{6}\left(x - \frac{\pi}{4}\right)^3 \cos\left(\frac{\pi}{4} + \vartheta\left(x - \frac{\pi}{4}\right)\right).$$

Speziell gilt für $x = \frac{50\pi}{180}$ (und dann $x - \frac{\pi}{4} = \frac{\pi}{36}$):

$$\sin 50° = \underbrace{\frac{\sqrt{2}}{2} + \frac{\sqrt{2}}{2}\frac{\pi}{36} - \frac{\sqrt{2}}{4}\left(\frac{\pi}{36}\right)^2}_{0.76612\ldots} - \frac{1}{6}\left(\frac{\pi}{36}\right)^3 \cos\left(\frac{\pi}{4} + \vartheta\frac{\pi}{36}\right).$$

Da sich der Betrag des Restgliedes durch

$$\left|-\frac{1}{6}\left(\frac{\pi}{36}\right)^3 \cos\left(\frac{\pi}{4} + \vartheta\frac{\pi}{36}\right)\right| \leq \frac{1}{6}\left(\frac{\pi}{36}\right)^3 < 0.00012$$

abschätzen lässt, hat man bis zur 3. Nachkommastelle $\sin 50° = 0.766\ldots$

Übung 24.4. Bestimmen Sie von der Funktion $f(x) = \frac{1}{3x+2}$, $x \neq -\frac{2}{3}$, die n-te Ableitung und das n-te Taylorpolynom mit Entwicklungspunkt $x_0 = 1$.

Übung 24.5. Berechnen Sie durch Anwendung des Satzes von Taylor die ersten 3 Nachkommastellen der Dezimalbruchentwicklung von $\sinh 1$.

25

Die Regel von Bernoulli - L'Hospital

Es seien $I = (a,b)$ ein offenes Intervall ($a = -\infty$ oder $b = +\infty$ auch möglich) und x_0 eine der Grenzen a,b. f und g seien auf I definierte Funktionen mit $\lim_{x \to x_0} f(x) = 0$, $\lim_{x \to x_0} g(x) = 0$ und $g(x) \neq 0$ für alle $x \in I$. Gesucht ist ein Verfahren zur Bestimmung von $\lim_{x \to x_0} \frac{f(x)}{g(x)}$. Die Theoreme 14.1, 14.2 oder 14.4 sind hier nicht anwendbar (unbestimmter Ausdruck $\frac{0}{0}$)!
Wir betrachten zunächst den Fall $x_0 \neq \pm\infty$.

Theorem 25.1 (L'Hospital'sche Regel I). *Sind f,g auf I differenzierbar, gilt $\lim_{x \to x_0} f(x) = \lim_{x \to x_0} g(x) = 0$ und existiert $\lim_{x \to x_0} \frac{f'(x)}{g'(x)}$, so ist*

$$\lim_{x \to x_0} \frac{f(x)}{g(x)} = \lim_{x \to x_0} \frac{f'(x)}{g'(x)}.$$

Beweis. Vorweg setzen wir $f(x_0) := \lim_{x \to x_0} f(x) = 0$ und $g(x_0) := \lim_{x \to x_0} g(x) = 0$.

Für $x_1 \in I$ (zunächst fest) betrachten wir die Funktion

$$h(x) = f(x) - \frac{f(x_1)}{g(x_1)} g(x).$$

h ist stetig in x_0, differenzierbar zwischen x_0, x_1 und in x_1:

$$h'(x) = f'(x) - \frac{f(x_1)}{g(x_1)} g'(x)$$

Wegen $h(x_0) = h(x_1) = 0$ gibt es nach Theorem 23.2 ein $\vartheta \in (0,1)$ mit $h'\big(x_0 + \vartheta(x_1 - x_0)\big) = 0$

$$\Rightarrow \frac{f(x_1)}{g(x_1)} = \frac{f'\big(x_0 + \vartheta(x_1 - x_0)\big)}{g'\big(x_0 + \vartheta(x_1 - x_0)\big)}.$$

Es folgt:

$$\lim_{x\to x_0}\frac{f(x)}{g(x)} = \lim_{x_1\to x_0}\frac{f(x_1)}{g(x_1)} = \lim_{x_1\to x_0}\frac{f'\big(x_0+\vartheta(x_1-x_0)\big)}{g'\big(x_0+\vartheta(x_1-x_0)\big)} = \lim_{x\to x_0}\frac{f'(x)}{g'(x)}.$$

Durch Rückwärtsschreiten erhält man aus Theorem 25.1 die

Folgerung 4. Sind f,g auf I n-mal differenzierbar, gilt $\lim\limits_{x\to x_0} f^{(k)}(x) = \lim\limits_{x\to x_0} g^{(k)}(x) = 0$ für $k=0,1,\ldots,n-1$ und existiert $\lim\limits_{x\to x_0}\dfrac{f^{(n)}(x)}{g^{(n)}(x)}$, so ist

$$\lim_{x\to x_0}\frac{f(x)}{g(x)} = \lim_{x\to x_0}\frac{f'(x)}{g'(x)} = \cdots = \lim_{x\to x_0}\frac{f^{(n-1)}(x)}{g^{(n-1)}(x)} = \lim_{x\to x_0}\frac{f^{(n)}(x)}{g^{(n)}(x)}.$$

Beispiel 25.1. (a) $\lim\limits_{x\to x_0}\dfrac{\sin x}{x} = \lim\limits_{x\to x_0}\dfrac{\cos x}{1} = 1$

(b) $\lim\limits_{x\to a}\dfrac{x^n-a^n}{x^m-a^m} = \lim\limits_{x\to a}\dfrac{nx^{n-1}}{mx^{m-1}} = \dfrac{n}{m}a^{n-m}\ (a\neq 0\text{ fest})$

(c)

$$\lim_{x\to 0}\frac{x-\sin x}{x^3} = \lim_{x\to 0}\frac{1-\cos x}{3x^2}\quad\left(=\frac{0}{0}\right)$$
$$= \lim_{x\to 0}\frac{\sin x}{6x}\quad\left(=\frac{0}{0}\right)$$
$$= \lim_{x\to 0}\frac{\cos x}{6} = \frac{1}{6}$$

Nun betrachten wir den Fall $x_0 = \pm\infty$.

Theorem 25.2 (L'Hospital'sche Regel II). *Die Aussage von Theorem 25.1 gilt unverändert, wenn man*

(a) x_0 durch $+\infty$
(b) x_0 durch $-\infty$

ersetzt.

Beweis (etwa für (a)). Die Funktionen

$$f_1(z) := f\left(\frac{1}{z}\right) \text{ und } g_1(z) := \left(\frac{1}{z}\right)$$

sind definiert auf dem Intervall

$$I_1 := \begin{cases} \left(0,\dfrac{1}{a}\right), \text{ falls } a > 0 \\ (0,+\infty) \text{ falls } a \leq 0. \end{cases}$$

Es gilt $\lim_{z\to 0} f_1(z) = 0$, $\lim_{z\to 0} g_1(z) = 0$ und $g_1(z) \neq 0$ für alle $z \in I_1$. Da $z \mapsto \frac{1}{z}$ auf I_1 und f, g auf I differenzierbar sind, folgt mit der Kettenregel die Differenzierbarkeit von f_1, g_1 auf I_1:

$$f_1'(z) = f'\left(\frac{1}{z}\right) \cdot \left(-\frac{1}{z^2}\right), \ g_1'(z) = g'\left(\frac{1}{z}\right) \cdot \left(-\frac{1}{z^2}\right).$$

Mit Theorem 25.1 erhält man nun:

$$\lim_{x\to+\infty} \frac{f(x)}{g(x)} = \lim_{z\to 0} \frac{f_1(z)}{g_1(z)} = \lim_{z\to 0} \frac{f_1'(z)}{g_1'(z)} = \lim_{z\to 0} \frac{f'\left(\frac{1}{z}\right) \cdot \left(-\frac{1}{z^2}\right)}{g'\left(\frac{1}{z}\right) \cdot \left(-\frac{1}{z^2}\right)}$$

$$= \lim_{z\to 0} \frac{f'\left(\frac{1}{z}\right)}{g'\left(\frac{1}{z}\right)} = \lim_{x\to+\infty} \frac{f'(x)}{g'(x)}.$$

25.1 Übungen

Übung 25.1. Man berechne:

(a) $\lim_{x\to 0} \frac{e^{3x} - 1}{2x}$

(b) $\lim_{x\to 0} x + \cot x$

(c) $\lim_{x\to 0} \left(\frac{1}{x^2} - \frac{\cot x}{x}\right)$

Lösung 25.1. (a) $\lim_{x\to 0} \frac{e^{3x} - 1}{2x} \left(= \frac{0}{0}\right) = \lim_{x\to 0} \frac{3e^{3x}}{2} = \frac{3}{2}$

(b) $\lim_{x\to 0} x \cot x = \lim_{x\to 0} \frac{x}{\tan x} \left(= \frac{0}{0}\right) = \lim_{x\to 0} \frac{1}{\frac{1}{\cos^2 x}} = 1$

(c)

$$\lim_{x\to 0} \left(\frac{1}{x^2} - \frac{\cot x}{x}\right) = \lim_{x\to 0} \frac{1 - x \cot x}{x^2} \left(= \frac{0}{0}\right) = \lim_{x\to 0} \frac{-\cot x + \frac{x}{\sin^2 x}}{2x}$$

$$= \lim_{x\to 0} \frac{-\cos x \sin x + x}{2x \sin^2 x} \left(= \frac{0}{0}\right)$$

$$= \lim_{x\to 0} \frac{\sin^2 x - \cos^2 x + 1}{2 \sin^2 x + 4x \sin x \cos x}$$

$$= \lim_{x\to 0} \frac{2 \sin^2 x}{2 \sin^2 x + 4x \sin x \cos x}$$

174 25 Die Regel von Bernoulli - L'Hospital

$$= \lim_{x \to 0} \frac{\sin x}{\sin x + 2x \cos x} \left(= \frac{0}{0} \right)$$

$$= \lim_{x \to 0} \frac{\cos x}{\cos x + 2 \cos x - 2x \sin x} = \frac{1}{3}$$

Übung 25.2. Man untersuche, ob sich die Funktion

$$\varphi(x) = 2^{\cos\left(\pi \frac{10^x + x^2 - 1}{x}\right)}, x \neq 0$$

aus Übung 17.2 so fortsetzen lässt, dass sie überall stetig wird.

Lösung 25.2. $\lim\limits_{x \to 0} \dfrac{10^x + x^2 - 1}{x} \left(= \dfrac{0}{0} \right) = \lim\limits_{x \to 0} \dfrac{10^x \ln 10 + 2x}{1} = \ln 10$

$\Rightarrow f(x) = \pi \dfrac{10^x + x^2 - 1}{x}, x \neq 0$, wird durch $f(0) := \pi \ln 10$ stetig fortgesetzt

Theorem 17.1 $\Longrightarrow \varphi(x) = 2^{\cos(f(x))}, x \neq 0$, wird durch $\varphi(0) := 2^{\cos(\pi \ln 10)}$ stetig fortgesetzt.

Übung 25.3. Berechnen Sie:

(a) $\lim\limits_{x \to 2} \dfrac{x^2 + 2x - 8}{x^2 - 4}$

(b) $\lim\limits_{x \to \frac{\pi}{4}} \dfrac{\ln \tan x}{\cos 2x}$

(c) $\lim\limits_{x \to 0} \dfrac{x^3}{e^x - 1}$

(d) $\lim\limits_{x \to 0} \arcsin(2x^2) \cot(3x^2)$

(e) $\lim\limits_{x \to 1} \left(\dfrac{x}{x-1} - \dfrac{1}{\ln x} \right)$

26

Absolute und relative Extremstellen von Funktionen

Es sei f eine Funktion mit dem Definitionsbereich D.

Definition 26.1 (Absolute Extremwerte).

(a) $x_0 \in D$ *heißt eine* absolute Minimalstelle *und* $f(x_0)$ *das* absolute Minimum *von f bzgl. D, wenn*

$$f(x_0) \leq f(x) \text{ für alle } x \in D.$$

(b) $X_0 \in D$ *heißt eine* absolute Maximalstelle *und* $f(X_0)$ *das* absolute Maximum *von f bzgl. D, wenn*

$$f(X_0) \geq f(x) \text{ für alle } x \in D.$$

Schreibweise: $f(x_0) = \min_D f, \quad f(X_0) = \max_D f$.

Für viele Anwendungen ist die Beantwortung der folgenden Fragen von größter Bedeutung:

(a) Existieren solche *absoluten Extremalstellen*?
(b) Wenn ja, wie kann man sie berechnen?

Eine bejahende Antwort auf die erste Frage gab Theorem 16.1 unter der Voraussetzung, dass D ein abgeschlossenes Intervall und f auf D stetig ist:

176 26 Absolute und relative Extremstellen von Funktionen

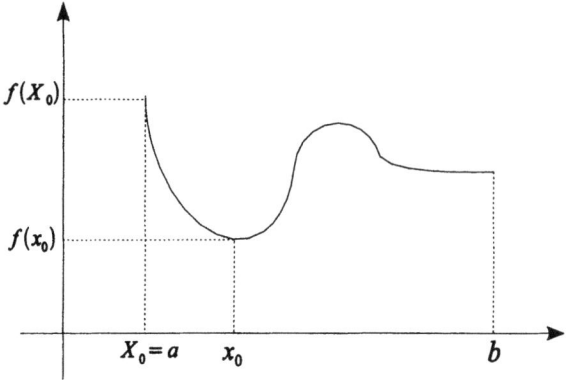

Zur Beantwortung der zweiten Frage führen wir den Begriff der relativen Extremalstelle ein.

Definition 26.2 (Relative Extremwerte). *Es sei $x_0 \in D$, so dass in jeder Umgebung von x_0 mindestens ein Element von D kleiner als x_0 und eines größer als x_0 liegt. x_0 heißt* lokale (relative) Extremalstelle *von f, wenn es eine Umgebung U von x_0 gibt, so dass*

$$\text{entweder } f(x_0) \leq f(x) \text{ für alle } x \in D \cap U$$
$$\text{oder } \quad f(x_0) \geq f(x) \text{ für alle } x \in D \cap U.$$

Im ersten Fall heißt x_0 eine lokale Minimalstelle *und $f(x_0)$ ein* lokales Minimum, *im zweiten Fall heißt x_0 eine* lokale Maximalstelle *und $f(x_0)$ ein* lokales Maximum.

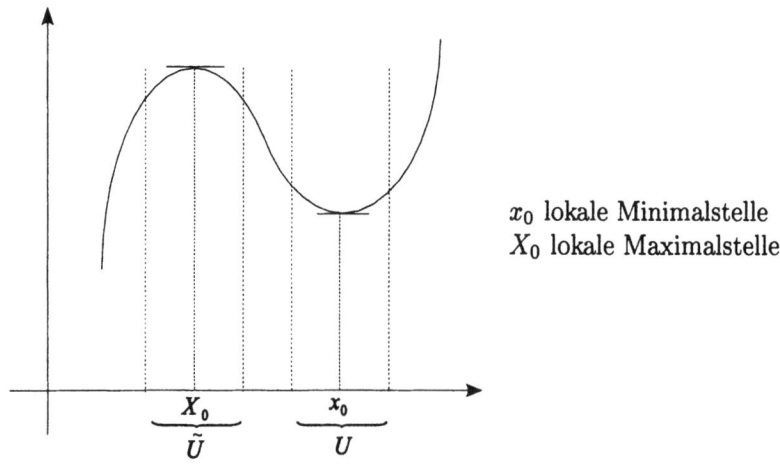

x_0 lokale Minimalstelle
X_0 lokale Maximalstelle

Eine notwendige Bedingung für lokale Extremalstellen enthält

Theorem 26.1 (Notwendige Bedingung). *Es sei f in x_0 differenzierbar. Ist dann x_0 lokale Minimalstelle oder lokale Maximalstelle von f, so gilt $f'(x_0) = 0$.*

Beweis (wie bei Theorem 23.1). Es sei etwa x_0 lokale Minimalstelle. Dann existiert eine Umgebung U von x_0, so dass

$$f(x_0) \le f(x) \text{ für alle } x \in D \cap U.$$

Es gibt Folgen (a_n) und (b_n) mit

$$a_n \in D \cap U, a_n < x_0, a_n \to x_0$$
$$b_n \in D \cap U, x_0 < b_n, b_n \to x_0.$$

Bezeichnet Δ den Differenzenquotienten von f in x_0, so folgt damit

$$\Delta(a_n) \le 0 \le \Delta(b_n) \text{ für alle } n$$
$$\Rightarrow f'(x_0) = \lim \Delta(a_n) = \lim \Delta(b_n) = 0.$$

Die Umkehrung von Theorem 26.1 ist falsch:
Aus $f'(x_0) = 0$ folgt nicht notwendig, dass x_0 lokale Extremalstelle von f ist.

Beispiel 26.1. $f(x) = x^3, x_0 = 0$

$$f'(x) = 3x^2 \Rightarrow f'(0) = 0$$

Aber $x_0 = 0$ ist keine lokale Extremalstelle, denn die Funktion $f(x) = x^3$ ist streng monoton wachsend.

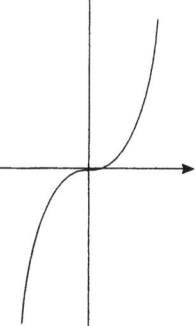

Eine waagerechte Tangente an den Graphen von f im Punkt $P\bigl(x_0, f(x_0)\bigr)$ ist also notwendig, aber keineswegs hinreichend für das Vorhandensein eines Extremums von f in x_0.
Eine hinreichende Bedingung für lokale Extremalstellen enthält

Theorem 26.2 (Hinreichende Bedingung I). *Es existiere eine Umgebung U von $x_0 \in D$, so dass f auf U (definiert und) zweimal differenzierbar ist, ferner sei $f'(x_0) = 0$.*

(a) Gilt $f''(x) \ge 0$ für alle $x \in U$, so ist x_0 lokale Minimalstelle.
(b) Gilt $f''(x) \le 0$ für alle $x \in U$, so ist x_0 lokale Maximalstelle.

Beweis. Wir benutzen das Theorem von Taylor mit $I = U$ und $n = 1$. Für ein beliebiges $x \in U$ gibt es demnach ein $\vartheta \in (0,1)$, so dass

$$f(x) = f(x_0) + f'(x_0)(x - x_0) + \frac{(x - x_0)^2}{2} f''\left(x_0 + \vartheta(x - x_0)\right)$$
$$= f(x_0) + \frac{(x - x_0)^2}{2} f''(z),$$

wobei $f'(x_0) = 0$ benutzt und $z := x_0 + \vartheta(x - x_0)$ gesetzt wurde.

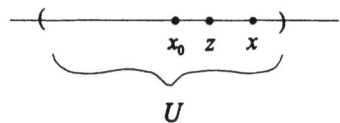

$$z \in U \Rightarrow \begin{cases} f''(z) \geq 0 \text{ im Fall (a)} \\ f''(z) \leq 0 \text{ im Fall (b)} \end{cases}$$
$$\Rightarrow f(x) - f(x_0) = \frac{(x - x_0)^2}{2} f''(z) \begin{cases} \geq 0 \text{ im Fall (a)} \\ \leq 0 \text{ im Fall (b)} \end{cases}$$
$$\Rightarrow \begin{cases} f(x_0) \leq f(x) \text{ im Fall (a)} \\ f(x_0) \geq f(x) \text{ im Fall (b)} \end{cases}$$

Da $x \in U$ beliebig war, ist damit das Theorem bewiesen.

Für Anwendungen besonders geeignet ist die Folgerung:

Theorem 26.3 (Hinreichende Bedingung II). *f sei in einer Umgebung von x_0 zweimal differenzierbar, und f'' sei stetig in x_0.*

(a) Gilt $f'(x_0) = 0$ und $f''(x_0) > 0$, so ist x_0 lokale Minimalstelle.
(b) Gilt $f'(x_0) = 0$ und $f''(x_0) < 0$, so ist x_0 lokale Maximalstelle.

Beweis (etwa für (a)). f'' ist auf einer Umgebung von x_0 definiert. Da f'' stetig in x_0 und $f''(x_0) > 0$ ist, gibt es eine (in jener enthaltenen) Umgebung U von x_0 mit $f''(x_0) > 0$ für alle $x \in U$.

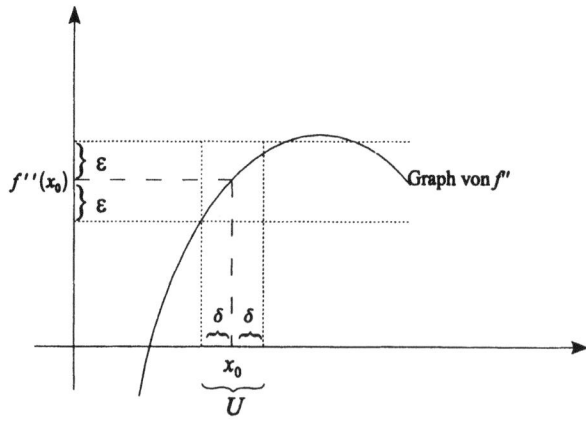

Die Behauptung folgt nun aus Theorem 26.2.

Gilt $f'(x_0) = f''(x_0) = 0$, so lässt sich über das Vorhandensein eines Extremums von f in x_0 allgemein nichts aussagen.

Beispiel 26.2. (a) $f(x) = x^3, x_0 = 0$

$$f'(x) = 3x^2, f''(x) = 6x \Rightarrow f'(0) = f''(0) = 0$$

$x_0 = 0$ ist keine lokale Extremalstelle (s.Besp. 26.1).
(b) $f(x) = x^4, x_0 = 0$

$$f'(x) = 4x^3, f''(x) = 12x^2 \Rightarrow f'(0) = f''(0) = 0$$

$x_0 = 0$ ist lokale Minimalstelle, denn $f(x) > 0$ für $x \neq 0$.

26.1 Übungen

Übung 26.1. Man untersuche die Funktionen auf lokale Extrema!
(a) $f(x) = x^4 - 8x^2 + 4$
(b) $g(x) = x^2 + \dfrac{54}{x}$

Lösung 26.1. (a) $f'(x) = 4x^3 - 16x = 4x(x^2 - 4)$

$\Rightarrow f'(x_0) = 0$ genau für $x_0 = 0, \pm 2$ (kritische Stellen)
$f''(x) = 12x^2 - 16$
$\Rightarrow f''(0) < 0,\ f''(\pm 2) > 0$

$\overset{\text{Theorem 26.3}}{\Longrightarrow}$ $x_0 = 0$ lokale Maximalstelle, $x_0 = \pm 2$ lokale Minimalstellen

Die zugehörigen lokalen Extrema sind $f(0) = 4$ und $f(\pm 2) = -12$.
(b) $g'(x) = 2x - \dfrac{54}{x^2} = \dfrac{2(x^3 - 27)}{x^2}$

$\Rightarrow g'(x_0) = 0$ genau für $x_0 = 3$
$g''(x) = 2 + \dfrac{108}{x^3} \Rightarrow g''(3) > 0$

$\Rightarrow x_0 = 3$ lokale Minimalstelle; $g(3) = 27$ zugehöriges lokales Minimum.

180   26 Absolute und relative Extremstellen von Funktionen

Übung 26.2.

Eine Leiter soll parallel zum Fußboden durch einen Hausflur getragen werden, dessen Grundriss in der nebenstehenden Abbildung angegeben ist. Welche Länge der Leiter ist gerade noch zulässig, um die Ecke des Flurs passieren zu können? [Sp77, S. 75]

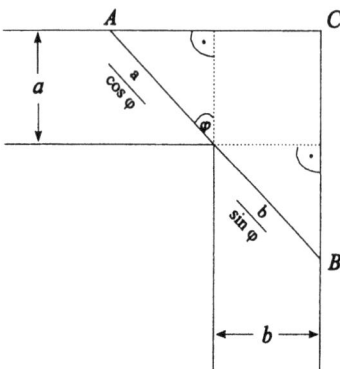

Lösung 26.2. Die maximale Leiterlänge entspricht der Länge der kürzesten Strecke AB, welche die innere Ecke berührt und deren Endpunkte auf den äußeren Umrisslinien liegen. Bezeichnet φ das Bogenmaß des Winkels $\sphericalangle(ABC)$, so gilt:

$$l(\varphi) := \overline{AB} = \frac{a}{\cos\varphi} + \frac{b}{\sin\varphi}$$

$$\Rightarrow \frac{dl}{d\varphi} = a\frac{\sin\varphi}{\cos^2\varphi} - b\frac{\cos\varphi}{\sin^2\varphi}$$

$$\frac{dl}{d\varphi} = 0 \Leftrightarrow a\sin^3\varphi = b\cos^3\varphi \Leftrightarrow \tan^3\varphi = \frac{b}{a} \Leftrightarrow \varphi = \arctan\sqrt[3]{\frac{b}{a}}$$

Da $l(\varphi)$ für Werte von φ nahe den Randpunkten des Definitionsbereiches $\left(0, \frac{\pi}{2}\right)$ beliebig groß wird, folgt aus Theorem 16.1 die Existenz einer absoluten Minimalstelle. Diese stimmt notwendig mit $\varphi_0 = \arctan\sqrt[3]{\frac{b}{a}}$ überein. Schließlich ist $l(\varphi_0)$ zu berechnen. Dazu zeigen wir zunächst:

$$\cos\arctan y = \frac{1}{\sqrt{1+y^2}}, \sin\arctan y = \frac{y}{\sqrt{1+y^2}} \text{ für alle } y \in \mathbb{R}. \quad (26.1)$$

Setze $x = \arctan y$. $\tan y = \frac{\sin x}{\cos x} \Rightarrow \tan^2 x = \frac{1-\cos^2 x}{\cos^2 x} = \frac{\sin^2 x}{1-\sin^2 x}$

$$\Rightarrow \cos^2 x = \frac{1}{1+\tan^2 x}, \sin^2 x = \frac{\tan^2}{1+\tan^2 x}$$

$$\Rightarrow \cos x = \frac{1}{\sqrt{1+\tan^2 x}} = \frac{1}{\sqrt{1+y^2}}, \sin x = \frac{\tan x}{\sqrt{1+\tan^2 x}} = \frac{y}{\sqrt{1+y^2}}.$$

Mit (26.1) erhält man nun:

$$\frac{1}{\cos\varphi_0} = \sqrt{1+\left(\frac{b}{a}\right)^{2/3}} = \frac{\sqrt{a^{2/3}+b^{2/3}}}{a^{1/3}}, \frac{1}{\sin\varphi_0} = \frac{\sqrt{1+\left(\frac{b}{a}\right)^{2/3}}}{\left(\frac{b}{a}\right)^{1/3}}$$

$$= \frac{\sqrt{a^{2/3}+b^{2/3}}}{b^{1/3}}$$

$$\Rightarrow l(\varphi_0) = \frac{a}{\cos\varphi_0} + \frac{b}{\sin\varphi_0} = \left(a^{2/3}+b^{2/3}\right)\sqrt{a^{2/3}+b^{2/3}} = \left(a^{2/3}+b^{2/3}\right)^{3/2}.$$

Übung 26.3. Untersuchen Sie die Funktion f auf lokale Extrema!

(a) $f(x) = x^3 - 6x^2 + 9x - 7$
(b) $f(x) = (x^2 - 3)^2$
(c) $f(x) = x^3 + \dfrac{243}{x}$
(d) $f(x) = xe^{-x}$
(e) $f(x) = \sqrt{\sin x}$

Übung 26.4.

Ein Ruderer befindet sich in seinem Boot an der Stelle P, die d [km] vom nächsten Punkt A des Ufers entfernt ist. Er will zu dem Punkt B des Ufers, der von A die Entfernung $e > d$ hat. Seine Geschwindigkeit v [km/h] zu Wasser ist halb so groß wie die zu Lande. Wo muss er landen, um sein Ziel möglichst schnell zu erreichen? [Ayr77, S. 51]

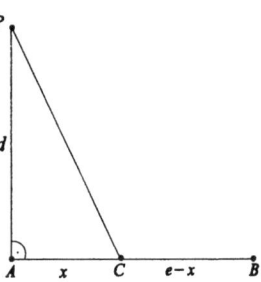

27

Konvexe und konkave Funktionen

Es sei f eine auf dem offenen Intervall I definierte Funktion.

Definition 27.1 (Konvexität).

(a) f heißt konvex *auf I, wenn für beliebige $x_1, x_2 \in I$ gilt*

$$f\big(\lambda x_1 + (1-\lambda)x_2\big) \leq \lambda f(x_1) + (1-\lambda)f(x_2) \text{ für alle } 0 < \lambda < 1. \quad (27.1)$$

(b) f heißt konkav *auf I, wenn $-f$ auf I konvex ist.*

Wir wollen die Eigenschaft (27.1) in eine anschaulichere Form bringen.
Es seine $x_1 \neq x_2$ fest und $x = \lambda x_1 + (1-\lambda)x_2, 0 < \lambda < 1$

$$\Rightarrow x = x_2 + \lambda(x_1 - x_2) = x_1 + (1-\lambda)(x_2 - x_1)$$

(Insbesondere erkennt man, dass x bei variablem λ genau die zwischen x_1 und x_2 liegenden Punkte durchläuft.)

$$\Rightarrow 1 - \lambda = \frac{x - x_1}{x_2 - x_1}$$

$$\Rightarrow \lambda f(x_1) + (1-\lambda)f(x_2) = f(x_1) + (1-\lambda)\big(f(x_2) - f(x_1)\big)$$

$$= f(x_1) + \frac{f(x_2) - f(x_1)}{x_2 - x_1}(x - x_1)$$

Damit ist (27.1) äquivalent zu:

$$f(x) \leq f(x_1) + \frac{f(x_2) - f(x_1)}{x_2 - x_1}(x - x_1) \text{ für alle } x \text{ zwischen } x_1 \text{ und } x_2. \quad (27.2)$$

Auf der rechten Seite von (27.2) steht aber die Gleichung der Sekante s durch die Punkte $P_1\big(x_1, f(x_1)\big), P_2\big(x_2, f(x_2)\big)$ des Graphen von f.

27 Konvexe und konkave Funktionen

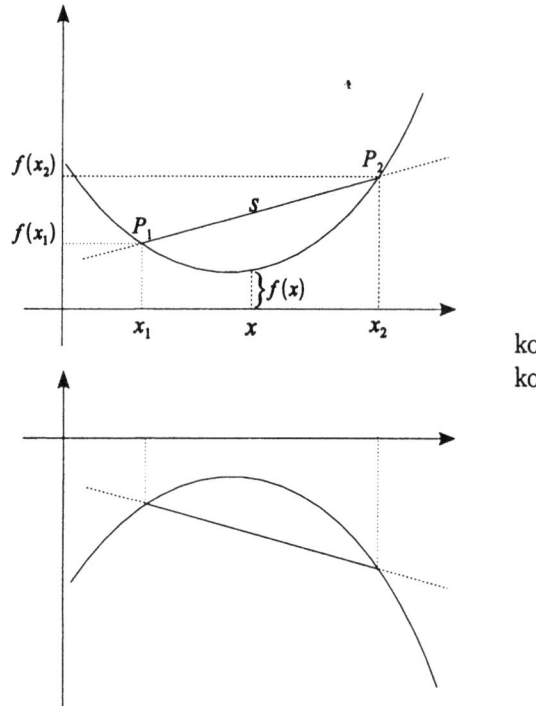

konvexe Funktion
konkave Funktion

f ist also genau dann konvex (konkav) auf I, wenn für beliebige $x_1, x_2 \in I$ die Sekante durch die beiden Punkte $\big(x_1, f(x_1)\big)$ und $\big(x_2, f(x_2)\big)$ zwischen x_1 und x_2 oberhalb (unterhalb) des Graphen von f liegt.

Es genügt, die folgenden Sätze über konvexe und konkave Funktionen nur für den konvexen Teil zu beweisen. - Ohne Beweis teilen wir zunächst mit:

Theorem 27.1 (Konvexität impliziert Stetigkeit). *Jede auf einem offenen Intervall konvexe (konkave) Funktion ist dort stetig.*

Theorem 27.2 (Konvexität und Extremwert). *Es sei f konvex (konkav) auf I und $x_0 \in I$ eine relative Minimal (Maximal)-stelle von f. Dann ist x_0 auch eine absolute Minimal (Maximal)-stelle, d.h. $f(x_0) = \min_I f \big(f(x_0) = \max_I f\big)$.*

Beweis. Nach Voraussetzung existiert eine in I enthaltene Umgebung U von x_0, so dass $f(x_0) \leq f(x)$ für alle $x \in U$. Nun sei $x \in I \backslash U$.

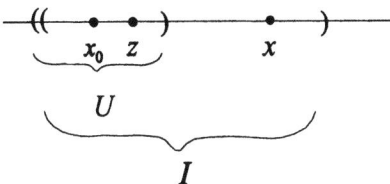

Dann gibt es ein $\lambda \in (0,1)$ mit $z := \lambda x_0 + (1-\lambda)x \in U$

$$\Rightarrow f(x_0) \leq f(z) = f\Big(\lambda y_0 + (1-\lambda)x\Big) \stackrel{f \text{ konvex}}{\leq} \lambda f(x_0) + (1-\lambda)f(x)$$
$$\Rightarrow (1-\lambda)f(x_0) \leq (1-\lambda)f(x)$$
$$\Rightarrow f(x_0) \leq f(x).$$

Insgesamt ist damit $f(x_0) = \min\limits_I f$.

Wir werden jetzt Kennzeichnungen der Konvexität (Konkavität) herleiten unter der Voraussetzung, dass die Funktion differenzierbar ist.

Theorem 27.3 (Konvexitätskriterium I). *Ist f auf I differenzierbar, so gilt:*
f konvex auf I $\Leftrightarrow$ f' monoton wachsend auf I
(f konkav auf I $\Leftrightarrow$ f' monoton fallend auf I).

Beweis ("$\Rightarrow$"). Es sei zunächst $x_0 \in I$ beliebig und Δ der Differenzenquotient von f in x_0. Wir zeigen, dass für $z_1, z_2 \in I$ gilt:

$$x_0 < z_1 < z_2 \text{ oder } z_1 < z_2 < x_0 \Rightarrow \Delta(z_1) \leq \Delta(z_2)$$

(a)
$$x_0 < z_1 < z_2 \stackrel{(27.2)}{\Longrightarrow} f(z_1) \leq f(x_0) + \frac{f(z_2) - f(x_0)}{z_2 - x_0}(z_1 - x_0)$$
$$\Longrightarrow \frac{f(z_1) - f(x_0)}{z_1 - x_0} \leq \frac{f(z_2) - f(x_0)}{z_2 - x_0}, \text{ d.h. } \Delta(z_1) \leq \Delta(z_2).$$

(b)
$$x_0 > z_2 > z_1 \stackrel{(27.2)}{\Longrightarrow} f(z_2) \leq f(x_0) + \frac{f(z_1) - f(x_0)}{z_1 - x_0}(z_2 - x_0)$$
$$\Longrightarrow \frac{f(z_2) - f(x_0)}{z_2 - x_0} \geq \frac{f(z_1) - f(x_0)}{z_1 - x_0}, \text{ d.h. } \Delta(z_2) \geq \Delta(z_1).$$

Nun seien $x_1, x_2 \in I$ mit $x_1 < x_2$. Δ_1 bzw. Δ_2 bezeichne den Differenzenquotienten von f in x_1 bzw. in x_2. Dann ist nach dem Vorstehenden Δ_1 monoton wachsend auf $I \cap (x_1, +\infty)$, Δ_2 monoton wachsend auf $I \cap (-\infty, x_2)$

$$\Rightarrow \begin{cases} f'(x_1) = \lim_{z \to x_1+} \Delta_1(z) \leq \Delta_1(x_2) \\ f'(x_2) = \lim_{z \to x_2-} \Delta_2(z) \geq \Delta_2(x_1) \end{cases} \overset{\Delta_1(x_2)=\Delta_2(x_1)}{\Longrightarrow} f'(x_1) \leq f'(x_2)$$

Damit ist f' monoton wachsend auf I.

"$\Leftarrow$": Es seien $x_1, x_2 \in I$ und x liege zwischen x_1 und x_2. Δ_1 bezeichne den Differenzenquotienten von f in x_1. Nun sei etwa $x_1 < x < x_2$ (für $x_2 < x < x_1$ geht der Beweis analog). Wir zeigen, dass Δ_1 monoton wachsend auf $I \cap (x_1, +\infty)$ ist und benutzen dazu das Kriterium von Theorem 23.3 (a). Es sei $x_1 < x \in I$. Nach dem Mittelwertsatz gibt es ein $x_0 \in (x_1, x)$ mit

$$\begin{rcases} \dfrac{f(x) - f(x_1)}{x - x_1} = f'(x_0) \\ x_0 < x \Rightarrow f'(x_0) \leq f'(x) \end{rcases} \Rightarrow \dfrac{f(x) - f(x_1)}{x - x_1} \leq f'(x)$$

$$\overset{\text{Quotientenregel}}{\Longrightarrow} \Delta_1'(x) = \frac{f'(x)(x - x_1) - \big(f(x) - f(x_1)\big)}{(x - x_1)^2}$$

$$= \frac{1}{x - x_1}\left(f'(x) - \frac{f(x) - f(x_1)}{x - x_1}\right) \geq 0.$$

Also ist Δ_1 monoton wachsend auf $I \cap (x_1, +\infty)$. Nun können wir schließen:

$$x_1 < x < x_2 \Rightarrow \Delta_1(x) \leq \Delta_1(x_2), \text{ d.h. } \frac{f(x) - f(x_1)}{x - x_1} \leq \frac{f(x_2) - f(x_1)}{x_2 - x_1}$$

$$\Rightarrow f(x) \leq f(x_1) + \frac{f(x_2) - f(x_1)}{x_2 - x_1}(x - x_1).$$

Damit ist f konvex auf I.

Mit Theorem 23.3 erhält man die Folgerung:

Theorem 27.4 (Konvexitätskriterium II). *Ist f auf I zweimal differenzierbar, so gilt:*
f konvex auf I $\Leftrightarrow$ $f'' \geq 0$ auf I
(f konkav auf I $\Leftrightarrow$ $f'' \leq 0$ auf I).

Durch das folgende Theorem wird die Konvexität (Konkavität) von f auf I so charakterisiert: Für ein beliebiges $x_0 \in I$ liegt die Tangente durch den Punkt $\big(x_0, f(x_0)\big)$ unterhalb (oberhalb) des Graphen von f.

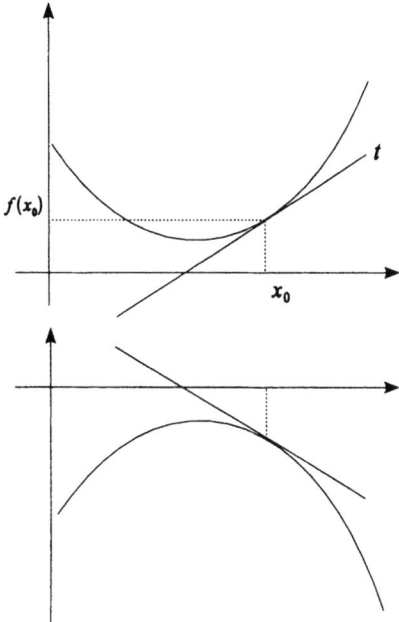

Theorem 27.5 (Charakterisierung der Konvexität). *Ist f differenzierbar auf I, so ist f genau dann konvex auf I, wenn für jedes $x_0 \in I$ gilt*

$$f(x) \geq f(x_0) + f'(x_0)(x - x_0) \text{ für alle } x \in I. \tag{27.3}$$

Beweis. (a) Es sei f konvex auf I und $x_0 \in I$. Nach dem Beweis von Theorem 27.3 ist der Differenzenquotient Δ von f in x_0 monoton wachsend auf $I \cap (x_0, +\infty)$ und auf $I \cap (-\infty, x_0)$. Für $x_0 \neq x \in I$ kann man dann schließen:

$$x_0 < x \Rightarrow f'(x_0) \leq \Delta(x) \Rightarrow f'(x_0)(x - x_0) \leq f(x) - f(x_0)$$
$$\Rightarrow f(x) \geq f(x_0) + f'(x_0)(x - x_0)$$
$$x < x_0 \Rightarrow \Delta(x) \leq f'(x_0) \Rightarrow f(x) - f(x_0) \geq f'(x_0)(x - x_0)$$
$$\Rightarrow f(x) \geq f(x_0) + f'(x_0)(x - x_0)$$

Für $x = x_0$ gilt die Ungleichung (27.3) trivialerweise.

(b) Es seine $x_1, x_2 \in I$ und $0 < \lambda < 1$. Wir wenden (27.3) an mit $x_0 := \lambda x_1 + (1 - \lambda)x_2$ und $x = x_1$ bzw. $x = x_2$:

$$f(x_1) \geq f(x_0) + f'(x_0)(x_1 - x_0)$$
$$\Rightarrow \lambda f(x_1) \geq \lambda f(x_0) + \lambda f'(x_0)(x_1 - x_0)$$
$$f(x_2) \geq f(x_0) + f'(x_0)(x_2 - x_0)$$
$$\Rightarrow (1 - \lambda)f(x_2) \geq (1 - \lambda)f(x_0) + (1 - \lambda)f'(x_0)(x_2 - x_0).$$

Addition auf beiden Seiten der Ungleichungen ergibt

$$\lambda f(x_1) + (1-\lambda)f(x_2) \geq f(x_0) + f'(x_0)\Big(\lambda x_1 + (1-\lambda)x_2 - x_0\Big)$$
$$= f(x_0) + f'(x_0) \cdot 0 = f(x_0)$$

was zu zeigen war.

27.1 Übungen

Übung 27.1. Auf welchen Teilintervallen von $\mathbb{R}$ ist die Funktion $f(x) = x^3 e^{-x}$ konvex, auf welchen konkav?

Lösung 27.1.

$$f'(x) = (3x^2 - x^3)e^{-x}$$
$$f''(x) = (6x - 3x^2 - 3x^2 + x^3)e^{-x} = (x^3 - 6x^2 + 6x)e^{-x}$$

Berechnung der Nullstellen von f'':

$$x^2 - 6x + 6 = 0 \Leftrightarrow x^2 - 6x = -6 \Leftrightarrow (x-3)^2 = -6 + 9 = 3$$
$$\Leftrightarrow x = 3 \pm \sqrt{3}$$
$$\Rightarrow f''(x) = x\Big(x - 3 + \sqrt{3}\Big)\Big(x - 3 - \sqrt{3}\Big)e^{-x}$$

Nach Folgerung 2 aus dem Zwischenwertsatz hat f'' auf den Intervallen $(-\infty, 0), \Big(0, 3 - \sqrt{3}\Big), \Big(3 - \sqrt{3}, 3 + \sqrt{3}\Big)$ und $(3 + \sqrt{3}, \infty)$ jeweils konstantes Vorzeichen. Man erhält mit Theorem 27.4:

$(-\infty, 0)$	$(-\infty, 3 - \sqrt{3})$	$(3 - \sqrt{3}, 3 + \sqrt{3})$	$(3 + \sqrt{3}, \infty)$
$f'' < 0$	$f'' > 0$	$f'' < 0$	$f'' > 0$
f konkav	f konvex	f konkav	f konvex

Übung 27.2. Man untersuche die Funktion $f(x) = x^4 - 12x + 3$ auf Konvexität und bestimme $\min_{\mathbb{R}} f$.

Lösung 27.2. $f'(x) = 4x^3 - 12$, $f''(x) = 12x^2$

$$\Rightarrow \quad f'\left(\sqrt[3]{3}\right) = 0 \text{ und } f'' \geq 0 \text{ auf } \mathbb{R}$$

$\overset{\text{Theorem 26.2}}{\Longrightarrow}$ $\sqrt[3]{3}$ ist lokale Minimalstelle und f ist kovex auf $\mathbb{R}$

$\overset{\text{Theorem 27.2}}{\Longrightarrow}$ $\sqrt[3]{3}$ ist globale Minimalstelle

$$\Rightarrow \quad \min_{\mathbb{R}} f = f\left(\sqrt[3]{3}\right) = (3 - 12)\sqrt[3]{3} + 3 = 3 - 9\sqrt[3]{3}$$

Übung 27.3. Bestimmen Sie die Intervalle, auf denen die Funktionen von Übung 26.3 konvex bzw. konkav sind.

Teil V

Integralrechnung

28

Bestimmtes Integral - unbestimmtes Integral

Wir bringen zunächst eine informale Einführung des zweiteiligen Integralbegriffes.

Integral

| **unbestimmtes Integral** | **bestimmtes Integral** |

Beruht auf der Umkehrung der Differentiation:

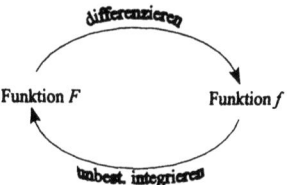

Aufgabe beim unbestimmten Integrieren:
Zu einer gegebenen Funktion f ist eine differenzierbare Funktion F mit $F' = f$ gesucht! Da diese nie eindeutig bestimmt ist (z.B. $(F+c)' = F'$, c konstant), wird man sogar nach sämtlichen F mit $F' = f$ fragen.

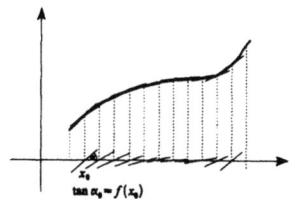

Man nennt

$$\int f(x)\, dx = \int f := \{F : F' = f\}$$

das unbestimmte Integral von f.

Beruht auf der Flächenberechnung.
Aufgabe beim bestimmten Integrieren:
Die Funktion f sei auf dem Intervall $[a, b]$ definiert und ≥ 0. Zu berechnen ist die Fläche F_0 des von dem Graphen von f, der x-Achse und den Parallelen zur y-Achse durch a und b eingeschlossenen Gebietes G!

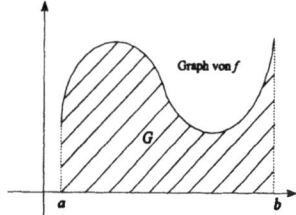

Man nennt

$$\int_a^b f(x)\, dx := F_0$$

das bestimmte Integral von f zwischen den Grenzen a und b.

Der Zusammenhang zwischen den beiden Integralbegriffen wird durch den Hauptsatz der Differential- und Integralrechnung beschrieben. Unter Zugrundelegung eines intuitiven Flächenbegriffes (der schon bei der "Definition" des bestimmten Integrals benutzt wurde) lässt sich dieses Theorem folgendermaßen herleiten.

Es sei f auf dem Intervall $[a,b]$ stetig und ≥ 0. Für $x \in [a,b]$ bezeichne $F_0(x)$ die Fläche über $[a,x]$:

$$F_0(x) = \int_a^x f(t)\, dt, \ x \in [a,b]$$

(Kommt x als Grenze bei einem bestimmten Integral vor, so bezeichnet man die Variable der Funktion mit einem anderen Buchstaben, um Missverständnisse zu vermeiden!)

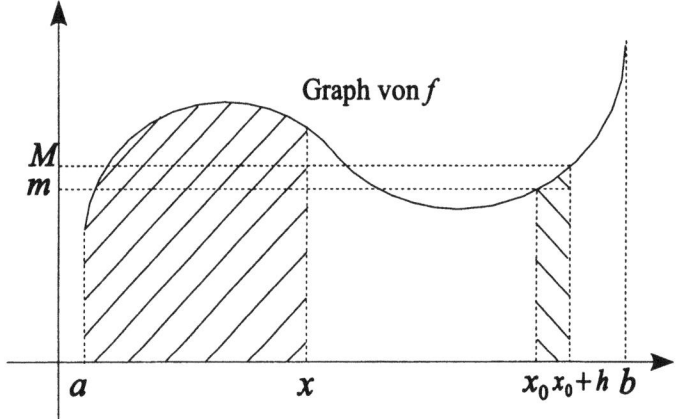

Wir untersuchen jetzt die so definierte Funktion F_0 auf Differenzierbarkeit. Sei dazu $x_0 \in [a,b]$ und $h > 0$, (so dass $x_0 + h \in [a,b]$). Es ist

$$F_0(x_0 + h) - F_0(x_0) = \int_{x_0}^{x_0+h} f(x)\, dx$$

die Fläche über $[x_0, x_0 + h]$. Für $m := \min_{[x_0,x_0+h]} f$, $M := \max_{[x_0,x_0+h]} f$ gilt (anschaulich)

$$mh \leq F_0(x_0 + h) - F_0(x_0) \leq Mh$$
$$\Rightarrow m \leq \frac{F_0(x_0 + h) - F_0(x_0)}{h} \leq M.$$

Nach dem Zwischenwertsatz gibt es folglich ein $z \in [x_0, x_0 + h]$ mit

$$f(z) = \frac{F_0(x_0 + h) - F_0(x_0)}{h}.$$

In anderer Schreibweise: Es existiert ein $\vartheta = \vartheta(h) \in [0,1]$ mit

$$f(x_0 + \vartheta h) = \frac{F_0(x_0 + h) - F_0(x_0)}{h}.$$

In dieser Form ist die Aussage auch für $h < 0$ richtig. Nun sei (h_n) eine Nullfolge, $h_n \neq 0$ für alle n. Wegen $0 \leq \vartheta(h_n)$ ist auch $\bigl(\vartheta(h_n) \cdot h_n\bigr)$ eine Nullfolge und man erhält

$$\lim_{n \to \infty} \frac{F_0(x_0 + h_n) - F_0(x_0)}{h_n} = \lim_{n \to \infty} f\bigl(x_0 + \vartheta(h_n) \cdot h_n\bigr) = f(x_0).$$

Mit Theorem 14.5 folgt dann $\lim_{h \to 0} \dfrac{F_0(x_0 + h) - F_0(x_0)}{h} = f(x_0)$. Damit haben wir:

Das bestimmte Integral $F_0(x) := \int_a^x f(t)\, dt$, als Funktion der oberen Grenze x, ist differenzierbar, und es gilt

$$F_0'(x) = f(x) \text{ für alle } x \in [a, b].$$

Dies ist der angekündigte Zusammenhang der beiden Integralbegriffe:

Die durch das bestimmte Integral von f definierte Funktion $x \mapsto \int_a^x f(t)\, dt$ gehört zum unbestimmten Integral von f!

28.1 Unbestimmtes Integral

Definition 28.1 (Stammfunktion, unbestimmtes Integral). *Es sei f eine Funktion mit dem Definitionsbereich D. Eine auf D definierte, differenzierbare Funktion F heißt eine* Stammfunktion *von f, wenn $F'(x) = f(x)$ für alle $x \in D$. $\int f(x)\, dx$ oder $\int f$ bezeichnet die Menge aller Stammfunktionen von f und wird das* unbestimmte Integral *von f genannt.*

Theorem 28.1 (Form des unbestimmten Integrals). *Der Definitionsbereich von f sei ein Intervall I. Ist F_0 irgendeine feste Stammfunktion von f, so gilt*

$$\int f = \{F_0 + c : c \in \mathbb{R}\}.$$

Beweis. (a) $(F_0 + c)' = F_0' = f$ für jedes $c \in \mathbb{R}$

(b) Es sei $F \in \int f$, d.h. $F' = f$. Dann ist $(F - F_0)' = f - f = 0$ auf I, nach Theorem 23.3 also $F - F_0 = c$ mit einer Konstanten c. Es folgt $F = F_0 + c$.

An Stelle von $\int f = \{F_0 + c : c \in \mathbb{R}\}$ schreibt man einfacher

$$\int f = F_0 + c \text{ oder } \int f(x)\,dx = F_0(x) + c.$$

Während stets gilt

$$\left(\int f\right)' = f \text{ oder } \frac{d}{dx}\int f(x)\,dx = f(x)$$

hat man also im Fall $D = I$

$$\int (F') = F + c \text{ oder } \int F'(x)\,dx = F(x) + c.$$

Beispiel 28.1. $f(x) = \left\{\begin{array}{l} 1 \text{ für } x = 0 \\ 0 \text{ für } x \neq 0 \end{array}\right\}$ hat keine Stammfunktion; denn:

$F' = f \overset{\text{Theorem 23.3}}{\Longrightarrow} F(x) = c_1$ für $x < 0$, $F(x) = c_2$ für $x > 0$
$\overset{F \text{ stetig}}{\Longrightarrow} c_1 = c_2 =: c$ und $F(x) = c$ für alle x
$\Rightarrow f = F' = 0$, Widerspruch.

Mit Hilfe der in Kapitel 22 bestimmten Ableitungen elementarer Funktionen erhalten wir die folgenden unbestimmten Integrale:

$$\int x^n\,dx = \frac{1}{n+1}x^{n+1} + c \quad (n \in \mathbb{N}, x \in \mathbb{R})$$

$$\int x^a\,dx = \frac{1}{a+1}x^{a+1} + c \quad (-1 \neq a \in \mathbb{R}, x > 0)$$

$$\int \frac{1}{x}\,dx = \ln x + c \quad (x > 0)$$

$$\int e^x\,dx = e^x + c$$

$$\int \sin x\,dx = -\cos x + c$$

$$\int \cos x\,dx = \sin x + c$$

$$\int \frac{1}{1+x^2}\,dx = \arctan x + c$$

$$\int \frac{1}{\sqrt{1-x^2}}\,dx = \arcsin x + c \quad (-1 < x < 1).$$

Anwendung der Kettenregel zeigt $\int \frac{1}{x}\,dx = \ln(-x) + c$ für $x < 0$. Auf $\mathbb{R}\setminus\{0\}$ ist folglich $\ln|x|$ eine Stammfunktion von $\frac{1}{x}$, jedoch gilt nicht $\int \frac{1}{x}\,dx = \ln|x| + c$; beispielsweise ist auch $\begin{cases} \ln x + 1 & \text{für } x > 0 \\ \ln(-x) - 1 & \text{für } x < 0 \end{cases}$ eine Stammfunktion von $\frac{1}{x}$.

Theorem 28.2 (Rechenregeln für unbestimmte Integrale). *Es seien f, g zwei auf einem Intervall definierte Funktionen, F, G Stammfunktionen von f bzw. g und $\alpha, \beta \in \mathbb{R}\setminus\{0\}$. Dann ist $\alpha F + \beta G$ eine Stammfunktion von $\alpha f + \beta g$, und es gilt*

$$\int (\alpha f + \beta g) = \alpha \int f + \beta \int g.$$

Beweis. Wegen $(\alpha F + \beta G)' = \alpha F' + \beta G' = \alpha f + \beta g$ ist $\alpha F + \beta G$ Stammfunktion von $\alpha f + \beta g$. Nach Theorem 28.1 ist dann die zweite Behauptung gleichbedeutend mit der Lösbarkeit von

$$\alpha F + \beta G + c = \alpha(F + c_1) + \beta(F + c_2)$$

durch c bei gegebenen c_1, c_2 und durch c_1, c_2 bei gegebenem c. Dies ist aber offensichtlich richtig.

28.2 Bestimmtes Integral

Es sei f eine auf dem Intervall $[a, b]$ definierte Funktion mit $f(x) \geq 0$ für alle $x \in I$.
Problem: Kann man dem von dem Graphen von f, der x-Achse und den Parallelen zur y-Achse durch a bzw. b eingeschlossenen Gebiet G eine Zahl (seine "Fläche") zuordnen, die angibt, wie oft ein Einheitsquadrat in G hineinpasst? Ein geeignetes Verfahren hierfür ist die Approximation von G durch Rechtecke. Es besteht aus den folgenden Schritten.

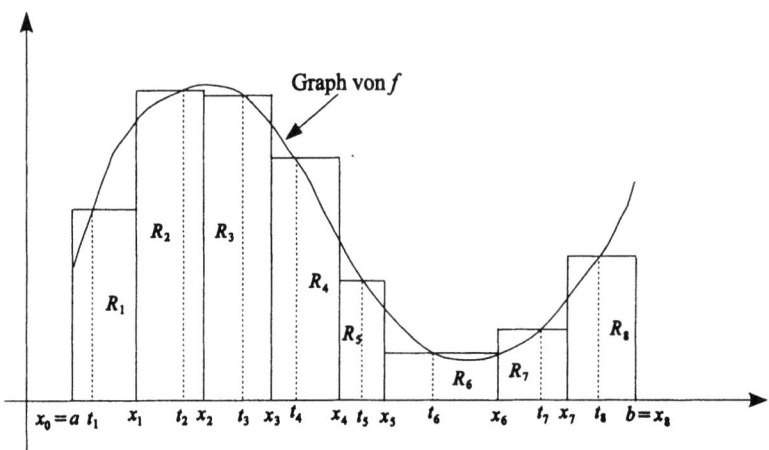

(a) Man zerlege $[a, b]$ in n Teilintervalle $[x_{k-1}, x_k]$ durch die Teilungspunkte $x_0 = a < x_1 < x_2 < \ldots < x_{n-1} < x_n = b$.
$[x_{k-1}, x_k]$ ist das k-te Teilintervall mit der Länge $x_k - x_{k-1}$. Die Längen der Teilintervalle dürfen verschieden sein. $\Delta := \max\limits_{1 \leq k \leq n} (x_k - x_{k-1})$ ist ein Maß für die Feinheit der *Zerlegung* von $[a, b]$ durch die Teilungspunkte $x_0, x_1, \ldots, x_n$.

(b) Man wähle in jedem Teilintervall $[x_{k-1}, x_k]$ eine beliebige Stelle t_k (genannt k-ter *Zwischenpunkt*).
R_k sei das Rechteck mit Grundlinie $[x_{k-1}, x_k]$ und Höhe $f(t_k)$. Dann ist $\bigcup\limits_{k=1}^{n} R_k$ eine Approximation von G. I.a. wird die Approximation umso besser sein, je kleiner Δ ausfällt.

(c) Man setze $S = S(x_0, x_1, \ldots, x_n; t_1, t_2, \ldots, t_n) := \sum\limits_{k=1}^{n} f(t_k)(x_k - x_{k-1})$.
S ist dann die elementar bestimmte Fläche von $\bigcup\limits_{k=1}^{n} R_k$ und als Näherungswert für die Fläche von G anzusehen.

Definition 28.2 (Integrierbarkeit, bestimmtes Integral). *Gibt es eine Zahl A, so dass zu jedem $\varepsilon > 0$ ein $\delta = \delta(\varepsilon)$ bestimmt werden kann mit der Eigenschaft:*
Für alle Zerlegungen $x_0, x_1, \ldots, x_n$ von $[a,b]$ mit $\Delta = \max\limits_{1 \leq k \leq n}(x_k - x_{k-1}) < \delta$ und bei beliebiger Wahl der Zwischenpunkte $t_1, t_2, \ldots, t_n$ gilt

$$\left| S(x_0, x_1, \ldots, x_n; t_1, t_2, \ldots, t_n) - A \right| < \varepsilon,$$

so heißt f integrierbar auf $[a,b]$ und

$$\int\limits_a^b f(x)\, dx := A$$

das bestimmte Integral *von f zwischen den Grenzen a und b.*

Es sei jetzt f eine beliebige auf $[a,b]$ definierte Funktion. Integrierbarkeit und bestimmtes Integral von f erklären wir genauso wie in Definition 28.2.
Da nun aber f i.a. sowohl positive als auch negative Werte annimmt, kann $\int_a^b f(x)\,dx$ nicht mehr als Fläche des eingeschlossenen Gebietes G angesehen werden. Aus der Definition von S ist vielmehr ersichtlich, dass diejenigen Teile von G, welche oberhalb bzw. unterhalb der x-Achse liegen, positive bzw. negative Beiträge zum Integral liefern. Will man die Fläche von G berechnen, so hat man also das Intervall $[a,b]$ in Teilintervalle mit jeweils konstantem Vorzeichen von f zu unterteilen.

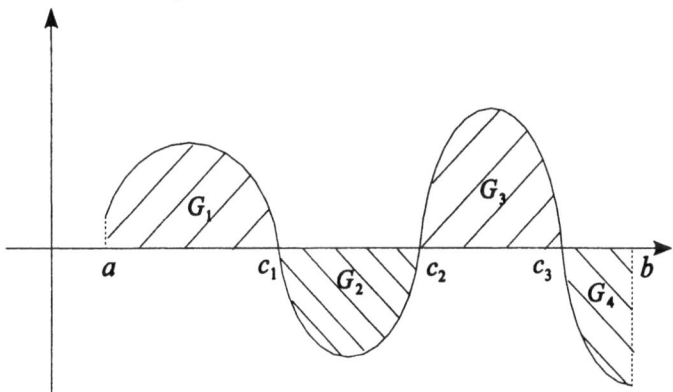

Beispielsweise ist die Fläche des abgebildeten Gebietes $G = \bigcup_{i=1}^{4} G_i$ gleich

$$\int_a^{c_1} f(x)\,dx - \int_{c_1}^{c_2} f(x)\,dx + \int_{c_2}^{c_3} f(x)\,dx - \int_{c_3}^{b} f(x)\,dx.$$

Das folgende wichtige Theorem werden wir nicht beweisen.

Theorem 28.3 (Stetigkeit, impliziert Integrierbarkeit). *Jede auf einem abgeschlossenen Intervall $[a,b]$ stetige Funktion ist integrierbar auf $[a,b]$.*

Beispiel 28.2. (a) $f(x) = c, c$ konstant; $[a,b]$ beliebig
Die Zerlegung $x_0, x_1, \ldots, x_n$ von $[a,b]$ und die Zwischenpunkte $t_1, t_2, \ldots, t_n$ seien irgendwie gewählt.

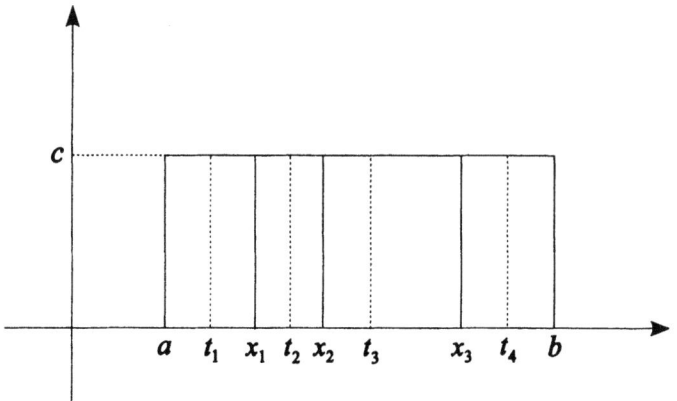

$$S(x_0, x_1, \ldots, x_n; t_1, t_2, \ldots, t_n) = \sum_{k=1}^{n} c(x_k - x_{k-1})$$
$$= c \sum_{k=1}^{n} (x_k - x_{k-1}) = c(b-a)$$
$$\Rightarrow \int_a^b c \ dx = c(b-a)$$

(b) $f(x) = x; [a,b] = [0,1]$

Wir betrachten die Zerlegung $x_k = \dfrac{k}{n}, k = 0, 1, 2, \ldots, n$ von $[0,1]$ mit den Zwischenpunkten $t_k = x_k, k = 1, 2, \ldots, n$.

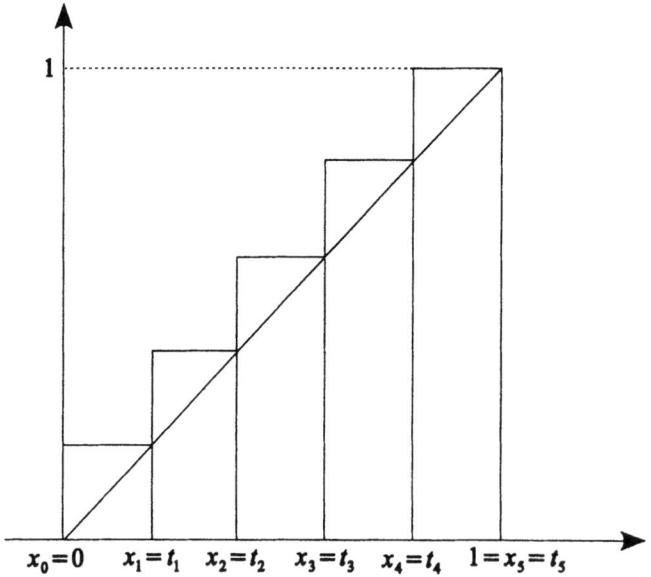

$$S(x_0, x_1, \ldots, x_n; t_1, \ldots, t_n) = \sum_{k=1}^{n} t_k(x_k - x_{k-1})$$

$$= \sum_{k=1}^{n} \frac{k}{n}\left(\frac{k}{n} - \frac{k-1}{n}\right) = \sum_{k=1}^{n} \frac{k}{n^2}$$

$$= \frac{1}{n^2} \sum_{k=1}^{n} k = \frac{1}{n^2} \cdot \frac{n(n+1)}{2} = \frac{1}{2}\left(1 + \frac{1}{n}\right)$$

Wegen $\Delta = \frac{1}{n} \to 0$ gilt $S \to \int_0^1 x\,dx, n \to \infty$

$$\Rightarrow \int_0^1 x\,dx = \lim_{n \to \infty} \frac{1}{2}\left(1 + \frac{1}{n}\right) = \frac{1}{2}.$$

Rechenregeln für das bestimmte Integral

In den folgenden Regeln wird vorausgesetzt, dass f (gegebenenfalls auch g) eine auf $[a,b]$ integrierbare Funktion ist. Man kann zeigen, dass f dann auch auf jedem Teilintervall $[a',b']$ von $[a,b]$ integrierbar ist. Für jede Folge von Zerlegungen von $[a',b']$ mit $\Delta \to 0$ gilt dann $S \to \int_{a'}^{b'} f(x)\,dx$. Aufgrund dieser Eigenschaft und der Definition von $S = S(x_0, x_1, \ldots, x_n; t_1, \ldots, t_n)$ lassen sich zunächst die folgenden drei Sätze beweisen.

Theorem 28.4 (Rechenregeln für bestimmte Integrale I). *Für $a < c < b$ gilt*

$$\int_a^c f(x)\,dx + \int_c^b f(x)\,dx = \int_a^b f(x)\,dx.$$

Erweitert man Definition 28.2 hinsichtlich der Grenzen durch

$$\int_a^a f(x)\,dx := 0, \quad \int_b^a f(x)\,dx := -\int_a^b f(x)\,dx$$

so gilt die "Kürzungsregel"

$$\int_{a'}^{b'} f(x)\,dx + \int_{b'}^{c'} f(x)\,dx = \int_{a'}^{c'} f(x)\,dx$$

28 Bestimmtes Integral - unbestimmtes Integral

für beliebige $a', b', c' \in [a, b]$. Dies folgt mittels Fallunterscheidung nach den möglichen Größenbeziehungen zwischen a', b', c' ohne weiteres aus Theorem 28.4.

Theorem 28.5 (Rechenregeln für bestimmte Integrale II). *Für $\alpha, \beta \in \mathbf{R}$ gilt*

$$\int_a^b \Big(\alpha f(x) + \beta g(x)\Big)\, dx = \alpha \int_a^b f(x)\, dx + \beta \int_a^b g(x)\, dx.$$

Setzt man hierin $g = 0$, so erhält man $\int_a^b \alpha f(x)\, dx = \alpha \int_a^b f(x)\, dx$.

Theorem 28.6 (Rechenregeln für bestimmte Integrale III). *Ist $f \geq 0$ auf $[a,b]$, so gilt $\int_a^b f(x)\, dx \geq 0$.*

Theorem 28.7 (Rechenregeln für bestimmte Integrale IV). *Aus $f(x) \leq g(x)$ für alle $x \in [a,b]$ folgt*

$$\int_a^b f(x)\, dx \leq \int_a^b g(x)\, dx.$$

Beweis. Aus der Voraussetzung $g - f \geq 0$ auf $[a,b]$ folgt mit Theorem 28.6 $\int_a^b \Big(g(x) - f(x)\Big)\, dx \geq 0$ und daraus mit Theorem 28.5 die Behauptung.

Theorem 28.8 (Rechenregeln für bestimmte Integrale V). *Es gilt*
$$\left| \int_a^b f(x)\, dx \right| \leq \int_a^b |f(x)|\, dx.$$

Beweis. Den Nachweis, dass mit f auch die Funktion $x \mapsto |f(x)|$ auf $[a,b]$ integrierbar ist, übergehen wir. Der Rest folgt sofort mit Theorem 28.7:

$$f(x) \leq |f(x)| \text{ auf } [a,b] \Rightarrow \int_a^b f(x)\, dx \leq \int_a^b |f(x)|\, dx$$

$$-f(x) \leq |f(x)| \text{ auf } [a,b] \Rightarrow -\int_a^b f(x)\, dx = \int_a^b -f(x)\, dx \leq \int_a^b |f(x)|\, dx.$$

Theorem 28.9 (Mittelwertsatz der Integralrechnung). *Es sei f eine auf $[a,b]$ stetige Funktion. Dann gibt es (mindestens) ein $x_0 \in [a,b]$ mit*
$$\int_a^b f(x)\,dx = f(x_0)(b-a).$$

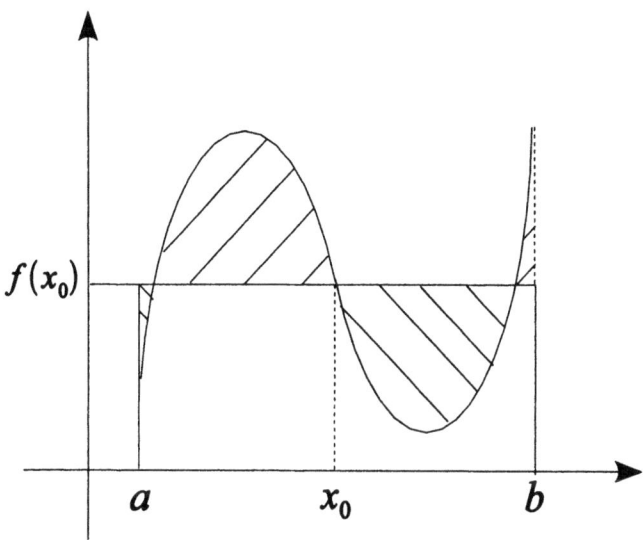

Beweis. Da f stetig auf $[a,b]$ ist, existieren $\int_a^b f(x)\,dx$, $m = \min_{[a,b]} f$ und $M = \max_{[a,b]} f$.

$$m \leq f(x) \leq M \text{ für alle } x \in [a,b]$$
$$\Rightarrow m(b-a) = \int_a^b m\,dx \leq \int_a^b f(x)\,dx \leq \int_a^b M\,dx = M(b-a)$$
$$\Rightarrow m \leq \frac{1}{b-a}\int_a^b f(x)\,dx \leq M$$

Nach dem Zwischenwertsatz gibt es dann ein $x_0 \in [a,b]$ mit $f(x_0) = \frac{1}{b-a}\int_a^b f(x)\,dx$.

Jetzt sind wir in der Lage, den *Hauptsatz der Differential- und Integralrechnung* auf einer exakten Grundlage zu beweisen.

Theorem 28.10 (Hauptsatz der Differential- und Integralrechnung I). *Es sei f eine stetige Funktion auf dem beliebigen Intervall I, und es sei $a \in I$. Dann ist das bestimmte Integral $\int_a^x f(t)\,dt$ von f als Funktion der oberen Grenze x eine Stammfunktion von f.*

Beweis. Wir setzen wieder

$$F_0(x) := \int_a^x f(t)\,dt, \quad x \in I$$

und berechnen den Differentialquotienten von F_0 in $x_0 \in I$. Sei dazu $h \neq 0$ mit $x_0 + h \in I$.

$$F_0(x_0 + h) - F_0(x_0) = \int_a^{x_0+h} f(x)\,dx - \int_a^{x_0} f(x)\,dx$$

$$= \int_a^{x_0} f(x)\,dx + \int_{x_0}^{x_0+h} f(x)\,dx - \int_a^{x_0} f(x)\,dx$$

$$= \int_{x_0}^{x_0+h} f(x)\,dx.$$

Nach dem Mittelwertsatz der Integralrechnung gibt es ein $\vartheta = \vartheta(h) \in [0,1]$, so dass

$$\int_{x_0}^{x_0+h} f(x)\,dx = f(x_0 + \vartheta h)(x_0 + h - x_0) = f(x_0 + \vartheta h)h$$

$$\Rightarrow \frac{F_0(x_0 + h) - F_0(x_0)}{h} = f(x_0 + \vartheta h).$$

Es folgt $F_0'(x_0) = \lim_{h \to 0} \frac{F_0(x_0 + h) - F_0(x_0)}{h} = \lim_{h \to 0} f\big(x_0 + \vartheta(h)h\big) = f(x_0)$, da $\big|\vartheta(h)h\big| \leq |h|$ für alle h und f stetig ist.

Nun eröffnet sich die Möglichkeit der *Berechnung des bestimmten Integrals* $\int_a^b f(x)\,dx$ *mittels einer Stammfunktion von f*.

Theorem 28.11 (Hauptsatz der Differential- und Integralrechnung II). *Es sei f eine auf einem Intervall I stetige Funktion. Sind dann a, b zwei Zahlen in I, so gilt*

$$\int_a^b f(x)\,dx = F(b) - F(a)$$

für jede Stammfunktion F von f in I.

Beweis. Wir setzen

$$F_0(x) := \int_a^x f(t)\,dt; \quad x \in I.$$

Nach Theorem 28.10 ist F_0 eine Stammfunktion von f im Intervall I, und trivialerweise gilt $F_0(b) - F_0(a) = \int_a^b f(x)\,dx$. Nun sei F eine beliebige Stammfunktion von f. Nach Theorem 28.1 gibt es dann eine Konstante c mit $F(x) = F_0(x) + c$ für alle $x \in I$. Es folgt

$$\int_a^b f(x)\,dx = F_0(b) - F_0(a) = F(b) - F(a).$$

Bei konkreten Anwendungen von Theorem 28.11 benutzt man die Kurzschreibweise

$$\int_a^b f(x)\,dx = \Big[F(x)\Big]_a^b \text{ (oder } F(x)|_a^b\text{)}.$$

Beispiel 28.3. (a) $\int_0^1 x\,dx = \Big[\frac{1}{2}x^2\Big]_0^1 = \frac{1}{2}$ (vgl. Beispiel 28.2 (b))

(b) $\int_0^1 x^n\,dx = \Big[\frac{1}{n+1}x^{n+1}\Big]_0^1 = \frac{1}{n+1}, \quad n \in \mathbb{N}$

28.3 Übungen

Übung 28.1. Berechne die unbestimmten Integrale:

(a) $\int x^5\,dx$

(b) $\int \frac{dx}{\sqrt[3]{x^2}}$

(c) $\int (3x^2 - 2x + 1)\,dx$

(d) $\int (1+x)\sqrt{x}\, dx$

(e) $\int (2x+3)^2\, dx$

(f) $\int \dfrac{(1-x)^2}{\sqrt{x}}\, dx$

(g) $\int \dfrac{2+x^2}{1+x^2}\, dx$

Lösung 28.1. (a) $\int x^5\, dx = \dfrac{1}{6}x^6 + c$

(b) $\int \dfrac{dx}{\sqrt[3]{x^2}} = \int x^{-2/3}\, dx = 3x^{1/3} + c$

(c) $\int (3x^2 - 2x + 1)\, dx = 3\int x^2\, dx - 2\int x\, dx + \int dx = x^3 - x^2 + x + c$

(d) $\int (1+x)\sqrt{x}\, dx = \int (x^{1/2} + x^{3/2})\, dx = \int x^{1/2}\, dx + \int x^{3/2}\, dx = \dfrac{2}{3}x^{3/2} + \dfrac{2}{5}x^{5/2} + c$

(e) $\int (2x+3)^2\, dx = \int (4x^2 + 12x + 9)\, dx = 4 \cdot \dfrac{1}{3}x^3 + 12 \cdot \dfrac{1}{2}x^2 + 9x + c = \dfrac{4}{3}x^3 + 6x^2 + 9x + c$

(f) $\int \dfrac{(1-x)^2}{\sqrt{x}}\, dx = \int \dfrac{1 - 2x + x^2}{x^{1/2}}\, dx = \int (x^{-1/2} - 2x^{1/2} + x^{3/2})\, dx = 2x^{1/2} - \dfrac{4}{3}x^{3/2} + \dfrac{2}{5}x^{5/2} + c$

(g) $\int \dfrac{2+x^2}{1+x^2}\, dx = \int \left(1 + \dfrac{1}{1+x^2}\right) dx = x + \arctan x + c$

Übung 28.2. Man zeige: Ist $f(x)$ stetig auf $[a,b]$, so gilt

$$\lim_{n\to\infty} \dfrac{b-a}{n} \sum_{k=1}^{n} f\left(a + \dfrac{k(b-a)}{n}\right) = \int_a^b f(x)\, dx$$

Lösung 28.2. Nach Theorem 28.3 existiert $\int_a^b f(x)\, dx$. Wählt man in Definition 28.2 für jedes $n \in \mathbb{N}$ die Zerlegung $x_k = \dfrac{k(b-a)}{n}, k = 0, 1, 2, \ldots, n$, von $[a,b]$ mit den Zwischenpunkten $t_k = x_k, k = 1, 2, \ldots, n$, so gilt

$$S(x_0, x_1, \ldots, x_n; t_1, t_2, \ldots, t_n) = \dfrac{b-a}{n} \sum_{k=1}^{n} f\left(a + \dfrac{k(b-a)}{n}\right).$$

Und wegen $\Delta = \dfrac{b-a}{n} \to 0$ folgt $S \to \int_a^b f(x)\, dx, n \to \infty$.

Übung 28.3. Man berechne $\lim\limits_{n\to\infty}\left(\dfrac{1}{n+1}+\dfrac{1}{n+2}+\cdots+\dfrac{1}{n+n}\right)$ [Sp77, S. 86].

Lösung 28.3.

$$\lim_{n\to\infty}\left(\frac{1}{n+1}+\frac{1}{n+2}+\cdots+\frac{1}{n+n}\right)$$

$$=\lim_{n\to\infty}\frac{1}{n}\left(\frac{1}{1+\frac{1}{n}}+\frac{1}{1+\frac{2}{n}}+\cdots+\frac{1}{1+\frac{n}{n}}\right)$$

$$=\lim_{n\to\infty}\frac{1}{n}\sum_{k=1}^{n}\frac{1}{1+\frac{k}{n}}$$

Der letzte Ausdruck ergibt sich, wenn man in Übung 28.2 $f(x)=\dfrac{1}{1+x}, a=0, b=1$ setzt

$$\Rightarrow \lim_{n\to\infty}\left(\frac{1}{n+1}+\cdots+\frac{1}{n+n}\right)=\int_{0}^{1}\frac{dx}{1+x}$$

Da $\ln(1+x), x>-1$, eine Stammfunktion von $\dfrac{1}{1+x}$ ist, folgt mit Theorem 28.11

$$\lim_{n\to\infty}\left(\frac{1}{n+1}+\cdots+\frac{1}{n+n}\right)=\Big[\ln(1+x)\Big]_{0}^{1}=\ln 2$$

Übung 28.4. Ermitteln Sie die unbestimmten Integrale:

(a) $\int \dfrac{dx}{x^3}$

(b) $\int \sqrt[5]{x}\, dx$

(c) $\int \dfrac{x^3+3x^2-2}{x^2}\, dx$

(d) $\int (x^2+1)^2\, dx$

(e) $\int \left(\sqrt{x}-\dfrac{1}{3}x+\dfrac{3}{\sqrt{x}}\right) dx$

(f) $\int (x+1)^2 x\, dx$

(g) $\int \dfrac{1-3\sqrt{(1-x^2)^3}}{\sqrt{1-x^2}}\, dx$

Übung 28.5. Berechnen Sie $\lim\limits_{n\to\infty}\left(\dfrac{1}{n^2+1}+\dfrac{2}{n^2+2^2}+\cdots+\dfrac{n}{n^2+n^2}\right)$.

Übung 28.6. Bestimmen Sie die Fläche zwischen der Kurve $y=x^3-9x^2+18x$ und der x-Achse!

29

Partielle Integration - Integration durch Substitution

In diesem Kapitel werden zwei wichtige Methoden zur Bestimmung von Stammfunktionen vorgestellt.

29.1 Partielle Integration

Diese Methode beruht auf der Produktregel bei der Differentiation von Funktionen.

Theorem 29.1 (Partielle Integration). *Sind die Funktionen f, g auf einem Intervall I definiert und haben dort stetige Ableitungen f', g' so gilt*

$$\int f'g = fg - \int fg'.$$

Beweis. Es ist $(fg)' = f'g + fg'$, also $f'g = (fg)' - fg'$. Nach Theorem 28.10 existiert eine Stammfunktion von fg', von $(fg)'$ trivialerweise. Nun können wir mit Theorem 28.2 schließen:

$$\int f'g = \int \left((fg)' - fg'\right) = \int (fg)' - \int fg' = fg - \int fg'.$$

Beispiel 29.1. $\int xe^{ax}\, dx$

Für die partielle Integration bieten sich zwei Ansätze an:

(a) $f'(x) = x, g(x) = e^{ax} \Rightarrow f(x) = \frac{1}{2}x^2(+c), g'(x) = ae^{ax}$

$$\Rightarrow \int xe^{ax}\, dx = \frac{1}{2}x^2 e^{ax} - \int \frac{1}{2}ax^2 e^{ax}\, dx$$

Das unbestimmte Integral rechts ist aber komplizierter als das linke!

(b) $f'(x) = e^{ax}, g(x) = x \Rightarrow f(x) = \frac{1}{a}e^{ax}(+c), g'(x) = 1$

$$\Rightarrow \int xe^{ax}\,dx = \frac{1}{a}e^{ax}x - \int \frac{1}{a}e^{ax}\cdot 1\,dx = \frac{x}{a}e^{ax} - \frac{1}{a^2}e^{ax} + C$$

Dieser Ansatz führt also zum Ziel!

Bei der praktischen Durchführung der partiellen Integration ist die Funktion f nur bis auf eine additive Konstante c bestimmt. Man wählt diese so, dass der Term von f möglichst einfach wird, i.a. $c = 0$. Das Mitführen von c ändert am Resultat nichts, verursacht aber mehr Schreibarbeit:

$$(f+c)g - \int (f+c)g' = fg + cg - \int fg' - c\int g' = fg - \int fg'$$

Beispiel 29.2. $\int \ln x\,dx \stackrel{\text{Trick!}}{=} \int 1\cdot \ln x\,dx$

Ansatz: $f'(x) = 1, g(x) = \ln x \Rightarrow f(x) = x, g'(x) = \frac{1}{x}$

$$\Rightarrow \int \ln x\,dx = x\ln x - \int x\cdot \frac{1}{x}\,dx = x\ln x - \int 1\,dx$$
$$= x(\ln x - 1) + c.$$

(Der Ansatz $f'(x) = \ln x, g(x) = 1$ ist unbrauchbar. Warum?)

Theorem 29.2 (Partielle Integration bei bestimmten Integralen). *Unter der Voraussetzung von Theorem 29.1 gilt für beliebige $a, b \in I$:*

$$\int_a^b f'(x)g(x)\,dx = f(b)g(b) - f(a)g(a) - \int_a^b f(x)g'(x)\,dx.$$

Beweis. Mit den Theoremen 28.5 und 28.11 erhält man:

$$\int_a^b (f'g)(x)\,dx = \int_a^b \big((fg)' - fg'\big)(x)\,dx = \big[(fg)(x)\big]_a^b - \int_a^b (fg')(x)\,dx.$$

29.2 Integration durch Substitution

Diese Methode beruht auf der Kettenregel bei der Differentiation von Funktionen.

Theorem 29.3 (Erste Substitutionsregel). *Es seien I, J Intervalle, f eine auf I stetige Funktion und φ eine auf J differenzierbare Funktion mit $\varphi(J) \subset I$. Dann gilt*

$$\int f\big(\varphi(x)\big)\varphi'(x)\,dx = \Big\{F\big(\varphi(x)\big) : F(t) \in \int f(t)\,dt\Big\} =: \int f(t)\,dt\big|_{t=\varphi(x)}.$$

Beweis. Es sei F_0 eine beliebige Stammfunktion von f. Da gilt

$$\Big(F_0\big(\varphi(x)\big)\Big)' = F_0'\big(\varphi(x)\big)\varphi'(x) = f\big(\varphi(x)\big)\varphi'(x),$$

erhält man mit Hilfe von Theorem 28.1

$$\int f(t)\,dt\Big|_{t=\varphi(x)} = \Big\{F_0\big(\varphi(x)\big) + c : c \in \mathbb{R}\Big\} = \int f\big(\varphi(x)\big)\varphi'(x)\,dx.$$

Praktische Durchführung der ersten Substitutionsregel

Zu berechnen ist $\int f\big(\varphi(x)\big)\varphi'(x)\,dx$:

(a) Substituiere $\varphi(x) = t$
(b) Berechne $\varphi'(x) = \dfrac{dt}{dx}$ und substituiere $\varphi'(x)\,dx = dt$
(c) Integriere nach t.
(d) Ersetze t wieder durch $\varphi(x)$.

Beispiel 29.3. $\int x^2 e^{x^3}\,dx = \dfrac{1}{3}\int 3x^2 e^{x^3}\,dx$

(a) $t = x^3$
(b) $\dfrac{dt}{dx} = 3x^2 \Rightarrow dt = 3x^2\,dx$
(c) $\dfrac{1}{3}\int e^t\,dt = \dfrac{1}{3}e^t + c$
(d) $\int x^2 e^{x^3}\,dx = \dfrac{1}{3}e^{x^3} + c$

Theorem 29.4 (Zweite Substitutionsregel). *Es seien I, J Intervalle, f eine auf I stetige Funktion und ψ eine auf J differenzierbare, eineindeutige Funktion mit $\psi(J) = I$. Dann gilt*

$$\int f(x)\,dx = \Big\{F\big(\psi^{-1}(x)\big) : F(t) \in \int f\big(\psi(t)\big)\psi'(t)\,dt\Big\}$$

$$=: \int f\big(\psi(t)\big)\psi'(t)\,dt\Big|_{t=\psi^{-1}(x)}.$$

Beweis. Nach Theorem 29.3 gilt

$$\int f\big(\psi(t)\big)\psi'(t)\,dt = \Big\{F\big(\psi(t)\big) : F(x) \in \int f(x)\,dx\Big\}$$

$$\Rightarrow \int f\big(\psi(t)\big)\psi'(t)\,dt\Big|_{t=\psi^{-1}(x)} = \Big\{F\big(\underbrace{\psi\big(\psi^{-1}(x)\big)}_{=x}\big) : F(x) \in \int f(x)\,dx\Big\}$$

$$= \int f(x)\,dx.$$

Praktische Durchführung der zweiten Substitutionsregel

Zu berechnen ist $\int f(x)\,dx$:

(a) Wähle eine geeignete Transformationsfunktion ψ und substituiere $x = \psi(t)$.

(b) Berechne $\dfrac{dx}{dt} = \psi'(t)$ und substituiere $dx = \psi'(t)\,dt$.

(c) Integriere nach t.

(d) Drücke t wieder durch x aus, d.h. ersetze t durch $\psi^{-1}(x)$.

Beispiel 29.4. $\int \dfrac{x+1}{\sqrt{x-1}}\,dx$

Die Funktion $x \to \dfrac{x+1}{\sqrt{x-1}}$ ist stetig auf dem Intervall $(1, +\infty)$. Idee: ψ so wählen, dass $\sqrt{x-1} = t$ wird.

(a) $x = t^2 + 1$ (also $\psi(t) = t^2 + 1, t \in (0, +\infty)$)

(b) $\dfrac{dx}{dt} = 2t \Rightarrow dx = 2t\,dt$

(c) $\int \dfrac{(t^2+1)+1}{t} 2t\,dt = \int (2t^2 + 4)\,dt = \dfrac{2}{3}t^3 + 4t + c$

(d) $\int \dfrac{x+1}{\sqrt{x-1}}\,dx = \dfrac{2}{3}\sqrt{x-1}^3 + 4\sqrt{x-1} + c = \dfrac{\sqrt{x-1}}{3}(2x+10) + c$

Theorem 29.5 (Erste Substitutionsregel bei bestimmten Integralen). *Unter der Voraussetzung von Theorem 29.3 gilt für beliebige $a, b \in J$:*

$$\int_a^b f\bigl(\varphi(x)\bigr)\varphi'(x)\,dx = \int_{\varphi(a)}^{\varphi(b)} f(t)\,dt.$$

Beweis. Es sei F irgendeine Stammfunktion von f. Nach Theorem 29.3 sind beide Seiten der zu beweisenden Gleichung identisch mit $F\bigl(\varphi(b)\bigr) - F\bigl(\varphi(a)\bigr)$.

Theorem 29.6 (Zweite Substitutionsregel bei bestimmten Integralen). *Unter der Voraussetzung von Theorem 29.4 gilt für beliebige $a, b \in I$:*

$$\int_a^b f(x)\,dx = \int_{\psi^{-1}(a)}^{\psi^{-1}(b)} f\bigl(\psi(t)\bigr)\psi'(t)\,dt.$$

Beweis. Es sei F irgendeine Stammfunktion von $f\bigl(\psi(t)\bigr)\psi'(t)$. Nach Theorem 29.4 sind beide Seiten der zu beweisenden Gleichung identisch mit $F\bigl(\psi^{-1}(b)\bigr) - F\bigl(\psi^{-1}(a)\bigr)$.

Die praktische Durchführung der Substitutionsregeln zur Berechnung eines bestimmten Integrals verläuft bis auf Schritt (d) wie beim unbestimmten Integral. Die Rücksubstitution kann dagegen entfallen, wenn man eine t-Stammfunktion benutzt und die x-Grenzen a, b durch die t-Grenzen $\varphi(a), \varphi(b)$ bzw. $\psi^{-1}(a), \psi^{-1}(b)$ ersetzt (Schritt (d')).

Beispiel 29.5. $\int_0^1 \sqrt{1-x^2}\, dx$

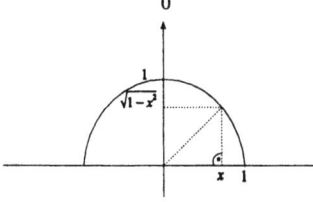

Das bestimmte Integral ist die Fläche eines Viertelkreises mit dem Radius 1. Wir werden seinen Wert unabhängig hiervon durch Anwendung der zweiten Substitutionsregel herleiten.

Die Funktion $x \to \sqrt{1-x^2}$ ist stetig auf dem Intervall $[0, 1]$.

(a) $x = \sin t$ (also $\psi(t) = \sin t, t \in \left[0, \frac{\pi}{2}\right]$)

(b) $\dfrac{dx}{dt} = \cos t \Rightarrow dx = \cos t\, dt$

(c) $\int \sqrt{1-\sin^2 t}\, \cos t\, dt = \int \cos^2 t\, dt$

Partielle Integration:

$$f'(t) = g(t) = \cos t \Rightarrow f(t) = \sin t, g'(t) = -\sin t$$

$$\Rightarrow \int \cos^2 t\, dt = \sin t \cos t + \int \sin^2 t\, dt = \sin t \cos t + \int (1 - \cos^2 t)\, dt$$

$$\Rightarrow 2\int \cos^2 t\, dt = \sin t \cos t + \int dt \Rightarrow \int \cos^2 t\, dt = \frac{1}{2}\sin t \cos t + \frac{1}{2}t + c$$

(d') $\int_0^1 \sqrt{1-x^2}\, dx = \int_{\arcsin 0}^{\arcsin 1} \cos^2 t\, dt = \frac{1}{2}[\sin t \cos t + t]_0^{\frac{\pi}{2}} = \frac{1}{2} \cdot \frac{\pi}{2} = \frac{\pi}{4}$

29.3 Übungen

Übung 29.1. Mit Hilfe von partieller Integration bestimme man:

(a) $\int x \sin x\, dx$

(b) $\int x^3 \ln x\, dx$

(c) $\int \arcsin x\, dx$

29 Partielle Integration - Integration durch Substitution

Lösung 29.1. (a)
$$f'(x) = \sin x, g(x) = x \Rightarrow f(x) = -\cos x, g'(x) = 1$$
$$\Rightarrow \int x \sin x \, dx = -x \cos x - \int -\cos x \, dx - x \cos x + \sin x + c$$

(b)
$$f'(x) = x^3, g(x) = \ln x \Rightarrow f(x) = \frac{1}{4}x^4, g'(x) = \frac{1}{x}$$
$$\Rightarrow \int x^3 \ln x \, dx = \frac{1}{4}x^4 \ln x - \int \frac{1}{4}x^4 \frac{1}{x} \, dx = \frac{1}{4}x^4 \ln x - \frac{1}{16}x^4 + c$$

(c)
$$f'(x) = 1, g(x) = \arcsin x \Rightarrow f(x) = x, g'(x) = \frac{1}{\sqrt{1-x^2}}$$
$$\Rightarrow \int \arcsin x \, dx = x \arcsin x - \int \frac{x}{\sqrt{1-x^2}} \, dx$$

Mit der 1. Substitutionsregel gilt

$$-\int \frac{x}{\sqrt{1-x^2}} \, dx = \frac{1}{2} \int \frac{-2x}{\sqrt{1-x^2}} \, dx = \frac{1}{2} \int t^{-1/2} \, dt\big|_{t=1-x^2} = \sqrt{1-x^2} + c,$$

also $\int \arcsin x \, dx = x \arcsin x + \sqrt{1-x^2} + c$.

Übung 29.2. Mit der 1. Substitutionsregel berechne man:

(a) $\int (x+1) \sin(x^2 + 2x - 1) \, dx$

(b) $\int \frac{\cot(\ln x)}{x} \, dx$

(c) $\int_0^{1/2} \frac{x \arcsin 2x^2}{\sqrt{1-4x^4}} \, dx$

Lösung 29.2. (a)
$$t = x^2 + 2x - 1 \Rightarrow \frac{dt}{dx} = 2x + 2 = 2(x+1) \Rightarrow 2(x+1) \, dx = dt$$
$$\Rightarrow \int (x+1) \sin(x^2 + 2x - 1) \, dx = \frac{1}{2} \int \sin t \, dt = -\frac{1}{2} \cos t + c$$
$$= -\frac{1}{2} \cos(x^2 + 2x - 1) + c$$

(b)
$$t = \ln x \Rightarrow \frac{dt}{dx} = \frac{1}{x} \Rightarrow \frac{dx}{x} = dt$$
$$\Rightarrow \int \frac{\cot(\ln x)}{4} dx = \int \cot t \, dt = \int \frac{\cos t}{\sin t} dt$$
$$u = \sin t \Rightarrow \frac{du}{dt} = \cos t \Rightarrow dt \cos t = du$$
$$\Rightarrow \int \frac{\cot(\ln x)}{x} dx = \int \frac{du}{u} = \ln|u| + c = \ln|\sin t| + c = \ln\left|\sin(\ln x)\right| + c$$

auf jedem Intervall $(e^{k\pi}, e^{(k+1)\pi}), k \in \mathbf{Z}$.

(c)
$$t = \arcsin 2x^2 \Rightarrow \frac{dt}{dx} = \frac{4x}{\sqrt{1-(2x^2)^2}} \Rightarrow \frac{4x \, dx}{\sqrt{1-4x^4}} = dt;$$
$$\arcsin 0 = 0, \arcsin 2\left(\frac{1}{2}\right)^2 = \frac{\pi}{6}$$
$$\Rightarrow \int_0^{1/2} \frac{x \arcsin 2x^2}{\sqrt{1-4x^4}} dx = \frac{1}{4}\int_0^{\pi/6} t \, dt = \frac{1}{4}\left[\frac{1}{2}t^2\right]_0^{\pi/6} = \frac{1}{8}\left[t^2\right]_0^{\pi/6} = \frac{\pi^2}{288}$$

Übung 29.3. Mit Hilfe der 2. Substitutionsregel berechne man:

(a) $\int 2^{\sqrt{x+1}} dx$

(b) $\int (\arcsin x)^2 dx$

(c) $\int_1^9 \cos \sqrt{x} \, dx$

Lösung 29.3. (a) Idee: $\sqrt{x+1} = t$

Also: $x = t^2 - 1, t \geq 0 \Rightarrow \frac{dx}{dt} = 2t \Rightarrow dx = 2t \, dt$

$$\Rightarrow \int 2^{\sqrt{x+1}} dx = \int 2^{t+1} \cdot t \, dt$$

Partielle Integration: $f'(t) = 2^{t+1}, g(t) = t \Rightarrow f(t) = \frac{1}{\ln 2} 2^{t+1}, g'(t) = 1$

$$\Rightarrow \int 2^{t+1} \cdot t \, dt = \frac{t}{\ln 2} 2^{t+1} - \int \frac{1}{\ln 2} 2^{t+1} dt = \left(\frac{t}{\ln 2} - \frac{1}{\ln^2 2}\right) 2^{t+1} + c$$
$$\Rightarrow \int 2^{\sqrt{x+1}} dx = \left(\frac{\sqrt{x+1}}{\ln 2} - \frac{1}{\ln^2 2}\right) 2^{\sqrt{x+1}+1} + c$$

(b) Idee: $\arcsin x = t$
Also: $x = \sin t, t \in \left[-\frac{\pi}{2}, \frac{\pi}{2}\right] \Rightarrow dx = \cos t\, dt$

$\Rightarrow \int (\arcsin x)^2\, dx = \int t^2 \cos t\, dt$

Zweimalige partielle Integration: $\int t^2 \cos t\, dt = t^2 \sin t - \int 2t \sin t\, dt$

$= t^2 \sin t - 2\left(-t\cos t + \int \cos t\, dt\right) = (t^2 - 2)\sin t + 2t\cos t + c$

$\Rightarrow \int (\arcsin x)^2\, dx = \left((\arcsin x)^2 - 2\right)x + 2\arcsin x \cdot \sqrt{1 - x^2} + c$

(c) Idee: $\sqrt{x} = t$
Also: $x = t^2, t \geq 0 \Rightarrow dx = 2t\, dt;\ \sqrt{1} = 1,\ \sqrt{9} = 3$

$\Rightarrow \int_1^9 \cos \sqrt{x}\, dx = 2\int_1^3 t \cos t\, dt$

Partielle Integration: $\int t \cos t\, dt = t \sin t - \int \sin t\, dt = t \sin t + \cos t + c$

$\Rightarrow \int_1^9 \cos \sqrt{x}\, dx = 2[t\sin t + \cos t]_1^3 = 2(3\sin 3 + \cos 3 - \sin 1 - \cos 1)$

Übung 29.4. Verwenden Sie zur Berechnung der folgenden Integrale partielle Integration (a)-(e), 1. Substitutionsregel (d)-(o) und 2. Substitutionsregel (o)-(r)!

(a) $\int \sin^2 x\, dx$

(b) $\int x^2 \sin x\, dx$

(c) $\int x^a \ln x\, dx, a \neq -1$

(d) $\int x^{-1} \ln x\, dx$

(e) $\int x\sqrt{x - 1}\, dx$

(f) $\int x\sqrt{1 + 2x^2}\, dx$

(g) $\int \frac{x + 1}{(x^2 + 2x)^{2/3}}\, dx$

(h) $\int \frac{x^3}{1 + 2x^4}\, dx$

(i) $\int a^{2x}\, dx$

(j) $\int (e^x - 1)^4 e^x\, dx$

(k) $\int \cos 5x\, dx$

(l) $\int \sin^3 x \cos x\, dx$

(m) $\int e^x \sin e^x\, dx$

(n) $\int e^{2\sin 3x} \cos 3x\, dx$

(o) $\int_e^{e^3} \dfrac{dx}{x \ln^2 x}$

(p) $\int 3x^5 \sqrt{1+x^3}\, dx$

(q) $\int \dfrac{x^5}{\sqrt[3]{1+x^3}}\, dx$

(r) $\int_0^{\pi^2} \sin \sqrt{x}\, dx$

30

Integration rationaler Funktionen

Eine rationale Funktion fassen wir im Folgenden immer als auf einem Intervall definiert auf, welches keine Nullstellen des Nennerpolynoms enthält. Nach dem Hauptsatz der Differential- und Integralrechnung hat jede rationale Funktion eine Stammfunktion (diese muss aber nicht wieder rational sein, wie das Beispiel $\int \frac{1}{x}\, dx = \ln|x| + c$ zeigt). In diesem Kapitel werden wir ein allgemeines Verfahren zur Bestimmung der Stammfunktionen von rationalen Funktionen beschreiben.

30.1 Partialbruchzerlegung

Wir erinnern zunächst anhand von Beispielen an die Verfahren zur Multiplikation und zur Division mit Rest von Polynomen.

Beispiel 30.1.
$$p(x) = x^2 + x + 1, q(x) = x^2 - 2x + 3$$
$$\begin{array}{r} x^4 - 2x^3 + 3x^2 \\ + x^3 - 2x^2 + 3x \\ + x^2 - 2x + 3 \\ \hline \end{array}$$
$$\Rightarrow p(x)q(x) = x^4 - x^3 + 2x^2 - x + 3$$

Beispiel 30.2.
$$p(x) = 3x^4 + x^3 + 2x + 1, q(x) = x^2 + 1$$
$$\begin{array}{l} (3x^4 + x^3 + 2x + 1) : (x^2 + 1) = 3x^2 + x - 3 \text{ Rest } x + 4 \\ -\,(3x^4 + 3x^2) \\ \hline \quad x^3 - 3x^2 + 2x + 1 \\ \quad -(x^3 + x) \\ \hline \quad\quad -3x^2 + x + 1 \\ \quad\quad -(-3x^2 - 3) \\ \hline \quad\quad\quad x + 4 \end{array}$$

$$\Rightarrow \frac{p(x)}{q(x)} = 3x^2 + x - 3 + \frac{x+4}{x^2+1}$$

Definition 30.1 (Echt gebrochene rationale Funktion). *Eine rationale Funktion $r = \frac{p}{q}$ mit Polynomen p, q heißt echt gebrochen, wenn der Grad von p kleiner als der Grad von q ist.*

Aufgrund der Division mit Rest gilt das

Theorem 30.1 (Additive Zerlegung von rationalen Funktionen). *Jede rationale Funktion kann als Summe eines Polynoms und einer echt gebrochenen rationalen Funktion dargestellt werden.*

Definition 30.2 (Normierte Polynome). *Ein Polynom $q \neq 0$ heißt normiert, wenn der Koeffizient der höchsten in $q(x)$ vorkommenden x-Potenz gleich 1 ist.*

Jedes Polynom $a_n x^n + a_{n-1} x^{n-1} + \cdots + a_1 x + a_0 (a_n \neq 0)$ ist das Produkt aus der Konstanten a_n und dem normierten Polynom $x^n + \frac{a_{n-1}}{a_n} x^{n-1} + \cdots + \frac{a_1}{a_n} x + \frac{a_0}{a_n}$. Damit genügt es i.a., normierte Polynome zu betrachten.

Theorem 30.2 (Multiplikative Zerlegung von Polynomen). *Jedes normierte Polynom $q(x)$ kann als Produkt von Faktoren der Gestalt $x - a$ oder $x^2 - 2bx + c$ mit $b^2 < c$ dargestellt werden. Diese Darstellung ist eindeutig bestimmt bis auf die Reihenfolge der Faktoren.*

Auf den Beweis dieses fundamentalen Theorems wollen wir nicht eingehen. Jedes a ist offensichtlich eine Nullstelle von $q(x)$. Die Bedingung $b^2 < c$ bedeutet gerade, dass das Polynom $x^2 - 2bx + c$ keine Nullstellen hat:

$$x^2 - 2bx + c = 0 \text{ lösbar} \Leftrightarrow (x-b)^2 = b^2 - c \text{ lösbar} \Leftrightarrow b^2 - c \geq 0.$$

Auch das folgende Theorem werden wir nicht beweisen.

Theorem 30.3 (Partialbruchzerlegung von echt gebrochenen rationalen Funktionen). *Jede echt gebrochene rationale Funktion $r = \frac{p}{q}, q$ normiert, kann als Summe von einfacheren rationalen Funktionen (sog. Partialbrüchen) dargestellt werden, deren Nenner von der Form $(x - a)^n$ oder $(x - 2bx + c)^n$ sind (n eine natürliche Zahl). Genauer gilt:*

(a) Jedem Faktor $x - a$, der in der Zerlegung von $q(x)$ (gemäß Theorem 30.2) genau n-mal auftritt, entspricht eine Summe von Partialbrüchen der Form

$$\frac{A_1}{x-a} + \frac{A_2}{(x-a)^2} + \cdots + \frac{A_n}{(x-a)^n}$$

wobei $A_1, \ldots, A_n$ Konstanten sind.

(b) Jedem Faktor $x^2 - 2bx + c$, der in der Zerlegung von $q(x)$ genau n-mal auftritt, entspricht eine Summe von Partialbrüchen der Form

$$\frac{B_1 x + C_1}{x^2 - 2bx + c} + \frac{B_2 x + C_2}{(x^2 - 2bx + c)^2} + \cdots + \frac{B_n x + C_n}{(x^2 - 2bx + c)^n}$$

mit Konstanten $B_1, \ldots, B_n; C_1, \ldots, C_n$.

Einfach auftretenden Faktoren $x - a$ bzw. $x^2 - 2bx + c$ von $q(x)$ entsprechen also einzelne Partialbrüche

$$\frac{A}{x-a} \quad \text{bzw.} \quad \frac{Bx + C}{x^2 - 2bx + c}.$$

Praktische Durchführung der Partialbruchzerlegung

Gegeben ist die echt gebrochene rationale Funktion $r = \frac{p}{q}$, q normiert.

(a) Zerlege das Nennerpolynom $q(x)$ in lineare Faktoren und quadratische Faktoren ohne Nullstellen.
(b) Setze die Partialbruchzerlegung von $r(x)$ gemäß Theorem 30.3 mit zunächst unbestimmten Konstanten A_i, B_j, C_j an.
(c) Man denke sich alle Partialbrüche auf den Hauptnenner $q(x)$ gebracht. Durch Vergleich der Koeffizienten des sich dabei ergebenden Zählerpolynoms mit denen von $p(x)$ lassen sich die A_i, B_j, C_j bestimmen.

Beispiel 30.3.

$$r(x) = \frac{1}{x^3 - 2x^2 + x}$$

(a) $x^3 - 2x^2 + x = x(x^2 - 2x + 1) = x(x-1)^2 \left(= (x-0)(x-1)^2\right)$
(b) $\dfrac{1}{x^3 - 2x^2 + x} = \dfrac{A}{x} + \dfrac{B}{x-1} + \dfrac{C}{(x-1)^2}$
(c) $1 = A(x-1)^2 + Bx(x-1) + Cx = (A+B)x^2 + (C - B - 2A)x + A$
$\Rightarrow A + B = 0, \; C - B - 2A = 0, \; A = 1$
$\Rightarrow A = 1, B = -1, C = 1$

30.2 Integration der Partialbrüche

Durch die Theoreme 30.1 und 30.3 wird die Integration rationaler Funktionen zurückgeführt auf die Typen

$$\int x^n \, dx, \quad \int \frac{dx}{(x-a)^n}, \quad \int \frac{Bx + C}{(x^2 - 2bx + c)^n} \, dx \quad (b^2 < c).$$

Wir wissen bereits (vgl. Kapitel 28):

$$\int x^n \, dx = \frac{1}{n+1} x^{n+1} \, (n \in \mathbb{N})$$

$$\int \frac{dx}{(x-a)^n} = \begin{cases} \ln|x-a| + c & (n = 1) \\ \dfrac{1}{1-n} \dfrac{1}{(x-a)^{n-1}} + c & (2 \leq n \in \mathbb{N}) \end{cases}$$

$$\int \frac{dx}{x^2 + 1} = \arctan x + c.$$

Um $\dfrac{Bx+C}{(x^2-2bx+c)}$ zu integrieren, formen wir um:

$$\frac{Bx+C}{(x^2-2bx+c)^n} = \frac{B}{2} \frac{2x-2b}{(x^2-2bx+c)^n} + (C+Bb) \frac{1}{(x^2-2bx+c)^n}$$

und behandeln die beiden rationalen Funktionen auf der rechten Seite einzeln. Nach Theorem 29.3 gilt erstens

$$\int \frac{2x-2b}{(x^2-2bx+c)^n} \, dx = \int \frac{dt}{t^n} \Big|_{t=x^2-2bx+c}$$
$$= \begin{cases} \ln(x^2-2bx+c) + C & (n=1) \\ \dfrac{1}{1-n} \dfrac{1}{(x^2-2bx+c)^{n-1}} + C & (2 \geq n \in \mathbb{N}). \end{cases}$$

Die Betragsstriche beim Logarithmus sind entbehrlich, da $x^2 - 2bx + c > 0$ für alle $x \in \mathbb{R}$ wegen $b^2 < c$.

Wieder nach Theorem 29.3 gilt zweitens

$$\int \frac{dx}{(x^2-2bx+c)^n} = \frac{\sqrt{c-b^2}}{(c-b^2)^n} \int \frac{1}{\left(\left(\dfrac{x-b}{\sqrt{c-b^2}}\right)^2 + 1\right)^n} \frac{dx}{\sqrt{c-b^2}}$$

$$= (c-b^2)^{\frac{1}{2}-n} \int \frac{dt}{(t^2+1)^n} \Big|_{t=\frac{x-b}{\sqrt{c-b^2}}}.$$

Mittels partieller Integration (die wir hier nicht vorführen wollen) kann man für $\displaystyle\int \frac{dt}{(t^2+1)^n}$ die Rekursionsformel

$$(2n-2) \int \frac{dt}{(t^2+1)^n} = \frac{t}{(t^2+1)^{n-1}} + (2n-3) \int \frac{dt}{(t^2+1)^{n-1}} \, (2 \leq n \in \mathbb{N})$$

herleiten. Durch sie wird das fragliche Integral schließlich zurückgeführt auf

$$\int \frac{dt}{t^2+1} = \arctan t + C.$$

30.2 Integration der Partialbrüche

Beispiel 30.4. (a) $\int \dfrac{dx}{x^3 - 2x^2 + x}$

$\stackrel{\text{s.Bsp. 30.3}}{=} \int \dfrac{dx}{x} - \int \dfrac{dx}{x-1} + \int \dfrac{dx}{(x-1)^2} = \ln|x| - \ln|x-1| - \dfrac{1}{x-1} + c$

$= \ln\left|\dfrac{x}{x-1}\right| - \dfrac{1}{x-1} + c$

(b) $\int \dfrac{x^5 + 4x^3 + x^2 + 3x + 2}{x^4 + 3x^2 + 2}\, dx$

Division mit Rest ergibt $\dfrac{x^5 + 4x^3 + x^2 + 3x + 2}{x^4 + 3x^2 + 2} = x + \dfrac{x^3 + x^2 + x + 2}{x^4 + 3x^2 + 2}$

Partialbruchzerlegung von $\dfrac{x^3 + x^2 + x + 2}{x^4 + 3x^2 + 2}$:

Zerlegung von $x^4 + 3x^2 + 2$ mittels Substitution $x^2 = y$:

$y + 3y + 2 = 0 \Leftrightarrow y = -1$ oder $y = -2$

$\Rightarrow x^4 + 3x^2 + 2 = y^2 + 3y + 2 = (y+1)(y+2) = (x^2+1)(x^2+2)$.

Ansatz $\quad \dfrac{x^3 + x^2 + x + 2}{x^4 + 3x^2 + 2} = \dfrac{Ax + B}{x^2 + 1} + \dfrac{Cx + D}{x^2 + 2}$

$\Rightarrow x^3 + x^2 + x + 2 = (Ax + B)(x^2 + 2) + (Cx + D)(x^2 + 1)$
$\qquad = (A + C)x^3 + (B + D)x^2 + (2A + C)x + 2B + D$

$\Rightarrow A + C = 1, B + D = 1, 2A + C = 1, 2B + D = 2$
$\Rightarrow A = 0, C = 1, B = 1, D = 0.$

Damit erhält man schließlich:

$\int \dfrac{x^5 + 4x + x^2 + 3x + 2}{x^4 + 3x^2 + 2}\, dx = \int x\, dx + \int \dfrac{dx}{x^2 + 1} + \int \dfrac{x}{x^2 + 2}\, dx$

$\qquad = \dfrac{1}{2}x^2 + \arctan x + \dfrac{1}{2}\ln(x^2 + 2) + c.$

(c) $\int \dfrac{x^5 - x^4 + 4x^3 - 4x^2 + 6x - 4}{(x^2 + 2)^3}$

Ansatz $\dfrac{x^5 - x^4 + 4x^3 - 4x^2 + 6x - 4}{(x^2 + 2)^3} = \dfrac{Ax + B}{x^2 + 2} + \dfrac{Cx + D}{(x^2 + 2)^2} + \dfrac{Ex + F}{(x^2 + 2)^3}$

$\Rightarrow \quad x^5 - x^4 + 4x^3 - 4x^2 + 6x - 4$
$= (Ax + B)(x^2 + 2)^2 + (Cx + D)(x^2 + 2) + Ex + F$
$= Ax^5 + Bx^4 + (4A + C)x^3 + (4B + D)x^2$
$\quad + (4A + 2C + E)x + 4B + 2D + F$

$\Rightarrow A = 1, B = -1, C = 0, D = 0, E = 2, F = 0.$

Also ist das Integral gleich

$\int \dfrac{x - 1}{x^2 + 2}\, dx + \int \dfrac{4x}{(x^2 + 2)^3}\, dx = \dfrac{1}{2}\ln(x^2 + 2) - \dfrac{1}{\sqrt{2}}\arctan\dfrac{x}{\sqrt{2}} - \dfrac{\frac{1}{2}}{(x^2 + 2)^2} + c.$

Hinweis für die Übungen: Jede rationale Nullstelle a eines normierten Polynoms $q(x)$ mit ganzen Koeffizienten ist ganzzahlig und ein Teiler des konstanten Gliedes von $q(x)$.

30.3 Übungen

Übung 30.1. Berechnen Sie:

(a) $\int \dfrac{4x^2 - 15x - 1}{x^3 - 2x^2 - 5x + 6}\, dx$

(b) $\int \dfrac{x^3 + 5}{x^3 - x^2}\, dx$

(c) $\int \dfrac{x^2}{x^3 + 3x^2 + 3x + 1}\, dx$

(d) $\int \dfrac{5 - 21x^2}{x^4 + 5x^3 + x^2 + 5x}\, dx$

Übung 30.2. Bestimme $\int \dfrac{e^x - 2}{e^{2x} + 2e^x}\, dx$

Lösung 30.1. Zweite Substitutionsregel; Idee: $e^x = t$
Also $x = \ln t, t > 0 \Rightarrow dx = \dfrac{dt}{t}$

$$\Rightarrow \int \frac{e^x - 2}{e^{2x} + 2e^x}\, dx = \int \frac{t - 2}{(t^2 + 2t)t}\, dt$$

Ansatz: $\dfrac{t - 2}{(t^2 + 2t)t} = \dfrac{A}{t + 2} + \dfrac{B}{t} + \dfrac{C}{t^2}$

$\Rightarrow t - 2 = At^2 + B(t^2 + 2t) + C(t + 2) = (A + B)t^2 + (2B + C)t + 2C$

$\Rightarrow C = -1, B = 1, A = -1$

$\Rightarrow \int \dfrac{t-2}{(t^2+2t)t}\, dt = -\int \dfrac{dt}{t+2} + \int \dfrac{dt}{t} - \int \dfrac{dt}{t^2} = -\ln(t+2) + \ln t + \dfrac{1}{t} + c$

$\Rightarrow \int \dfrac{e^x - 2}{e^{2x} + 2e^x}\, dx = -\ln(e^x + 2) + x + e^{-x} + c.$

Übung 30.3. Ermitteln Sie die unbestimmten Integrale!

(a) $\int \dfrac{\sqrt[3]{x+1}}{x}\, dx$

(b) $\int \dfrac{5e^{3x} - 2e^{2x}}{e^{3x} + e^{2x} - 4e^x + 6}\, dx$

Teil VI

Theorie der Reihen

31

Konvergente Reihen

Wir erläutern zunächst anhand eines Beispieles, in welcher Weise wir zu der Betrachtung von Reihen geführt werden.
Wählt man im Theorem 24.1 (Satz von Taylor) für f die Exponentialfunktion und $x_0 = 0$, dann erhält man bei festem $x \in \mathbb{R}$ zu jedem $n \in \mathbb{N}$ eine Zahl ϑ mit $0 < \vartheta < 1$, so dass gilt

$$e^x = \underbrace{1 + x + \frac{x^2}{2!} + \cdots + \frac{x^n}{n!}}_{T_n(x)} + \frac{x^{n+1}}{(n+1)!}e^{\vartheta x}$$

$$\Rightarrow |e^x - T_n(x)| = \frac{|x^{n+1}|}{(n+1)!}e^{\vartheta x} = \frac{|x|^{n+1}}{(n+1)!}e^{\vartheta x} < \frac{|x|^{n+1}}{(n+1)!}e^{|x|},$$

denn die Exponentialfunktion ist streng monoton wachsend und $\vartheta x \leq \vartheta |x| < |x|$. Da $e^{|x|}$ fest ist und $\dfrac{|x|^{n+1}}{(n+1)!} \to 0$ für $n \to \infty$ (Theorem 31.1), folgt

$$\lim_{n \to \infty} T_n(x) = e^x.$$

Man setzt

$$\sum_{k=0}^{\infty} \frac{x^k}{k!} := \lim_{n \to \infty} T_n(x)$$

und nennt diesen Grenzwert die *Summe* der *(unendlichen) Reihe*

$$1 + \frac{x}{1!} + \frac{x^2}{2!} + \frac{x^3}{3!} + \cdots$$

Setzt man in der für jedes $x \in \mathbb{R}$ gültigen Gleichung

$$e^x = \sum_{k=0}^{\infty} \frac{x^k}{k!}$$

insbesondere $x = 1$, so ergibt sich

$$e = e^1 = \sum_{k=0}^{\infty} \frac{1}{k!} = \lim_{n \to \infty} \left(1 + \frac{1}{1!} + \frac{1}{2!} + \cdots + \frac{1}{n!}\right),$$

vgl. Definition 9.2

Bevor wir Reihen allgemein betrachten, holen wir den Beweis nach von

Theorem 31.1 (Folge $\left(\dfrac{x^n}{n!}\right)$). *Für jedes feste $x \in \mathbf{R}$ gilt* $\lim\limits_{n \to \infty} \dfrac{x^n}{n!} = 0$.

Beweis. Es sei $\varepsilon > 0$. Zu zeigen ist die Existenz einer Zahl N, so dass

$$\left|\frac{x^n}{n!} - 0\right| = \frac{|x|^n}{n!} < \varepsilon \text{ für alle } n > N.$$

Es genügt, den Fall $x \neq 0$ zu betrachten.
m sei die größte natürliche Zahl mit $m \leq |x|$, also $m \leq |x| < m + 1$. Mit $q := \dfrac{|x|}{m+1}$ gilt dann $0 \leq q < 1$, und für $n > m$ folgt

$$\frac{|x|^n}{n!} = \frac{|x|^m}{m!} \frac{|x|}{m+1} \frac{|x|}{m+2} \cdots \frac{|x|}{n} < \frac{|x|^m}{m!} q^{n-m}.$$

Da nach Theorem 6.1 $q^{n-m} \to 0, n \to \infty$, kann N' so gewählt werden, dass $q^{n-m} < \dfrac{\varepsilon m!}{|x|^m}$ für $n > N'$

$$\Rightarrow \frac{|x|^n}{n!} < \varepsilon \text{ für } n > N := \max\{m, N'\}.$$

Definition 31.1 (Reihe). *Ist $a_0, a_1, a_2, \ldots$ eine Zahlenfolge, so nennt man den Ausdruck*

$$a_0 + a_1 + a_2 + a_3 + \cdots + a_k + \cdots$$

eine Reihe. Die Zahlen a_k heißen Glieder *(oder* Summanden*) der Reihe. Unter der n-ten* Partialsumme s_n *von $a_0 + a_1 + a_2 + \ldots$ versteht man*

$$s_n = a_0 + a_1 + a_2 + \ldots + a_n = \sum_{k=0}^{n} a_k \quad (n \in \mathbf{N}).$$

D.h. $s_0 = a_0, s_1 = a_0 + a_1, s_2 = a_0 + a_1 + a_2, s_3 = a_0 + a_1 + a_2 + a_3$, usw.
Mit der Reihe $a_0 + a_1 + a_2 + \cdots$ ist also auch die Folge $(a_0 + a_1 + \cdots + a_n)_{n \in \mathbf{N}}$ ihrer Partialsummen gegeben.

Definition 31.2 (Summe einer Reihe). *Eine Reihe $a_0 + a_1 + a_2 + \cdots$ heißt* konvergent (divergent), *wenn ihre Partialsummenfolge $(s_n), s_n = \sum\limits_{k=0}^{n} a_k$, konvergiert (divergiert). Ist $\lim\limits_{n \to \infty} s_n = s$, so nennt man s die* Summe der Reihe *und schreibt*

$$\sum_{k=0}^{\infty} a_k = s.$$

Eine Reihe kann natürlich statt mit $k = 0$ mit irgendeinem k_0 beginnen: Es genügt, dass die a_k für alle $k \geq k_0$ definiert sind. Der Einfachheit halber werden wir die "allgmeine Reihe" weiterhin in der Form $a_0 + a_1 + a_2 + \cdots$ ansetzen.

Ein wichtiges Beispiel ist die *(unendliche) geometrische Reihe*

$$1 + q + q^2 + q^3 + \cdots + q^k + \cdots$$

Nach Theorem 5.1 gilt:

$$s_n = 1 + q + \cdots + q^n = \begin{cases} \dfrac{1 - q^{n+1}}{1 - q}, & q \neq 1 \\ n + 1, & q = 1 \end{cases}$$

Für $|q| < 1$ ist (q^n) eine Nullfolge (Theorem 6.1), für $q = \pm 1$ oder $|q| > 1$ dagegen divergiert die Folge (q^n). Damit folgt:

(s_n) konvergiert gegen $\dfrac{1}{1-q}$ für $|q| < 1$, (s_n) divergiert für $|q| \geq 1$

Theorem 31.2 (Geometrische Reihe). *Die geometrische Reihe* $1+q+q^2+q^3+\cdots$ *ist im Fall* $|q| < 1$ *konvergent mit*

$$\sum_{k=0}^{\infty} q^k = \frac{1}{1-q},$$

im Fall $|q| \geq 1$ *dagegen divergent.*

Wir leiten jetzt eine notwendige Bedingung für die Konvergenz von Reihen her:

Theorem 31.3 (Notwendige Konvergenzbedingung). *Konvergiert die Reihe* $a_0 + a_1 + a_2 + \cdots$, *so ist* (a_k) *eine Nullfolge.*

Beweis. Mit $s_n = \sum_{k=0}^{n} a_k$ gilt $s_n = s_{n-1} + a_n$ für $n \geq 1$

$$\Rightarrow a_n = s_n - s_{n-1}, n \geq 1$$

$$\Rightarrow \lim_{n \to \infty} a_n = \lim_{n \to \infty} s_n - \lim_{n \to \infty} s_{n-1} = \sum_{k=0}^{\infty} a_k - \sum_{k=0}^{\infty} a_k = 0.$$

Man beachte, dass die Umkehrung von Theorem 31.2 nicht gilt:

(a_k) *ist eine Nullfolge* $\not\Rightarrow a_0 + a_1 + a_2 + \cdots$ *konvergiert*

Beispiel 31.1. Es sei $a_k = \dfrac{1}{k}, k = 1, 2, \ldots$.

Dann ist $\lim\limits_{k \to \infty} a_k = 0$. Aber mit $s_n = 1 + \dfrac{1}{2} + \dfrac{1}{3} + \cdots + \dfrac{1}{n}$ gilt:

$$s_2 = 1 + \frac{1}{2} > \frac{2}{2}$$
$$s_4 = s_2 + \frac{1}{3} + \frac{1}{4} > \frac{2}{2} + 2 \cdot \frac{1}{4} = \frac{3}{2}$$
$$s_8 = s_4 + \frac{1}{5} + \frac{1}{6} + \frac{1}{7} + \frac{1}{8} > \frac{3}{2} + 4 \cdot \frac{1}{8} = \frac{4}{2}$$
$$s_{16} = s_8 + \frac{1}{9} + \frac{1}{10} + \frac{1}{11} + \frac{1}{12} + \frac{1}{13} + \frac{1}{14} + \frac{1}{15} + \frac{1}{16} > \frac{4}{2} + 8 \cdot \frac{1}{16} = \frac{5}{2}$$
$$s_{32} = s_{16} + \frac{1}{17} + \frac{1}{18} + \cdots + \frac{1}{32} > \frac{5}{2} + 16 \cdot \frac{1}{32} = \frac{6}{2}$$
$$\cdots$$
$$s_{2^n} > \frac{n+1}{2} \quad \text{(allgemein zu beweisen mit vollständiger Induktion)}$$

$\Rightarrow (s_n)$ ist nicht beschränkt $\stackrel{\text{Theorem 6.3}}{\Longrightarrow}$ (s_n) ist divergent
$\Rightarrow 1 + \frac{1}{2} + \frac{1}{3} + \cdots$ ist divergent.

Anmerkung: Nach Theorem 8.1 (a) ist $\lim_{n \to \infty} s_n = +\infty$, und man schreibt daher auch $\sum_{k=1}^{\infty} \frac{1}{k} = +\infty$.

Theorem 31.4 (Rechenregeln für Reihensummen). *Mit $a_0 + a_1 + a_2 + \cdots$ und $b_0 + b_1 + b_2 + \cdots$ konvergieren auch die Reihen $(a_0 + b_0) + (a_1 + b_1) + (a_2 + b_2) + \cdots$ und $(ca_0) + (ca_1) + (ca_2) + \cdots$ für jedes $c \in \mathbf{R}$, und es gilt*

$$\sum_{k=0}^{\infty}(a_k + b_k) = \sum_{k=0}^{\infty} a_k + \sum_{k=0}^{\infty} b_k, \quad \sum_{k=0}^{\infty}(ca_k) = c \sum_{k=0}^{\infty} a_k.$$

Beweis. Mit Hilfe von Theorem 7.2 durch Vergleich der n-ten Partialsummen:

$$(a_0 + b_0) + (a_1 + b_1) + \cdots + (a_n + b_n) = (a_0 + a_1 + \cdots + a_n)$$
$$+ (b_0 + b_1 + \cdots + b_n)$$
$$ca_0 + ca_1 + \cdots + ca_n = c(a_0 + a_1 + \cdots + a_n)$$

Theorem 31.5 (Cauchy-Konvergenzkriterium). *Eine Reihe $a_0 + a_1 + a_2 + a_3 + \cdots$ konvergiert genau dann, wenn zu jedem $\varepsilon > 0$ ein $N = N(\varepsilon)$ existiert, so dass*

$$|a_{n+1} + a_{n+2} + \cdots + a_{n+p}| < \varepsilon \text{ für alle } n > N \text{ und } p = 1, 2, 3, \ldots \quad (31.1)$$

Beweis (mit Hilfe des Cauchy-Konvergenzkriteriums für Folgen).

$$a_0 + a_1 + a_2 + \cdots \text{ konvergiert} \Leftrightarrow (s_n) \text{ konvergiert}$$

$\stackrel{\text{Theorem 9.2}}{\Longleftrightarrow}$ Zu jedem $\varepsilon > 0$ existiert ein $N = N(\varepsilon)$ mit

$$|s_m - s_{m'}| < \varepsilon \text{ für alle } m, m' > N. \quad (31.2)$$

Zu zeigen bleibt: (31.1) ⇔ (31.2).

"⇒": Es seien $m, m' > N$. Für $m = m'$ ist die Behauptung trivial, so dass wir etwa $m < m'$ voraussetzen dürfen. Mit $n := m$ und $p := m' - m \geq 1$ gilt dann nach (31.1):

$$|s_m - s_{m'}| = |s_n - s_{n+p}|$$
$$= \left|a_0 + a_1 + \cdots + a_n - (a_0 + a_1 + \cdots a_n + a_{n+1} + \cdots + a_{n+p})\right|$$
$$= |a_{n+1} + \cdots + a_{n+p}| < \varepsilon.$$

"⇐": Es seien $n > N$ und $p \geq 1$. Mit $m := n$ und $m' := n + p > N$ gilt nach (31.2):

$$|a_{n+1} + a_{n+2} + \cdots + a_{n+p}| = |s_n - s_{n+p}| = |s_m - s_{m'}| < \varepsilon.$$

31.1 Absolute und bedingte Konvergenz

Definition 31.3 (Absolute Konvergenz). *Die Reihe* $a_0 + a_1 + a_2 + \cdots + a_k + \cdots$ *heißt* absolut konvergent, *wenn die Reihe* $|a_0| + |a_1| + |a_2| + \cdots + |a_k| + \cdots$ *konvergiert.*

Wegen der Ungleichung

$$|a_{n+1} + a_{n+2} + \cdots + a_{n+p}| \leq |a_{n+1}| + |a_{n+2}| + \cdots + |a_{n+p}|$$

erhält man aufgrund des Cauchy-Kriteriums sofort:

Theorem 31.6 (Absolute Konvergenz impliziert Konvergenz). *Jede absolut konvergente Reihe ist konvergent.*

Man beachte, dass die Umkehrung hiervon nicht gilt:

Nicht jede konvergente Reihe ist absolut konvergent.

Beispiel 31.2. In Kapitel 33 werden wir sehen, dass die Reihe

$$1 - \frac{1}{2} + \frac{1}{3} - \frac{1}{4} + \cdots + \frac{(-1)^k}{k} + \cdots$$

konvergiert (mit der Summe $\ln 2$). Im letzten Beispiel wurde aber gezeigt, dass die Reihe

$$1 + \frac{1}{2} + \frac{1}{3} + \frac{1}{4} + \cdots + \frac{1}{k} + \cdots$$

divergiert.

Definition 31.4 (Bedingte Konvergenz). *Eine konvergente Reihe, die nicht absolut konvergiert, heißt* bedingt konvergent.

Der wesentliche Unterschied zwischen absolut bzw. bedingt konvergenten Reihen liegt in ihrem Verhalten bei Änderung der Anordnung der Glieder. Hier gelten die beiden folgenden grundlegenden Sätze, die wir nicht beweisen werden.

Theorem 31.7 (Invarianz gegen Umordnungen). *Ist die Reihe $a_0 + a_1 + a_2 + \cdots$ absolut konvergent, so konvergiert auch jede durch Umordnung der a_k erhaltene Reihe absolut und hat dieselbe Summe.*

Theorem 31.8 (Umordnungssatz von Riemann (1866)). *Die Reihe $a_0 + a_1 + a_2 + \cdots$ sei bedingt konvergent, und es sei $t \in \mathbf{R}$ eine beliebige Zahl. Dann lassen sich die a_k so umordnen, dass die entstehende Reihe konvergiert und die Summe t hat.*

Beispiel 31.3. Wir betrachten noch einmal die Reihe
(a) $\quad 1 - \dfrac{1}{2} + \dfrac{1}{3} - \dfrac{1}{4} + \dfrac{1}{5} - \dfrac{1}{6} + \dfrac{1}{7} - \dfrac{1}{8} + \cdots \quad$ mit der Summe $\ln 2$

Aufgrund von Theorem 31.4 (mit $c = \dfrac{1}{2}$) hat dann

$\dfrac{1}{2} - \dfrac{1}{4} + \dfrac{1}{6} - \dfrac{1}{8} + \dfrac{1}{10} - \dfrac{1}{12} + \dfrac{1}{14} - \dfrac{1}{16} + \cdots$ die Summe $\dfrac{1}{2}\ln 2$

Gemäß Definition 31.2 hat dann auch die Reihe
(b) $\quad 0 + \dfrac{1}{2} + 0 - \dfrac{1}{4} + 0 + \dfrac{1}{6} + 0 - \dfrac{1}{8} + \cdots \quad$ die Summe $\dfrac{1}{2}\ln 2$

Aus (a) und (b) erhält man mit Theorem 31.4 die Reihe
(c) $\quad 1 + 0 + \dfrac{1}{3} - \dfrac{1}{2} + \dfrac{1}{5} + 0 + \dfrac{1}{7} - \dfrac{1}{4} + \cdots \quad$ mit der Summe $\dfrac{3}{2}\ln 2$

Lässt man in (c) die Nullen beiseite, so stehen dort dieselben Glieder wie in (a). Die unterschiedliche Summe kommt durch die veränderte Reihenfolge der Glieder zustande!

31.2 Übungen

Übung 31.1. Man untersuche die Reihen auf Konvergenz und berechne gegebenenfalls die Summe:

(a)
$$1 - 1 + 1 - 1 + 1 - 1 + \cdots + (-1)^k + \cdots$$

(b)
$$\frac{1}{1 \cdot 3} + \frac{1}{3 \cdot 5} + \frac{1}{5 \cdot 7} + \cdots + \frac{1}{(2k-1)(2k+1)} + \cdots$$

(c)
$$\frac{1}{2} + \frac{2}{3} + \frac{3}{4} + \frac{4}{5} + \cdots + \frac{k}{k-1} + \cdots$$

(d)
$$1 + \frac{1}{\sqrt{2}+\sqrt{1}} + \frac{1}{\sqrt{3}+\sqrt{2}} + \cdots + \frac{1}{\sqrt{k}+\sqrt{k-1}} + \cdots$$

Lösung 31.1. (a) $s_n = \sum_{k=0}^{n} a_k = \sum_{k=0}^{n} (-1)^k$

$$\Rightarrow s_n = \left\{ \begin{array}{l} 1, n = 0, 2, 4, \ldots \\ 0, n = 1, 3, 5, \ldots \end{array} \right\} \Rightarrow (s_n) \text{ divergiert}$$

$\overset{\text{Def. 31.2}}{\Longrightarrow}$ $1 - 1 + 1 - 1 + \cdots$ divergiert.

(b) $s_n = \sum_{k=1}^{n} a_k = \sum_{k=1}^{n} \frac{1}{(2k-1)(2k+1)}$

Trick zur Berechnung von s_n: Partialbruchzerlegung!

Ansatz: $\frac{1}{(2x-1)(2x+1)} = \frac{A}{2x-1} + \frac{B}{2x+1}$

$\Rightarrow 1 = A(2x+1) + B(2x-1) = 2(A+B)x + (A-B)$

$\Rightarrow A + B = 0, A - B = 1 \Rightarrow A = \frac{1}{2}, B = -\frac{1}{2}$

(Der Ansatz mit normiertem Nennerpolynom

$$\frac{\frac{1}{4}}{\left(x - \frac{1}{2}\right)\left(x + \frac{1}{2}\right)} = \frac{A'}{x - \frac{1}{2}} + \frac{B'}{x + \frac{1}{2}}$$

führt natürlich auf dasselbe Resultat $A' = \frac{1}{4}, B' = -\frac{1}{4}$).

$\Rightarrow a_k = \frac{1}{(2k-1)(2k+1)} = \frac{1}{2}\left(\frac{1}{2k-1} - \frac{1}{2k+1}\right)$

$\Rightarrow s_n = \sum_{k=1}^{n} a_k = \frac{1}{2} \sum_{k=1}^{n} \left(\frac{1}{2k-1} - \frac{1}{2k+1}\right)$

$= \frac{1}{2}\left(\frac{1}{1} - \frac{1}{3} + \frac{1}{3} - \frac{1}{5} + \frac{1}{5} - \frac{1}{7} + \cdots + \frac{1}{2n-1} - \frac{1}{2n+1}\right)$

$= \frac{1}{2}\left(1 - \frac{1}{2n+1}\right)$

$\Rightarrow \lim_{n\to\infty} s_n = \frac{1}{2} \lim_{n\to\infty} \left(1 - \frac{1}{2n+1}\right) = \frac{1}{2}$

$\Rightarrow \frac{1}{1\cdot 3} + \frac{1}{3\cdot 5} + \frac{1}{5\cdot 7} + \cdots$ konvergiert und hat die Summe $\frac{1}{2}$.

(c) Die Berechnung von s_n ist hier schwierig! Jedoch gilt:

$$\lim_{k \to \infty} a_k = \lim_{k \to \infty} \frac{k}{k+1} = 1 \stackrel{\text{Theorem 31.3}}{\Longrightarrow} \frac{1}{2} + \frac{2}{3} + \frac{3}{4} + \cdots \text{ divergiert}$$

(d) Hier ist Theorem 31.3 nicht anwendbar, denn $a_k = \dfrac{1}{\sqrt{k} + \sqrt{k-1}} \to 0, k \to \infty$.

Trick zur Berechnung von s_n:

$$\frac{1}{\sqrt{k}+\sqrt{k-1}} = \frac{\sqrt{k}-\sqrt{k-1}}{(\sqrt{k})^2 - (\sqrt{k-1})^2} = \sqrt{k} - \sqrt{k-1}$$

$\Rightarrow s_n = \sum_{k=1}^{n} a_k = \sqrt{1} - \sqrt{0} + \sqrt{2} - \sqrt{1} + \sqrt{3} - \sqrt{2} + \cdots + \sqrt{n} - \sqrt{n-1} = \sqrt{n}$

$\Rightarrow (s_n)$ divergiert $\Rightarrow 1 + \dfrac{1}{\sqrt{2}+\sqrt{1}} + \dfrac{1}{\sqrt{3}+\sqrt{2}} + \cdots$ divergiert

Übung 31.2. Untersuchen Sie die folgenden Reihen auf Konvergenz! Bestimmen Sie im Falle der Konvergenz die Summe!

(a) $1 + \dfrac{1}{2} + \dfrac{1}{4} + \cdots + \dfrac{1}{2^k} + \cdots$

(b) $\dfrac{1}{3} + \dfrac{1}{9} + \dfrac{1}{27} + \cdots + \dfrac{1}{3^k} + \cdots$

(c) $\dfrac{1}{3} + \dfrac{2}{5} + \dfrac{3}{7} + \cdots + \dfrac{k}{2k+1} + \cdots$

(d) $\dfrac{1}{1 \cdot 3} + \dfrac{1}{2 \cdot 4} + \dfrac{1}{3 \cdot 5} + \cdots + \dfrac{1}{k(k+2)} + \cdots$

(e) $\dfrac{1}{1 \cdot 5} + \dfrac{1}{2 \cdot 6} + \dfrac{1}{3 \cdot 7} + \cdots + \dfrac{1}{k(k+4)} + \cdots$

(f) $2 + \sqrt{2} + \sqrt[3]{2} + \cdots + \sqrt[k]{2} + \cdots$

(g) $\dfrac{1}{1 \cdot 4} + \dfrac{1}{4 \cdot 7} + \dfrac{1}{7 \cdot 10} + \cdots + \dfrac{1}{(3k-2)(3k+1)} + \cdots$

(h) $1 + \dfrac{3}{4} + \dfrac{5}{8} + \cdots + \dfrac{2^{k-1}+1}{2^k} + \cdots$

(i) $\dfrac{1}{1 \cdot 2 \cdot 3} + \dfrac{1}{2 \cdot 3 \cdot 4} + \dfrac{1}{3 \cdot 4 \cdot 5} + \cdots + \dfrac{1}{k(k+1)(k+2)} + \cdots$

(j) $\dfrac{1}{\sqrt{3}+\sqrt{1}} + \dfrac{1}{\sqrt{5}+\sqrt{3}} + \dfrac{1}{\sqrt{7}+\sqrt{5}} + \cdots + \dfrac{1}{\sqrt{2k+1}+\sqrt{2k-1}} + \cdots$

(k) $\dfrac{1}{2!} + \dfrac{2}{3!} + \dfrac{3}{4!} + \cdots + \dfrac{k}{(k+1)!} + \cdots$

Übung 31.3. Schreiben Sie den periodischen Dezimalbruch 3.141414... als rationale Zahl (Näherungsbruch für die irrationale Zahl π).
Hinweis: Theorem 31.2.

32

Konvergenzkriterien für Reihen

Wir werden in diesem Abschnitt die für die praktische Anwendung wichtigsten Konvergenzkriterien für Reihen vorstellen. Man beachte stets, dass mit der absoluten Konvergenz auch die Konvergenz erwiesen ist.

Definition 32.1 (Majorante). *Sind $a_0 + a_1 + a_2 + \cdots$ und $b_0 + b_1 + b_2 + \cdots$ zwei Reihen derart, dass*

(a) $b_k \geq 0$ für alle k
(b) $|a_k| \leq b_k$ für alle $k \geq k_0$

so heißt $b_0 + b_1 + b_2 + \cdots$ eine Majorante von $a_0 + a_1 + a_2 + \cdots$.

Theorem 32.1 (Majorantenkriterium). *Hat $a_0 + a_1 + a_2 + \cdots$ eine konvergente Majorante, so ist $a_0 + a_1 + a_2 + \cdots$ absolut konvergent.*

Beweis. Es sei $b_0 + b_1 + b_2 + \cdots$ eine konvergente Majorante von $a_0 + a_1 + a_2 + \cdots$. Für Reihen ohne negative Glieder dürfen die Betragsstriche in (31.1) weggelassen werden. Zu $\varepsilon > 0$ gibt es also ein N, so dass

$$b_{n+1} + b_{n+2} + \cdots + b_{n+p} < \varepsilon \text{ für alle } n > N \text{ und } p = 1, 2, 3, \ldots$$

Wegen $|a_k| \leq b_k, k \geq k_0$, folgt

$$|a_{n+1}| + |a_{n+2}| + \cdots + |a_{n+p}| \leq b_{n+1} + b_{n+2} + \cdots + b_{n+p} < \varepsilon$$

für alle $n > N' := \max\{N, k_0\}$ und $p = 1, 2, 3, \ldots$. Nach Theorem 31.5 ist daher $a_0 + a_1 + a_2 + \cdots$ absolut konvergent.

Beispiel 32.1. Die Reihe $1 + \dfrac{1}{2^2} + \dfrac{1}{3^3} + \cdots + \dfrac{1}{k^k} + \cdots$ hat wegen

$$\frac{1}{k^k} \leq \left(\frac{1}{2}\right)^k \text{ für alle } k \geq 2$$

die geometrische Reihe $1 + \frac{1}{2} + \left(\frac{1}{2}\right)^2 + \left(\frac{1}{2}\right)^3 + \cdots$ als Majorante. Diese konvergiert nach Theorem 31.2, folglich konvergiert auch $1 + \frac{1}{2^2} + \frac{1}{3^3} + \cdots$.

Theorem 32.2 (Quotientenkriterium I). *Gegeben sei die Reihe $a_0 + a_1 + a_2 + \cdots$*

(a) Gibt es ein $q, 0 < q < 1$, und eine natürliche Zahl k_0, so dass $a_k \neq 0$ und

$$\left|\frac{a_{k+1}}{a_k}\right| \leq q \text{ für alle } k \geq k_0,$$

dann konvergiert $a_0 + a_1 + a_2 + \cdots$ absolut.
(b) Gibt es hingegen eine natürliche Zahl k_0, so dass $a_k \neq 0$ und

$$\left|\frac{a_{k+1}}{a_k}\right| \geq 1 \text{ für alle } k \geq k_0,$$

dann divergiert $a_0 + a_1 + a_2 + \cdots$.

Beweis. (a) Wir betrachten die Reihe $a_{k_0} + a_{k_0+1} + a_{k_0+2} + \cdots$. Nach Voraussetzung gilt:

$$\left|\frac{a_{k_0+1}}{a_{k_0}}\right| \leq q \Rightarrow |a_{k_0+1}| \leq q|a_{k_0}|$$

$$\left|\frac{a_{k_0+2}}{a_{k_0+1}}\right| \leq q \Rightarrow |a_{k_0+2}| \leq q|a_{k_0+1}| \leq q\big(q|a_{k_0}|\big) = q^2|a_{k_0}|$$

$$\left|\frac{a_{k_0+3}}{a_{k_0+2}}\right| \leq q \Rightarrow |a_{k_0+3}| \leq q|a_{k_0+2}| \leq q^3|a_{k_0}|$$

$$\cdots$$

$$\Rightarrow |a_k| \leq q^{k-k_0}|a_{k_0}| \text{ für alle } k \geq k_0$$

Die Reihe $|a_{k_0}| + |a_{k_0}|q + |a_{k_0}|q^2 + \cdots$ ist also Majorante von $a_{k_0} + a_{k_0+1} + a_{k_0+2} + \cdots$ und konvergiert wegen $0 < q < 1$ (Theoreme 31.2 und 31.4)

$$\Rightarrow a_{k_0} + a_{k_0+1} + a_{k_0+2} + \cdots \text{ konvergiert absolut.}$$

Weglassen von endlich vielen Gliedern ändert das Konvergenzverhalten einer Reihe nicht, da sich die Partialsummenfolgen für genügend große n nur durch einen konstanten Wert (=Summe der weggelassenen Glieder) unterscheiden

$$\Rightarrow a_0 + a_1 + a_2 + \cdots \text{ konvergiert absolut.}$$

(b) Nach Voraussetzung gilt:

$$\left|\frac{a_{k_0+1}}{a_{k_0}}\right| \geq 1 \Rightarrow |a_{k_0+1}| \geq |a_{k_0}|$$

$$\left|\frac{a_{k_0+2}}{a_{k_0+1}}\right| \geq 1 \Rightarrow |a_{k_0+2}| \geq |a_{k_0+1}| \geq |a_{k_0}|$$

$$\left|\frac{a_{k_0+3}}{a_{k_0+2}}\right| \geq 1 \Rightarrow |a_{k_0+3}| \geq |a_{k_0+2}| \geq |a_{k_0}|$$

...

$$\Rightarrow |a_k| \geq |a_{k_0}| \text{ für alle } k \geq k_0$$

Wegen $a_{k_0} \neq 0$ ist $\varepsilon := |a_{k_0}| > 0$ und $|a_k| \geq \varepsilon$ für alle $k \geq k_0$

$$\Rightarrow (a_k) \text{ ist keine Nullfolge}$$

$$\stackrel{\text{Theorem 31.3}}{\Longrightarrow} a_0 + a_1 + a_2 + \cdots \text{ divergiert.}$$

Eine einfache Folgerung aus Theorem 32.2 ergibt:

Theorem 32.3 (Quotientenkriterium II). *Existiert für eine Reihe $a_0 + a_1 + a_2 + \cdots$ mit lauter Gliedern $a_k \neq 0$ der Grenzwert*

$$Q := \lim_{k \to \infty} \left|\frac{a_{k+1}}{a_k}\right|,$$

so ist $a_0 + a_1 + a_2 + \cdots$ $\begin{cases} \text{absolut konvergent, wenn } Q < 1 \\ \text{divergent,} \quad \text{wenn } Q > 1. \end{cases}$

Beispiel 32.2. $1 + x + \dfrac{x^2}{2!} + \dfrac{x^3}{3!} + \cdots, x$ fest

$$a_k = \frac{x^k}{k!} \Rightarrow \left|\frac{a_{k+1}}{a_k}\right| = \left|\frac{x^{k+1}}{(k+1)!} \cdot \frac{k!}{x^k}\right| = \left|\frac{x}{k+1}\right| = \frac{|x|}{k+1}$$

$$\Rightarrow Q = \lim_{k \to \infty} \left|\frac{a_{k+1}}{a_k}\right| = 0$$

$$\stackrel{\text{Theorem 32.3}}{\Longrightarrow} 1 + x + \frac{x^2}{2!} + \frac{x^3}{3!} + \cdots \text{ konvergiert absolut}$$

Wegen Theorem 31.3 ist damit Theorem 31.1 erneut bewiesen!

Theorem 32.4 (Wurzelkriterium I). *Gegeben sei die Reihe $a_0 + a_1 + a_2 + \cdots$*

(a) Gibt es ein $q, 0 < q < 1$, und eine natürliche Zahl k_0, so dass

$$\sqrt[k]{|a_k|} \leq q \text{ für alle } k \geq k_0,$$

dann konvergiert $a_0 + a_1 + a_2 + \cdots$ absolut.
(b) Gibt es hingegen eine natürliche Zahl k_0, so dass

$$\sqrt[k]{|a_k|} \geq 1 \text{ für alle } k \geq k_0,$$

dann divergiert $a_0 + a_1 + a_2 + \cdots$.

32 Konvergenzkriterien für Reihen

Beweis. Ähnlich wie für Theorem 32.2

(a) Nach Voraussetzung gilt:

$$\sqrt[k_0]{|a_{k_0}|} \leq q \Rightarrow |a_{k_0}| \leq q^{k_0}$$
$$\sqrt[k_0+1]{|a_{k_0+1}|} \leq q \Rightarrow |a_{k_0+1}| \leq q^{k_0+1}$$
$$\cdots$$
$$|a_k| \leq q^k \text{ für alle } k \geq k_0$$

$\Rightarrow$ Die geometrische Reihe $1+q+q^2+\cdots$ ist Majorante von $a_0+a_1+a_2+\cdots$
$\Rightarrow a_0 + a_1 + a_2 + \cdots$ konvergiert absolut.

(b) Nach Voraussetzung gilt:

$$\sqrt[k_0]{|a_{k_0}|} \geq 1 \Rightarrow |a_{k_0}| \geq 1$$
$$\sqrt[k_0+1]{|a_{k_0+1}|} \geq 1 \Rightarrow |a_{k_0+1}| \geq 1$$
$$\cdots$$
$$|a_{k_0}| \geq 1 \text{ für alle } k \geq k_0$$

$\Rightarrow (a_k)$ ist keine Nullfolge
$\Rightarrow a_0 + a_1 + a_2 + \cdots$ divergiert.

Wiederum ergibt sich als Folgerung:

Theorem 32.5 (Wurzelkriterium II). *Existiert für eine Reihe* $a_0 + a_1 + a_2 + \cdots$ *der Grenzwert* $W := \lim_{k\to\infty} \sqrt[k]{|a_k|}$, *so ist*

$$a_0 + a_1 + a_2 + \cdots \begin{cases} \text{absolut divergent, wenn } W < 1 \\ \text{divergent,} \quad \text{wenn } W > 1. \end{cases}$$

Im Fall $W = 1$ *lässt sich i.a. nichts aussagen.*

Beispiel 32.3. $1 + \dfrac{2!}{2^2} + \dfrac{3!}{3^3} + \cdots + \dfrac{k!}{k^k} + \cdots$
Wie wir anschließend beweisen werden, gilt

$$k! \leq \left(\frac{k+1}{2}\right)^k \text{ für } k = 1, 2, 3, \ldots \tag{32.1}$$

$$\Rightarrow 0 < a_k = \frac{k!}{k^k} \leq \left(\frac{k+1}{2k}\right)^k \Rightarrow \sqrt[k]{|a_k|} \leq \frac{k+1}{2k}$$

Wegen $\lim_{k\to\infty} \dfrac{k+1}{2k} = \dfrac{1}{2} < 1$ erhält man dann mit Theorem 32.4 die absolute Konvergenz von

$$1 + \frac{2!}{2^2} + \frac{3!}{3^3} + \cdots.$$

Zum Beweis von (32.1) bemerken wir vorweg, dass für Zahlen $a, b > 0$ gilt

$$\sqrt{ab} \leq \frac{a+b}{2}, \tag{32.2}$$

wie man durch Quadrieren beider Seiten sofort bestätigt:

$$ab \leq \frac{(a+b)^2}{4} \Leftrightarrow 4ab \leq a^2 + 2ab + b^2 \Leftrightarrow 0 \leq a^2 - 2ab + b^2 \Leftrightarrow 0 \leq (a-b)^2.$$

Nun erhalten wir

$$k! = \sqrt{(k!)^2} = \sqrt{1 \cdot k \cdot 2(k-1)3(k-2)4(k-3)\ldots k \cdot 1} = \prod_{j=1}^{k} \sqrt{j(k-j+1)}$$

$$\leq \prod_{j=1}^{k} \frac{k+1}{2} = \left(\frac{k+1}{2}\right)^k$$

durch Anwendung von (32.2) mit $a = j$ und $b = k - j + 1$.

32.1 Übungen

Übung 32.1. Man untersuche das Konvergenzverhalten der folgenden Reihen mit Hilfe von Majorantenkriterium (a),(b), Quotientenkriterium (c)-(e) und Wurzelkriterium (f)-(h)!

(a) $1 + \frac{1}{\sqrt{2}} + \frac{1}{\sqrt{3}} + \cdots + \frac{1}{\sqrt{k}} + \cdots$

(b) $\frac{1^2+1}{1^3} + \frac{2^2+1}{2^3+1} + \frac{3^2+1}{3^3+2} + \cdots + \frac{k^2+1}{k^3+k-1} + \cdots$

(c) $\frac{1}{2} + \frac{2}{4} + \frac{3}{8} + \cdots + \frac{k}{2^k} + \cdots$

(d) $1 + \frac{1 \cdot 2}{1 \cdot 3} + \frac{1 \cdot 2 \cdot 3}{1 \cdot 3 \cdot 5} + \cdots + \frac{k!}{1 \cdot 3 \cdot 5 \ldots (2k-1)} + \cdots$

(e) $1 + \frac{2!}{2^2} + \frac{3!}{3^3} + \cdots + \frac{k!}{k^k} + \cdots$

(f) $1 + \frac{2}{4} + \frac{4}{27} + \cdots + \frac{2^{k-1}}{k^k} + \cdots$

(g) $\left(\frac{1}{2}+1\right) + \left(\frac{1}{2}+\frac{1}{2}\right)^2 + \left(\frac{1}{2}+\frac{1}{3}\right)^3 + \cdots + \left(\frac{1}{2}+\frac{1}{k}\right)^k + \cdots$

(h) $1 - 2x + x^2 - 2x^3 + x^4 - 2x^5 + \cdots$, wobei $x \in \mathbb{R}$

Lösung 32.1. Man beachte, dass für Reihen mit positiven Gliedern die Betragsstriche in den Kriterien fortgelassen werden dürfen und Konvergenz mit absoluter Konvergenz gleichbedeutend ist.

(a) Wegen $\frac{1}{\sqrt{k}} \geq \frac{1}{k}$ ist $1 + \frac{1}{\sqrt{2}} + \frac{1}{\sqrt{3}} + \cdots$ eine Majorante von $1 + \frac{1}{2} + \frac{1}{3} + \cdots$. Da die zweite Reihe divergiert (vgl. Beispiel 31.1), muss nach Theorem 32.1 auch die erste divergieren.

(b) Wegen $\dfrac{k^2+1}{k^3+k-1} \geq \dfrac{1}{k}$ ist $\dfrac{1^2+1}{1^3} + \dfrac{2^2+1}{2^3+1} + \dfrac{3^2+1}{3^3+2} + \cdots$ eine Majorante von $1 + \dfrac{1}{2} + \dfrac{1}{3} + \cdots$ und daher divergent.

(c)
$$a_k = \frac{k}{2^k}, a_{k+1} = \frac{k+1}{2^{k+1}} \Rightarrow \frac{a_{k+1}}{a_k} = \frac{k+1}{2^{k+1}} \cdot \frac{2^k}{k} = \frac{k+1}{2k}$$

$$\Rightarrow \lim_{k \to \infty} \frac{a_{k+1}}{a_k} = \lim_{k \to \infty} \frac{1 + \frac{1}{k}}{2} = \frac{1}{2} \stackrel{\text{Theorem 32.3}}{\Longrightarrow} \text{Reihe konvergiert}$$

(d)
$$a_k = \frac{k!}{1 \cdot 3 \cdot 5 \ldots (2k-1)}, a_{k+1} = \frac{(k+1)!}{1 \cdot 3 \cdot 5 \ldots (2k+1)} \Rightarrow \frac{a_{k+1}}{a_k} = \frac{k+1}{2k+1}$$

$$\Rightarrow \lim_{k \to \infty} \frac{a_{k+1}}{a_k} = \frac{1}{2} < 1 \Rightarrow \text{Reihe konvergiert}$$

(e)
$$a_k = \frac{k!}{k^k}, a_{k+1} = \frac{(k+1)!}{(k+1)^{k+1}}$$

$$\Rightarrow \frac{a_{k+1}}{a_k} = \frac{(k+1)k^k}{(k+1)^{k+1}} = \left(\frac{k}{k+1}\right)^k = \left(\frac{1}{1 + \frac{1}{k}}\right)^k$$

$$\Rightarrow \lim_{k \to \infty} \frac{a_{k+1}}{a_k} = \frac{1}{\lim_{k \to \infty} \left(1 + \frac{1}{k}\right)^k} = \frac{1}{e} < 1 \Rightarrow \text{Reihe konvergiert}$$

(f)
$$a_k = \frac{2^{k-1}}{k^k} = \frac{1}{2}\left(\frac{2}{k}\right)^k \Rightarrow \sqrt[k]{a_k} = \frac{1}{\sqrt[k]{2}} \cdot \frac{2}{k}$$

$$\Rightarrow \lim_{k \to \infty} \sqrt[k]{a_k} = \frac{1}{\lim_{k \to \infty} 2^{1/k}} \cdot \lim_{k \to \infty} \frac{2}{k} = \frac{1}{2^0} \cdot 0 = 0$$

$$\stackrel{\text{Theorem 32.5}}{\Longrightarrow} \text{Reihe konvergiert}$$

(g)
$$a_k = \left(\frac{1}{2} + \frac{1}{k}\right)^k \Rightarrow \sqrt[k]{a_k} = \frac{1}{2} + \frac{1}{k}$$

$$\Rightarrow \lim_{k \to \infty} \sqrt[k]{a_k} = \frac{1}{2} < 1 \Rightarrow \text{Reihe konvergiert}$$

(h)
$$a_k = \begin{cases} x^k, & k \text{ gerade} \\ -2x^k, & k \text{ ungerade} \end{cases} \Rightarrow \sqrt[k]{|a_k|} = \begin{cases} |x|, & k \text{ gerade} \\ \sqrt[k]{2}|x|, & k \text{ ungerade} \end{cases}$$

$$\lim_{k \to \infty} 2^{1/k} = 1 \Rightarrow \lim_{k \to \infty} \sqrt[k]{|a_k|} = |x|$$

$\Rightarrow$ Reihe konvergiert absolut für $|x| < 1$, divergiert für $|x| > 1$

Für $|x| = 1$, d.h. $x = \pm 1$, divergiert die Reihe, da dann a_k offensichtlich keine Nullfolge ist!

Übung 32.2. Entscheiden Sie, ob die Reihen konvergieren oder divergieren:

(a) $\dfrac{1}{\sqrt{1 \cdot 2}} + \dfrac{1}{\sqrt{2 \cdot 3}} + \dfrac{1}{\sqrt{3 \cdot 4}} + \cdots + \dfrac{1}{\sqrt{k(k+1)}} + \cdots$

(b) $e^{-1} + 8e^{-4} + 27e^{-9} + \cdots + k^3 e^{-k^2} + \cdots$

(c) $\dfrac{2}{1} - \dfrac{4}{4} + \dfrac{8}{9} - \cdots + (-1)^{k-1} \dfrac{2^k}{k^2} + \cdots$

(d) $\dfrac{1}{4} + \dfrac{2!}{4^2} + \dfrac{3!}{4^3} + \cdots + \dfrac{k!}{4^k} + \cdots$

(e) $\dfrac{1}{1 \cdot 2} + \dfrac{1}{2 \cdot 2^2} + \dfrac{1}{3 \cdot 2^3} + \cdots + \dfrac{1}{k \cdot 2^k} + \cdots$

(f) $2 + \dfrac{3}{2} \cdot \dfrac{1}{3} + \dfrac{4}{3} \cdot \dfrac{1}{3^2} + \cdots + \dfrac{k+1}{k} \cdot \dfrac{1}{3^{k-1}} + \cdots$

(g) $\dfrac{2^3}{3^2} + \dfrac{2^6}{3^4} + \dfrac{2^9}{3^6} + \cdots + \dfrac{2^{3k}}{3^{2k}} + \cdots$

(h) $2 - \dfrac{2^2}{2^3} + \dfrac{2^3}{3^3} - \cdots + (-1)^{k-1} \dfrac{2^k}{k^3} + \cdots$

(i) $\dfrac{1}{\ln^2 2} + \dfrac{1}{\ln^3 3} + \dfrac{1}{\ln^4 4} + \cdots + \dfrac{1}{\ln^k k} + \cdots$

(j) $\dfrac{2}{1+1} + \left(\dfrac{4}{4+1}\right)^2 + \left(\dfrac{6}{9+1}\right)^3 + \cdots + \left(\dfrac{2k}{k^2+1}\right)^k + \cdots$

33

Taylorreihen

Wie in der Einführung zu Kapitel 31 an einem Beispiel dargestellt, stößt man bei dem Versuch, eine Funktion $f(x)$ durch ihre Taylorpolynome $T_n(x)$ immer besser zu approximieren, indem man n wachsen lässt, auf einen speziellen Typ von Reihen.

Im Folgenden setzen wir voraus, dass die Funktion f auf dem Intervall I beliebig oft differenzierbar ist. $x_0 \in I$ sei ein fester Punkt in I. Dann existieren $f(x_0), f'(x_0), f''(x_0), \ldots, f^{(k)}(x_0), \ldots$.

Definition 33.1 (Taylorreihe). *Unter der Taylorreihe von f mit Entwicklungspunkt x_0 versteht man die (Potenz)Reihe*

$$T(x) = f(x_0) + f'(x_0)(x-x_0) + \frac{f''(x_0)}{2!}(x-x_0)^2 + \cdots + \frac{f^{(k)}(x_0)}{k!}(x-x_0)^k + \ldots$$

Es stellen sich die Fragen

(a) Für welche $x \in \mathbb{R}$ ist $T(x)$ konvergent?
(b) Wenn $T(x)$ für ein $x \in I$ konvergiert, gilt dann

$$f(x) = \sum_{k=0}^{\infty} \frac{f^{(k)}(x_0)}{k!}(x-x_0)^k?$$

Hierzu bemerken wir

(a) Für beliebiges $x \in \mathbb{R}$ bezeichne $s_n(x)$ die n-te Partialsumme von $T(x)$.

$$s_n(x) = f(x_0) + f'(x_0)(x-x_0) + \cdots + \frac{f^{(n)}(x_0)}{n!}(x-x_0)^n = T_n(x),$$

d.h. $s_n(x)$ stimmt überein mit dem n-ten Taylorpolynom von f mit Entwicklungspunkt x_0. Daher ist $T(x)$ genau dann konvergent, wenn die Folge $T_0(x), T_1(x), T_2(x), \ldots$ konvergiert. In diesem Fall ist $\lim_{n \to \infty} T_n(x)$ die Summe von $T(x)$.

(b) Wir benutzen den Satz von Taylor (Theorem 24.1). Das dort auftretende Restglied sei mit $r_n(x)$ bezeichnet:

$$r_n(x) = \frac{(x-x_0)^{n+1}}{(n+1)!} f^{(n+1)}\Big(x_0 + \vartheta(x-x_0)\Big),$$

wobei $0 < \vartheta < 1$ und ϑ abhängig ist von x_0, x, n.

Theorem 33.1 (Entwicklung in eine Taylorreihe). *Ist für ein $x \in I$ die Folge $r_0(x), r_1(x), r_2(x), \ldots$ eine Nullfolge, so konvergiert $T(x)$ und es gilt*

$$f(x) = \sum_{k=0}^{\infty} \frac{f^{(k)}(x_0)}{k!}(x-x_0)^k$$

Beweis. Nach Theorem 24.1 gilt $f(x) = T_n(x) + r_n(x)$ für alle n.

$$\Rightarrow \lim_{n\to\infty} T_n(x) = \lim_{n\to\infty}\Big(f(x) - r_n(x)\Big) = f(x) - \lim_{n\to\infty} r_n(x) = f(x).$$

Theorem 33.2 (Entwicklungskriterium). *Gibt es eine natürliche Zahl n_0 und eine nur von x und x_0 abhängige Zahl $A = A(x, x_0)$, so dass*

$$\left|f^{(n)}\Big(x_0 + \vartheta(x-x_0)\Big)\right| \leq A \text{ für alle } n \geq n_0 \text{ und alle } 0 < \vartheta < 1,$$

dann ist $\big(r_n(x)\big)$ eine Nullfolge.

Beweis. $\big(r_n(x)\big)$ ist das Produkt der Nullfolge $\left(\frac{(x-x_0)^{n+1}}{(n+1)!}\right)$ (Theorem 31.1) und der beschränkten Folge $\left(f^{(n+1)}\big(x_0 + \vartheta(x-x_0)\big)\right)$ (Voraussetzung), also selbst wieder eine Nullfolge (Theorem 7.1).

Beispiel 33.1. (a)

$$f(x) = e^x, I = \mathbf{R}, x_0 = 0$$
$$\Rightarrow f^{(k)}(x) = e^x \text{ und } f^{(k)}(x_0) = 1 \text{ für alle } k$$

$\Rightarrow$ Taylorreihe: $T(x) = 1 + x + \dfrac{x^2}{2!} + \dfrac{x^3}{3!} + \cdots$

Taylorpolynom: $T_n(x) = 1 + x + \dfrac{x^2}{2!} + \cdots + \dfrac{x^n}{n!}$

Restglied: $r_n(x) = \dfrac{x^{n+1}}{(n+1)!} \underbrace{e^{\vartheta x}}_{\text{beschränkt durch } A = e^{|x|}}$

$\overset{\text{Theorem 33.2}}{\Longrightarrow}$ $r_n(x) \to 0, n \to \infty$

$\overset{\text{Theorem 33.1}}{\Longrightarrow}$ $e^x = \sum_{k=0}^{\infty} \dfrac{x^k}{k!}$

(b) $f(x) = \sin x, I = \mathbb{R}, x_0 = 0$

$\Rightarrow \quad f^{(k)} = \sin\left(x + k\frac{\pi}{2}\right)$ für alle k,

$$f^{(k)}(x_0) = \sin k\frac{\pi}{2} = \begin{cases} 0, & k \text{ gerade} \\ 1, & k = 1, 5, 9, 13, \ldots \\ -1, & k = 3, 7, 11, 15, \ldots \end{cases}$$

$\Rightarrow \quad$ Taylorreihe: $T(x) = 0 + x + 0 - \dfrac{x^3}{3!} + 0 + \dfrac{x^5}{5!} + \cdots$

Taylorpolynom: $T_n(x) = \begin{cases} 0, & n = 0 \\ x - \dfrac{x^3}{3!} + \dfrac{x^5}{5!} - \cdots \pm \dfrac{x^n}{n!}, & n = 1, 3, 5, 7, \ldots, \\ T_{n-1}(x), & n = 2, 4, 6, \ldots \end{cases}$

Restglied: $r_n(x) = \dfrac{x^{n+1}}{(n+1)!} \underbrace{\sin\left(\vartheta x + (n+1)\dfrac{\pi}{2}\right)}_{\text{beschränkt durch } A = 1}$

$\Rightarrow \quad \sin x = \sum\limits_{k=0}^{\infty} (-1)^k \dfrac{x^{2k+1}}{(2k+1)!}$

(c) $f(x) = \cos x, I = \mathbb{R}, x_0 = 0$

Ebenso wie in Beispiel (b) erhält man: $\cos x = \sum\limits_{k=0}^{\infty} (-1)^k \dfrac{x^{2k}}{(2k)!}$

(d) $f(x) = \ln x, I = (0, 2], x_0 = 1$

$\Rightarrow f^{(k)}(x) = (-1)^{k-1} \dfrac{(k-1)!}{x^k}$ und $f^{(k)}(x_0) = (-1)^{k-1}(k-1)!$ für $k \geq 1$

$$f^{(0)}(x_0) = \ln 1 = 0$$

$\Rightarrow$ Taylorreihe: $T(x) = 0 + (x-1) - \dfrac{(x-1)^2}{2} + \dfrac{(x-1)^3}{3}$

$\qquad\qquad\qquad - \dfrac{(x-1)^4}{4} + \cdots$

Taylorpolynom: $T_n(x) = \sum\limits_{k=1}^{n} \dfrac{(-1)^{k-1}}{k}(x-1)^k$

Restglied: $r_n(x) = \dfrac{(x-1)^{n+1}}{(n+1)!}(-1)^n \dfrac{n!}{\left(1+\vartheta(x-1)\right)^{n+1}}$

$\qquad\qquad\quad = \dfrac{(-1)^n}{n+1}\left(\dfrac{x-1}{1+\vartheta(x-1)}\right)^{n+1}$

Es sei nun $1 \leq x \leq 2$ vorausgesetzt

$$\Rightarrow \quad 0 \leq x-1 \leq 1 \Rightarrow \left|\frac{x-1}{1+\vartheta(x-1)}\right| = \frac{x-1}{1+\vartheta(x-1)} \leq x-1 \leq 1$$

$$\Rightarrow \quad |r_n(x)| \leq \frac{1}{n+1}$$

$$\Rightarrow \quad r_n(x) \to 0, n \to \infty$$

Theorem 33.1 $\Rightarrow \ln x = \sum_{k=1}^{\infty} (-1)^{k-1} \frac{(x-1)^k}{k}$

Benutzt man eine andere Form der Restglieddarstellung, so erhält man dasselbe Resultat auch für $0 < x < 1$.

Für $x = 2$ ergibt sich: $\ln 2 = \sum_{k=1}^{\infty} \frac{(-1)^k}{k}$

Anmerkung: Des besseren Verständnisses wegen haben wir für eine Reihe $a_0 + a_1 + a_2 + \ldots$ und (im Fall der Konvergenz) ihre Summe $\sum_{k=0}^{\infty} a_k$ unterschiedliche Schreibweisen gewählt. Tatsächlich ist eine Reihe nichts anderes als eine Folge von Partialsummen, ihre Summe dagegen der zugehörige Grenzwert (falls er existiert). In der Literatur jedoch werden hier keine Unterschiede in der Bezeichnungsweise gemacht, da sich stets aus dem Zusammenhang heraus ergibt, was gemeint ist. So schreibt man etwa

$$e^x = 1 + x + \frac{x^2}{2!} + \frac{x^3}{3!} + \cdots, x \in \mathbb{R}$$

$$\sin x = x - \frac{x^3}{3!} + \frac{x^5}{5!} - \frac{x^7}{7!} + \cdots, x \in \mathbb{R}$$

$$\cos x = 1 - \frac{x^2}{2!} + \frac{x^4}{4!} - \frac{x^6}{6!} + \cdots, x \in \mathbb{R}$$

$$\ln x = (x-1) - \frac{(x-1)^2}{2} + \frac{(x-1)^3}{3} - \frac{(x-1)^4}{4} + \cdots, x \in (0, 2]$$

$$\ln 2 = 1 - \frac{1}{2} + \frac{1}{3} - \frac{1}{4} + \cdots$$

und meint damit jeweils, dass die rechts stehende Reihe konvergiert und ihre Summe den links stehenden Wert hat.

33.1 Übungen

Übung 33.1. Für jede Funktion f stelle man die Taylorreihe $T(x)$ von f mit dem angegebenen Entwicklungspunkt x_0 auf, ermittle alle $x \in \mathbb{R}$ für die $T(x)$ konvergiert und zeige, dass für diese x die Summe von $T(x)$ gleich $f(x)$ ist!

(a) $f(x) = e^{x/2}, x_0 = 2$
(b) $f(x) = x^4 - 13x^3 + 65x^2 - 138x + 104, x_0 = 3$
(c) $f(x) = \ln(1+x), x_0 = 0$

Lösung 33.1. (a) $f(x) = e^{x/2}, x_0 = 2$

$$\Rightarrow f'(x) = \frac{1}{2}e^{x/2}, f''(x) = \frac{1}{4}e^{x/2}, \cdots, f^{(k)}(x) = \frac{1}{2^k}e^{x/2}$$

$$\Rightarrow f(x_0) = e, f'(x_0) = \frac{e}{2}, f''(x_0) = \frac{e}{4}, \ldots, f^{(k)}(x_0) = \frac{e}{2^k}$$

$$\Rightarrow T(x) = e + e\frac{x-2}{2} + \frac{e}{2!}\left(\frac{x-2}{2}\right)^2 + \cdots + \frac{e}{k!}\left(\frac{x-2}{2}\right)^k + \cdots$$

$$a_k = \frac{e}{k!}\left(\frac{x-2}{2}\right)^k \Rightarrow \frac{a_{k+1}}{a_k} = \frac{1}{k+1}\frac{x-2}{2}$$

$$\Rightarrow \lim_{k \to \infty}\left|\frac{a_{k+1}}{a_k}\right| = \frac{|x-2|}{2}\lim_{k \to \infty}\frac{1}{k+1} = 0$$

$$\Rightarrow T(x) \text{ konvergiert für alle } x \in \mathbf{R}$$

$$\left|f^{(n)}\left(x_0 + \vartheta(x - x_0)\right)\right| = \frac{1}{2^n}e^{\frac{1}{2}\left(2+\vartheta(x-2)\right)} \leq e^{\frac{1}{2}\left(2+|x-2|\right)}$$

für alle $n \geq 0, 0 < \vartheta < 1$

$$\stackrel{\text{Theorem 33.2}}{\Longrightarrow} e^{x/2} = e\sum_{k=0}^{\infty}\frac{1}{k!}\left(\frac{x-2}{2}\right)^k \text{ für alle } x \in \mathbf{R}$$

(b) $f(x) = x^4 - 13x^3 + 65x^2 - 138x + 104, x_0 = 3$

$$\Rightarrow f(x_0) = 5; f'(x) = 4x^3 - 39x^2 + 130x - 138, f'(x_0) = 9;$$
$$f''(x) = 12x^2 - 78x + 130, f''(x_0) = 4; f'''(x) = 24x - 78, f'''(x_0) = -6;$$
$$f^{(4)}(x) = 24, f^{(4)}(x_0) = 24; f^{(k)}(x) = 0, f^{(k)}(x_0) = 0 \text{ für } k \geq 5$$

$$\Rightarrow T(x) = 5 + 9(x-3) + \frac{4}{2!}(x-3)^2 - \frac{6}{3!}(x-3)^3 + \frac{24}{4!}(x-3)^4$$

$$\left(+0 \cdot (x-3)^5 + 0 \cdot (x-3)^6 + \ldots\right)$$

$$= 5 + 9(x-3) + 2(x-3)^2 - (x-3)^3 + (x-3)^4$$

$T(x)$ ist also eine endliche Reihe und konvergiert daher für alle $x \in \mathbf{R}$.

$$f^{(n)}\left(x_0 + \vartheta(x - x_0)\right) = 0 \text{ für alle } n \geq 5, 0 < \vartheta < 1$$

$\Rightarrow x^4 - 13x^3 + 65x^2 - 138x + 104 = 5 + 9(x-3) + 2(x-3)^2 - (x-3)^3 + (x-3)^4$
für alle $x \in \mathbf{R}$.
Diese Identität lässt sich auch durch Ausmultiplizieren der rechten Seite bestätigen!

(c) $f(x) = \ln(1+x), x_0 = 0$

$$\Rightarrow f'(x) = \frac{1}{1+x}, f''(x) = -\frac{1}{(1+x)^2}, f'''(x) = \frac{2!}{(1+x)^3}, \ldots,$$
$$f^{(k)}(x) = (-1)^{k-1}\frac{(k-1)!}{(1+x)^k}, k \geq 1$$
$$\Rightarrow f(x_0) = 0, f'(x_0) = 1, f''(x_0) = -1, f'''(x_0) = 2!, \ldots,$$
$$f^{(k)}(x_0) = (-1)^{k-1}(k-1)!$$
$$\Rightarrow T(x) = x - \frac{1}{2}x^2 + \frac{1}{3}x^3 - \cdots + (-1)^{k-1}\frac{1}{k}x^k + \ldots$$
$$a_k = (-1)^{k-1}\frac{x^k}{k} \Rightarrow \frac{a_{k+1}}{a_k} = -\frac{k}{k+1}x$$
$$\Rightarrow \lim_{k\to\infty}\left|\frac{a_{k+1}}{a_k}\right| = |x|\lim_{k\to\infty}\frac{k}{k+1} = |x|$$
$$\Rightarrow T(x) \text{ konvergiert für } |x| < 1 \text{ und divergiert für } |x| > 1$$

Für $x = 1$ konvergiert $T(x)$ (Summe $\ln 2$), für $x = -1$ divergiert $T(x)$ (vgl. Beispiel 31.1).

$$-1 < x \leq 1 \Rightarrow 0 < z := 1 + x \leq 2$$

Beispiel 33.1 (d)
$$\Rightarrow \ln(1+x) = \ln z = \sum_{k=1}^{\infty}(-1)^{k-1}\frac{(z-1)^k}{k} = \sum_{k=1}^{\infty}(-1)^{k-1}\frac{x^k}{k}.$$

Übung 33.2. Man gebe eine Näherungsformel an für die maximale vertikale Abweichung eines $2b$ [km] langen Bogens eines Großkreises der Erde von seiner Sehne. Dabei sei b als klein im Verhältnis zum Erdradius vorausgesetzt [Ayr77, S.252].

Lösung 33.2. Offensichtlich findet die größte Abweichung a in der Mitte des Bogens statt. Bezeichnet in der untenstehenden Abbildung φ das Bogenmaß des Winkels $\sphericalangle(AMC)$, so gilt

$$a = \overline{MB} - \overline{MA} = r - r\cos\varphi = r(1 - \cos\varphi),$$

wobei r der Erdradius ist.

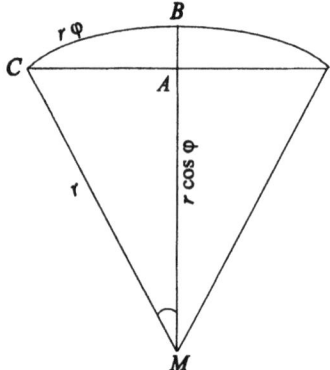

Da $\varphi = \dfrac{b}{r}$ klein ist, kann

$$\cos\varphi = 1 - \frac{\varphi^2}{2!} + \frac{\varphi^4}{4!} - \frac{\varphi^6}{6!} + \cdots$$

näherungsweise durch $1 - \dfrac{\varphi^2}{2}$ ersetzt werden. Dann gilt:

$$a \approx r\left(1 - \left(1 - \frac{\varphi^2}{2}\right)\right) = \frac{1}{2}r\varphi^2 = \frac{(r\varphi)^2}{2r} = \frac{b^2}{2r} = \frac{b^2}{12600} \text{ [km]}.$$

Übung 33.3. Unter derselben Aufgabenstellung wie in Übung 33.1 sind zu behandeln:

(a) $f(x) = \cos x, x_0 = \dfrac{\pi}{4}$
(b) $f(x) = e^{-3x}, x_0 = 0$
(c) $f(x) = x^4 + 3x^3 + 3x^2 + 6x + 2, x_0 = -3$

A

Ergebnisse zu den nicht gelösten Übungsaufgaben

Kapitel 2

Übung 2.3

(a) $x < -5$

(b) $-8 < x < -2$

(c) $x > 8$ oder $x < 2$

Kapitel 3

Übung 3.3

(a) $\{0, \sqrt{2}, -\sqrt{2}\}$

(b) $\mathbb{R}\setminus[1,2]$

(c) $\left\{-3, -\dfrac{1}{3}\right\}$

Übung 3.4

(a) $1, 0$

(b) $\dfrac{1}{4}, -\dfrac{7}{2}$

Kapitel 4

Übung 4.1

(a) $4!$

(b) $\dfrac{7!}{3!}$

(c) $\dfrac{13!}{3!2!2!}$

Übung 4.2

$26 \cdot 25 \cdot 10 \cdot 9 \cdot 8$

Übung 4.3

(a) $\binom{10}{4}$

(b) $\binom{8}{4} + 2\binom{8}{3} = \binom{10}{4} - \binom{8}{2}$

Übung 4.4

$x^{10} - 10x^8y + 40x^6y^2 - 80x^4y^3 + 80x^2y^4 - 32y^5$

Kapitel 5

Übung 5.3

(a) $\dfrac{n}{n+1}$, beschränkt, streng monoton wachsend

(b) $\dfrac{1}{(2n-1)2n}$, beschränkt, streng monoton fallend

(c) $(-1)^{n-1}\dfrac{1}{(2n-1)!}$, beschränkt, nicht monoton

Übung 5.4

(a) n^2

(b) $\dfrac{(3n+1)n}{2}$

(c) $2^{n+1} - 1$

(d) $2\left(1 - \dfrac{1}{2^{n+1}}\right)$

Kapitel 7

Übung 7.3

(a) $\dfrac{3}{4}$

(b) $-\dfrac{5}{3}$

(c) 1

(d) 4

A Ergebnisse zu den nicht gelösten Übungsaufgaben

Übung 7.4

(a) konvergent gegen 1

(b) konvergent gegen $\dfrac{1}{2}$

Kapitel 8

Übung 8.3

(a) bestimmt divergent gegen $-\infty$

(b) bestimmt divergent gegen $+\infty$

(c) bestimmt divergent gegen $+\infty$

Kapitel 9

Übung 9.3
Grenzwert $\dfrac{2}{3}$

Übung 9.4
konvergent nach Theorem 9.3

Kapitel 10

Übung 10.3
$a_{4k} \to \dfrac{5}{2}, a_{4k+1} \to \dfrac{3}{2}, a_{4k+2} \to -\dfrac{5}{2}, a_{4k+3} \to -\dfrac{3}{2}$ für $k \to \infty$; keine weiteren Häufungspunkte

Kapitel 12

Übung 12.3
(a)

f ist
nicht eineindeutig
monoton wachsend
nicht gerade
nicht ungerade

(b)

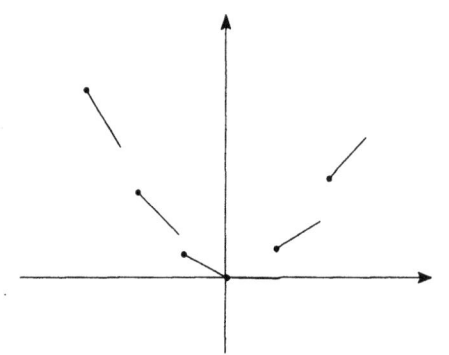

f besitzt
keine der fraglichen Eigenschaften

(c)

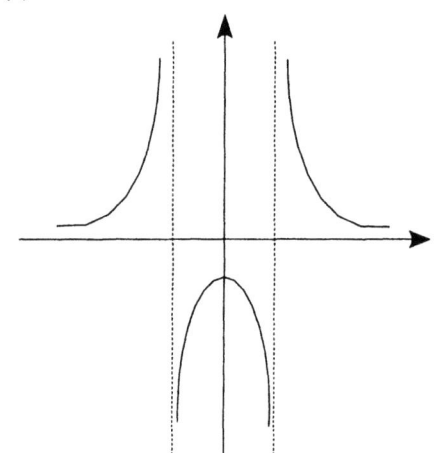

f ist
nicht eindeutig
nicht monoton
gerade
nicht ungerade

Übung 12.4

$l(x) = 2\sqrt{r^2 - x^2}$, $D_l = [0, r)$, $W_l = (0, 2r]$

Kapitel 13

Übung 13.4

(a)

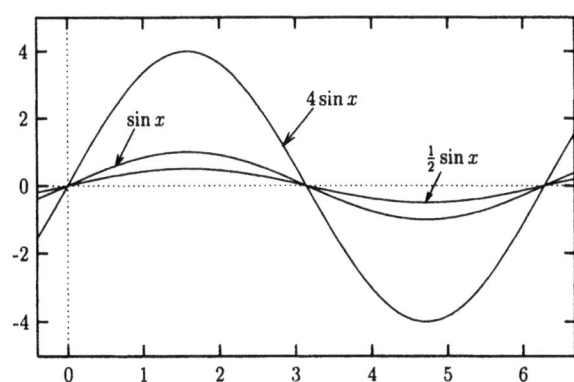

(b)

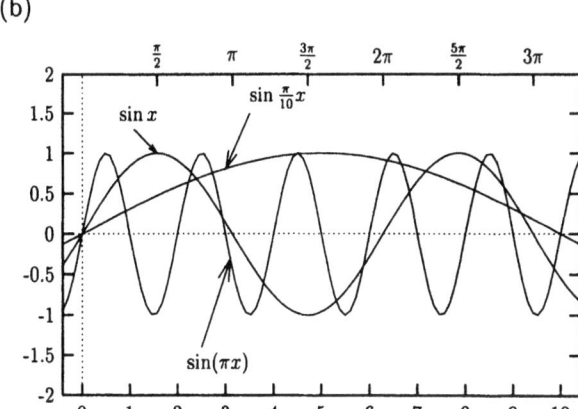

(c)

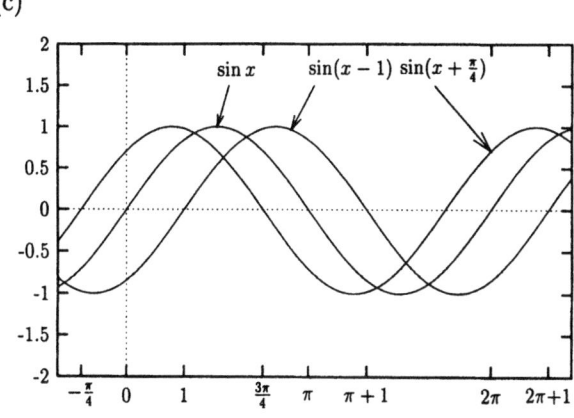

Kapitel 14

Übung 14.5

(a) 3

(b) 1

(c) 0

(d) $-\dfrac{28}{45}$

(e) 1

(f) $\dfrac{1}{18}$

(g) 0

(h) $\dfrac{1}{2}$

Übung 14.6

(a) $2^{\frac{1}{2}} = \sqrt{2}$

(b) $a^{\frac{25}{12}} = a^2 \cdot \sqrt[12]{a}$

(c) $a^{-\frac{5}{6}} = \dfrac{1}{\sqrt[6]{a^5}}$

(d) $a^{\frac{37}{30}x} = a^x \cdot \sqrt[30]{a^{7x}}$

Kapitel 15

Übung 15.3

(a) ja, durch $f(0) = 1$

(b) nein

Übung 15.4

(a) keine

(b) jedes $x_0 \in \mathbb{Z}$

Kapitel 16

Übung 16.4

(b) 4.49340...

Kapitel 17

Übung 17.3
definiert und stetig auf $D = \mathbb{R}\setminus\mathbb{Z}$

Kapitel 18

Übung 18.4

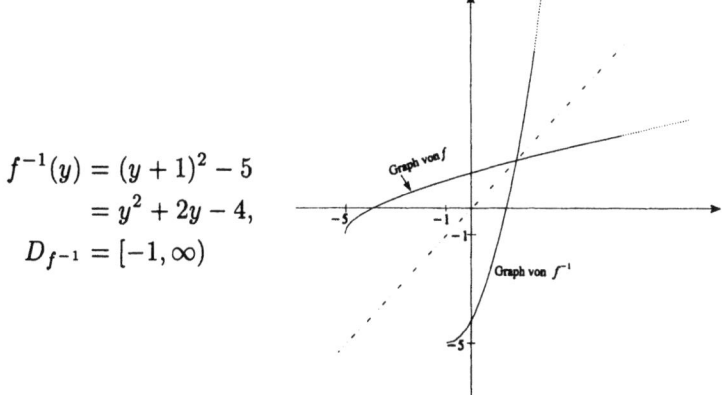

$$f^{-1}(y) = (y+1)^2 - 5$$
$$= y^2 + 2y - 4,$$
$$D_{f^{-1}} = [-1, \infty)$$

Kapitel 19

Übung 19.4
differenzierbar mit $f'(0) = 0$

Übung 19.5

(a) $\Delta(x) = \dfrac{3}{x+3}, x \neq -3; f'(0) = 1$

(b) $\Delta(x) = \dfrac{5}{\sqrt{5x-1}+3}, x \geq \dfrac{1}{5}; f'(2) = \dfrac{5}{6}$

Übung 19.6

(a) $\Delta f = \dfrac{61}{8}, df = 6$

(b) $y = 12x - 16$

Kapitel 20

Übung 20.3
2 in $(2,0)$, -2 in $(4,0)$

Übung 20.4
$D_{f'} = D_f$ mit $f'(x) =$

(a) $5x^4 + 24x^3 - 20x$

(b) $\dfrac{5}{(2x+3)^2}$

(c) $3x^2(x^4+4)(x^5+5) + 4x^3(x^3+3)(x^5+5) + 5x^4(x^3+3)(x^4+4)$

(d) $\dfrac{10x}{(3-x^2)^2}$

Kapitel 21

Übung 21.3
$f'(x) =$

(a) $-\dfrac{1}{2x^3} - \dfrac{1}{\sqrt{x^3}}$

(b) $-18(1-3x)^5$

(c) $\dfrac{1-x}{\sqrt{3+2x-x^2}}$

(d) $\dfrac{6x^5}{(1-x)^7}$

(e) $\dfrac{x^2(6-7x)}{\sqrt{1-x}}$

(f) $\dfrac{1}{4\sqrt{2x+x\sqrt{x}}}$

(g) $-\dfrac{1}{(x-1)\sqrt{x^2-1}}$

(h) $-\dfrac{1}{y(y-1)^2}$ mit $y = \sqrt{x}$

Übung 21.4
$(f^{-1})'(y) = 2y + 2$

Kapitel 22

Übung 22.4
$f'(x) =$

(a) $\dfrac{2x}{\cos^2 x^2}$

(b) $\dfrac{6x}{\sin^2(2-3x^2)}$

(c) $\dfrac{x\cos x - \sin x}{x^2}$

(d) $-\dfrac{1}{\sqrt{x-x^2}}$

(e) $\dfrac{6x^2}{1+4x^6}$

(f) $2\sqrt{a^2-x^2}$

(g) $\dfrac{3}{x+2}$

(h) $\dfrac{3x^2}{x^3+1} + \dfrac{2x}{x^2+4}$

(i) $2\cot 2x$

(j) $\dfrac{1}{\sqrt{1+x^2}}$

(k) $3x^2 e^{x^3}$

(l) $x^2 2^x (x\ln 2 + 3)$

(m) $2x^{(\ln x)-1}\ln x$

(n) $e^{x^2} x^{e^{x^2}}\left(\dfrac{1}{x} + 2x\ln x\right)$

Übung 22.5

(a) $\left(\dfrac{\pi}{4},1\right), \left(\dfrac{\pi}{2},0\right), \left(\dfrac{5\pi}{4},1\right), \left(\dfrac{3\pi}{2},0\right)$

(b) 63.435° für jeden Schnittpunkt

Kapitel 23

Übung 23.4
$x_0 = -1$

Kapitel 24

Übung 24.4

$$f^{(n)}(x) = (-1)^n \frac{3^n \cdot n!}{(3x+2)^{n+1}}, T_n(x) = \sum_{k=0}^{n} \frac{1}{5}\left(-\frac{3}{5}\right)^k (x-1)^k$$

Übung 24.5

1.175...

Kapitel 25

Übung 25.3

(a) $\frac{3}{2}$

(b) -1

(c) 0

(d) $\frac{2}{3}$

(e) $\frac{1}{2}$

Kapitel 26

Übung 26.3

(a) $f(1) = -3$ lok. Max., $f(3) = -7$ lok. Min.

(b) $f(0) = 9$ lok. Max., $f(\pm 3) = 36$ lok. Min.

(c) $f(-3) = -108$ lok. Max., $f(3) = 108$ lok. Min.

(d) $f(1) = \frac{1}{e}$ lok. Max.

(e) $f\left(\frac{\pi}{2} + 2k\pi\right) = 1$ lok. Max. $(k \in \mathbb{Z})$

Übung 26.4

Er muss $\frac{d}{\sqrt{3}}$ [km] von A entfernt landen!

Kapitel 27

Übung 27.3

(a) auf $(-\infty, 2)$ konkav, auf $(2, \infty)$ konvex

(b) auf $(-\infty, -1)$ und $(1, \infty)$ konvex, auf $(-1, 1)$ konkav

(c) auf $(-\infty, 0)$ konkav, auf $(0, \infty)$ konvex

(d) auf $(-\infty, 2)$ konkav, auf $(2, \infty)$ konvex

(e) auf $\left(2k\pi, (2k+1)\pi\right)$ konkav ($k \in \mathbb{Z}$)

Kapitel 28

Übung 28.4

(a) $-\dfrac{1}{2x^2} + c$

(b) $\dfrac{5}{6}x^{6/5} + c$

(c) $\dfrac{1}{2}x^2 + 3x + \dfrac{2}{x} + c$

(d) $\dfrac{1}{5}x^5 + \dfrac{2}{3}x^3 + x + c$

(e) $\dfrac{2}{3}x^{3/2} - \dfrac{1}{6}x^2 + 6x^{1/2} + c$

(f) $\dfrac{1}{4}x^4 + \dfrac{2}{3}x^3 + \dfrac{1}{2}x^2 + c$

(g) $x^3 - 3x + \arcsin x + c$

Übung 28.5

$\dfrac{1}{2}\ln 2$

Übung 28.6

$\dfrac{81}{2}$ [Einheitsquadrate]

Kapitel 29

Übung 29.4

(a) $\dfrac{1}{2}x - \dfrac{1}{2}\sin x \cos x + c$

(b) $-x^2 \cos x + 2x \sin x + 2\cos x + c$

(c) $\dfrac{x^{a+1}}{a+1} \ln x - \dfrac{x^{a+1}}{(a+1)^2} + c$

(d) $\dfrac{1}{2}\ln^2 x + c$

(e) $\frac{2}{3}x(x-1)^{3/2} - \frac{4}{15}(x-1)^{5/2} + c$

(f) $\frac{1}{6}(1+2x^2)^{3/2} + c$

(g) $\frac{3}{2}(x^2+2x)^{1/3} + c$

(h) $\frac{1}{8}\ln(1+2x^4) + c$

(i) $\frac{1}{2\ln a}a^{2x} + c$

(j) $\frac{1}{5}(e^x-1)^5 + c$

(k) $\frac{1}{5}\sin 5x + c$

(l) $\frac{1}{4}\sin^4 x + c$

(m) $-\cos e^x + c$

(n) $\frac{1}{6}e^{2\sin 3x} + c$

(o) $\frac{2}{3}$

(p) $\frac{2}{15}(1+x^3)^{3/2}(3x^2-2) + c$

(q) $\frac{1}{10}(1+x^3)^{2/3}(2x^3-3) + c$

(r) 2π

Kapitel 30

Übung 30.1

(a) $2\ln|x-1| + 3\ln|x+2| - \ln|x-3| + c$

(b) $x + \frac{5}{x} - 5\ln|x| + 6\ln|x-1| + c$

(c) $\ln|x+1| + \frac{2}{x+1} - \frac{\frac{1}{2}}{(x+1)^2} + c$

(d) $\ln|x| + 4\ln|x+5| - \frac{5}{2}\ln(x^2+1) - \arctan x + c$

Übung 30.3

(a) $3t + \ln|t-1| - \frac{1}{2}\ln(t^2+t+1) - \sqrt{3}\arctan\frac{2t+1}{\sqrt{3}} + c$, wobei $t = \sqrt[3]{x+1}$

(b) $3\ln(t+3) + \ln(t^2-2t+3) + c$, wobei $t = e^x$

Kapitel 31

Übung 31.2

(a) Summe 2

(b) Summe $\dfrac{1}{2}$

(c) divergent

(d) Summe $\dfrac{3}{4}$

(e) Summe $\dfrac{25}{48}$

(f) divergent

(g) Summe $\dfrac{1}{3}$

(h) divergent

(i) Summe $\dfrac{1}{4}$

(j) divergent

(k) Summe 1

Übung 31.3

$\dfrac{311}{99}$

Kapitel 32

Übung 32.2

(a) (c) (d) (h) divergent
(b) (e) (f) (g) (i) (j) konvergent

Kapitel 33

Übung 33.3

(a) $\cos x = \dfrac{1}{\sqrt{2}} \sum\limits_{k=0}^{\infty} (-1)^{\frac{k(k+1)}{2}} \dfrac{\left(x - \frac{\pi}{4}\right)^k}{k!}, x \in \mathbb{R}$

(b) $e^{-3x} = \sum\limits_{k=0}^{\infty} (-1)^k \dfrac{3^k}{k!} x^k, x \in \mathbb{R}$

(c) $x^4 + 3x^3 + 3x^2 + 6x + 2 = (x+3)^4 - 9(x+3)^3 + 30(x+3)^2 - 39(x+3) + 11, x \in \mathbb{R}$

Literaturverzeichnis

[Ayr77]   F. Ayres: Differential- und Integralrechnung. Reihe Schaum: Überblicke/Aufgaben. McGraw-Hill Book Company, Düsseldorf New York, 1977.
[Bl74]   C. Blatter: Analysis I, II. Springer-Verlag, Berlin Heidelberg, 1974.
[BroSe79] I.N. Bronstein, K.A. Semendjajew: Taschenbuch der Mathematik. Verlag H. Deutsch, Frankfurt/M, 1979 (19. Auflage).
[EnLu77] K. Endl, W. Luh: Analysis I. Akademische Verlagsgesellschaft, Wiesbaden, 1977.
[Ge]   W. Gellert (Hrsg): Handbuch der Mathematik. Buch und Zeit Verlagsgesellschaft, Köln.
[GrLi73] H. Grauert, I. Lieb: Differential- und Integralrechnung I. Springer-Verlag, Berlin Heidelberg, 1973.
[He74/79] P. Henrici: Analysis Ia, Ib. Vorlesung an der ETH Zürich, Zürich 1974 und 1979.
[La30]   E. Landau: Grundlagen der Analysis. Leipzig, 1930.
[Li76]   S. Lipschutz: Wahrscheinlichkeitsrechnung. Reihe Schaum: Überblicke/Aufgaben. McGraw-Hill Book Company, Düsseldorf Auckland, 1976.
[MaKn74] H. v. Mangoldt, K. Knopp: Einführung in die höhere Mathematik I-III. Hirzel-Verlag, Stuttgart, 1974 (15. Auflage).
[Os65]   A. Ostrowski: Vorlesungen über Differential- und Integralrechnung I. Birkhäuser-Verlag, Basel, 1965.
[Ro62]   R. Rothe: Höhere Mathematik I, II. Teubner-Verlag, Stuttgart, 1962.
[Sa58]   W. Saxer: Mathematik I. Vorlesung an der ETH Zürich, Zürich, 1958 (2. Auflage).
[Sp77]   M. Spiegel: Einführung in die höhere Mathematik. Reihe Schaum: Überblicke/Aufgaben. McGraw-Hill Book Company, Düsseldorf New York, 1977.
[Ta66]   A. Tarski: Einführung in die mathematische Logik und in die Methodologie der Mathematik. Verlag Vandenhoeck & Ruprecht, Göttingen, 1966 (2. Auflage).
[We71]   K. Wellnitz: Kombinatorik. Beihefte f. d. math. Unterricht, Heft 6. Vieweg-Verlag, Braunschweig, 1971 (6. Auflage).

Index

Ableitung, 133, 141
   äußere, 144
   höhere, 163
   innere, 144
absolut konvergent, 229
absolute Maximalstelle, 175
absolute Minimalstelle, 175
absoluter Betrag, 10
absolutes Maximum, 175
absolutes Minimum, 175
Additionstheorem, 88, 92, 128
algebraische Funktionen, 90
Arcuscosinus, 126
Arcuscotangens, 126
Arcusfunktionen, 126, 150
Arcussinus, 126
Arcustangens, 126
arithmetische Zahlenfolge, 37
Assoziativgesetz, 3, 18

bedingt konvergent, 229
Bernoulli'sche Ungleichung, 9
Bernoulli-L'Hospital'sche Regel, 171
beschränkt, 34
   nach oben, 18, 34
   nach unten, 19, 34
bestimmt divergent, 51
bestimmtes Integral, 191
Betrag, 10
Binomialkoeffizient, 26
Binomiallehrsatz = Binomischer
   Lehrsatz, 27
Bogenmaß, 88

Cauchyfolge, 55
Cauchysches Konvergenzkriterium, 56, 228
Cosinus, 86
Cotangens, 89

Dedekindscher Schnitt, 70
Definitionsbereich, 77
Differential, 134
Differentialquotient, 133
Differenz
   von Folgen, 45
   von Funktionen, 80
   von Mengen, 17
Differenzenquotient, 133
differenzierbar, 133, 164
Distributivgesetz, 3, 18
divergent, 51, 226
Dreiecksungleichung, 10
Durchschnitt, 17

eineindeutig, 79
Element, 15
endliches Intervall, 16
Enthaltensein von Mengen, 17
Exponentialfunktion, 152
   mit beliebiger Basis, 101
Exponentialfunktionen, 99, 151
Extremalstelle, 175

Fakultät, 23
Fibonacci-Folge, 33
Fixpunktsatz, 115
Folge, 31

Funktion, 77

geometrische Reihe, 227
   endliche, 33
geometrische Zahlenfolge, 37
gerade Funktion, 79
Gleichheit
   von Funktionen, 77
   von Mengen, 17
Glied
   einer Folge, 31
   einer Reihe, 226
Grad, 86
Graph, 78
Grenze
   obere, 18
   untere, 19
Grenzwert, 40, 93

Häufungspunkt, 61
höhere Ableitung, 163
Hauptsatz der Differential- und
   Integralrechnung, 201

indirekter Beweis, 5
Induktionsanfang, 5
Induktionsschluss, 5
Induktionsvoraussetzung, 5
Infimum, 19
innere Ableitung, 144
Integral
   bestimmtes, 191, 197
   unbestimmtes, 191, 193
integrierbar, 196
Intervall, 16
Intervallschachtelung, 62

Kettenregel, 145
Kombination, 25
Kombinatorik, 23
Kommutativgesetz, 3, 18
Komplement, 17
konkav, 183
konvergent, 40, 94, 226
Konvergenzkriterium von Cauchy, 56, 228
konvex, 183

Lagrange'sche Restgliedform, 167

leere Menge, 4
Linearisierung, 134
logarithmische Differentiation, 153
Logarithmus
   natürlicher, 152
   zu beliebiger Basis, 127
Logarithmusfunktionen, 127, 153
lokale
   Maximalstelle, 176
   Minimalstelle, 176
lokales
   Maximum, 176
   Minimum, 176

Majorante, 233
Majorantenkriterium, 233
Maximalstelle, 112, 175
Maximum, 111, 175
Menge, 4, 15
Minimalstelle, 112, 175
Minimum, 111, 175
Mittelwertsatz, 158, 201
monoton, 35
   fallend, 35, 79
   wachsend, 35, 79

natürliche Zahlen, 3
natürlicher Logarithmus, 152
normiertes Polynom, 218
Nullfolge, 41

obere Grenze, 18
obere Schranke, 18
Ordnungseigenschaften, 8
   natürlicher Zahlen, 3
   reeller Zahlen, 8

Partialbruchzerlegung, 218
Partialsumme, 226
partielle Integration, 207
Pascalsches Zahlendreieck, 27
Periode, 79
periodische Funktion, 79
Permutation, 23
Polynom, 85
Potenzfunktionen, 85, 90, 128, 153
Primzahlen, 4
Prinzip
   vom ausgeschlossenen Dritten, 5
   der vollständigen Induktion, 4

Produkt, 3, 8
  von Folgen, 45
  von Funktionen, 80
Produktregel, 141

Quotient
  von Folgen, 45
  von Funktionen, 80
Quotientenkriterium
  I, 234
  II, 235
Quotientenregel, 141

rationale Funktion, 86
  echt gebrochene, 218
Regel von Bernoulli - L'Hospital, 171
Reihe, 226
Restglied, 167
Riemann, Satz von, 230
Rolle, Satz von, 157

Satz
  von Riemann, 230
  von Rolle, 157
  von Taylor, 164
Schranke
  obere, 18
  untere, 19
Sinus, 86
Stammfunktion, 193
stetig, 107
streng monoton, 35
  fallend, 35, 79
  wachsend, 35, 79
Substitutionsregel, 208, 209
Summe, 3, 8
  von Folgen, 45
  von Funktionen, 80
Summenregel, 141
Supremum, 18

Tangens, 89
Taylor, Satz von, 164
Taylorpolynom, 163
Taylorreihe, 241
Teilfolge, 36
Trigonometrische Funktionen, 86, 149

Umgebung, 11
Umkehrfunktion, 123
Umkehrregel, 145
unbestimmtes Integral, 191
unendliches Intervall, 16
ungerade Funktion, 79
Ungleichung von Bernoulli, 9
Unstetigkeitsstelle, 108
untere Grenze, 19
untere Schranke, 19

Vereinigung, 17
vollständige Induktion, 4
Vollständigkeit, 10, 56, 70
Vollständigkeitsaxiom, 55

Wertebereich, 77
Wurzelkriterium
  I, 235
  II, 236

Zahlen
  ganze, 7
  irrationale, 7
  natürliche, 3
  rationale, 7
  reelle, 7
Zahlendreieck, 27
Zahlenfolge, 31
Zusammensetzung von Funktionen, 119
Zwischenwertsatz, 113

If you have any concerns about our products,
you can contact us on
ProductSafety@springernature.com

In case Publisher is established outside the EU,
the EU authorized representative is:
**Springer Nature Customer Service Center GmbH
Europaplatz 3, 69115 Heidelberg, Germany**

Printed by Libri Plureos GmbH
in Hamburg, Germany